高等教育应用型本科人才培养系列教材

计算机系统导论

主　编　高　迪
副主编　寇　亮　郎大鹏
　　　　赵国冬　付小晶
　　　　张如意

U0285487

哈尔滨工程大学出版社
Harbin Engineering University Press

内 容 简 介

本书介绍了计算机的起源、发展、基础学科和计算机新兴热门领域的相关内容,主要包括计算机的发展、运算、系统组成、软件操作、计算机网络及应用、算法与数据结构、计算理论、人工智能、软件工程、信息安全与网络安全、计算机伦理与职业道德等。

本书既可作为高等院校计算机专业本科教材,也可供相关人员参考。

图书在版编目(CIP)数据

计算机系统导论/高迪主编. —哈尔滨:哈尔滨
工程大学出版社,2018.7(2024.2 重印)
ISBN 978 – 7 – 5661 – 2024 – 3

Ⅰ.①计…　Ⅱ.①高…　Ⅲ.①计算机系统　Ⅳ.
①TP30

中国版本图书馆 CIP 数据核字(2018)第 150953 号

选题策划　夏飞洋
责任编辑　张忠远
封面设计　刘长友

出版发行　哈尔滨工程大学出版社
社　　址　哈尔滨市南岗区南通大街 145 号
邮政编码　150001
发行电话　0451 – 82519328
传　　真　0451 – 82519699
经　　销　新华书店
印　　刷　哈尔滨午阳印刷有限公司
开　　本　787 mm ×1 092 mm　1/16
印　　张　17.25
字　　数　441 千字
版　　次　2018 年 7 月第 1 版
印　　次　2024 年 2 月第 6 次印刷
定　　价　49.80 元

http://www.hrbeupress.com
E-mail:heupress@hrbeu.edu.cn

前　　言

当今计算机科学与技术的发展速度是令人惊叹不已的,计算机技术的应用已不断向深度和广度拓展。计算机拥有准确的逻辑判断能力、完善的运算能力与强大的存储能力,高速发展的硬件和软件功能的逐步完善使计算机与科学计算、人工智能、信息安全和实时控制等息息相关,并帮助人类进入了一个高度发达、高度文明的信息社会。由此,计算机教育的高度普及被不断加速,现如今,掌握计算机技术就如同拥有了开启信息时代大门的钥匙。

在各大高校教学改革中,为了顺应信息时代的发展,助力高等院校计算机基础教学,计算机系统导论被设置为大学生的基础课程,它是其他计算机相关课程的前导课程。对于非计算机专业的学生来说,这门课是了解计算机基本构造和运行原理并且引导学生实际应用的计算机基础知识课。由此,通过总结多年教学经验、开展调研并参考最新、最前沿的技术,本书的编写结合了具有基础性、科学性和前沿性的学科内容,充分反映了本学科领域的基本构成和最新科技成果,实现了教育与科研的有效结合。通过教材的编写,调整学生的知识结构体系和增强学生的能力素质,充分体现了当前高等教育所需要的新形势、新技术和新目标。本书架构新颖,内容基础实用,起点适中,由浅入深,结合了基础性、实用性和创新性等特点,书中各章均配有习题并附有参考答案。

本书共分为十章。

第1章计算机系统基本概述,主要包括计算机概述、计算机基本构成、计算机学科发展。

第2章计算机运算基础技术,主要包括计算机编码、进位计数制、二进制算术运算、数的符号表示、字符信息的表示。

第3章计算机系统组成,主要介绍了包括结构和指令系统的计算机硬件,计算机系统单元,输入、输出设备。

第4章计算机软件操作,主要包括操作系统、程序设计语言和数据库原理三大模块。其中操作系统部分对操作系统的结构、功能与设计、进程管理、调度与死锁等主要内容有所讲解。程序设计语言浅显地对基本构成和处理系统进行说明并对程序设计过程有所涉及。

第5章计算机网络及应用,主要介绍了计算机网络及其应用。在计算机网络应用中,介绍了应用方面的新技术及时下热门的新概念"互联网+"。

第6章算法与数据结构。算法部分由浅入深地介绍了算法的基本概念、特征与分类和设计描述。数据结构部分包括线性表、栈和队列,数组、广义表和树结构,图结构、查找和内部排序等学科基本概念。

第7章计算理论、人工智能。计算理论部分主要包括计算机的数学基础离散数学,图灵机、歌德尔数、停机问题和问题的复杂度等。在人工智能部分为读者介绍了知识表示、专家系统、感知、搜索、神经网络等方面。

第 8 章软件工程基础,介绍了软件工程的本质,以及软件工程所涉及的流程,包括需求分析、设计和后续的测试与风险管理。

第 9 章信息安全与网络安全。其中信息安全包括密码学、系统安全和内容安全;网络安全包括漏洞、恶意软件、入侵检测技术及当下热门的新技术。

第 10 章计算机伦理与职业道德,介绍了与计算机伦理学及职业道德相关的内容和法律法规。

本书由哈尔滨工程大学计算机科学与技术学院教师编写,向在本书编写过程中给予极大帮助的何姝禹和阎梓宁同学表示衷心感谢。

由于计算机学科发展迅速及编者水平有限,书中难免有欠妥之处,欢迎读者批评指正。

编　者

2018 年 4 月

目　　录

第1章　计算机系统基本概述

1.1　计算机概述

近年来,随着计算机技术的飞速发展,计算机及其应用已渗透到社会的各个领域,掌握和使用计算机已成为人们必不可少的技能。特别是网络技术的迅猛发展和普及,使得计算机已经不仅是一个工具,而是作为一种全新的处理方式为人们所接受。本章将介绍计算机的基础知识,使读者能对计算机有一个比较全面的了解。

1.1.1　计算机的起源

计算机是一种能快速、高效、准确地进行信息处理的数字化电子设备,它能按照人们事先编写的程序自动地对信息进行加工和处理,输出人们所需要的结果,从而为人类的生产、生活服务。这里包括两个方面的含义:

一是计算机是进行信息处理的工具。信息是指所有能被计算机识别和使用的数据,包括字符、声音、图像、视频信号等。计算机是一种获取信息、传递信息和加工信息的智能化设备,而不仅仅是狭义上的算术和逻辑运算的计算工具。

二是计算机能按照人们事先编制并存放在它内部的程序自动完成信息处理任务。计算机只能按照人们编制的程序所规定的步骤对信息进行处理,而且程序必须存储在计算机内,计算机才能自动工作。计算机只是人类发明的工具,它能帮助人们完成一些复杂的工作,但它不是万能的,也不能代替人脑。

综上所述,计算机是一种能够按照人们编写的程序连续、自动地工作,并能对输入的数据信息进行加工、存储、传递,由电子和机械部件组成的电子设备。

1.1.2　计算机的基本概念

计算机,顾名思义是一种计算的机器。它由一系列电子器件组成,英文名称为computer。计算机诞生的初期主要用来进行科学计算。然而现在计算机的处理对象已远远超出了"计算"这个范围。现在计算机可以对数字、文字、颜色、声音、图形、图像等各种形式的数据进行加工处理。

当用计算机进行数据处理时,首先把要解决的实际问题用计算机语言编写成计算机程序,然后将待处理的数据和程序输入到计算机中,计算机按程序的要求一步一步地进行各种运算,直到存入的整个程序执行完毕为止,因此计算机必须是能存储程序和数据的装置。

计算机在数据处理过程中不但能进行加、减、乘、除等算术运算,而且能进行逻辑运算并对运算结果进行判断,进而决定后续操作。因此,计算机具有进行各种计算的能力。

在当今的信息社会里,各行各业随时随地产生大量的信息。人们为了高效地获取、传送、检索信息并从信息中产生各种报表数据,必须在计算机的控制下进行有效的组织和管理信息。因此说计算机是信息处理的工具。

综上所述,计算机可以定义为:计算机是一种能按照事先存储的程序自动、高速地进行大量数值计算和各种信息处理的现代化智能电子设备。

1.2 计算机基本构成

计算机是人们对个人计算机的俗称。自从 1946 年第一台计算机诞生之后,先后经历了电子管时代、晶体管时代、集成电路时代和超大型集成电路时代。1981 年,IBM 公司推出了划时代的个人计算机(PC)。从此,计算机进入了平常人家,而个人计算机也被人们亲切地称为计算机。要想熟练地组装计算机,必须清楚计算机的基本构成,下面就对计算机的各配件进行简要介绍,使读者对计算机有一个初步的认识。

1.2.1 计算机硬件系统

计算机硬件系统是指构成计算机物理结构的电气、电子和机械部件,它是计算机系统的物质基础。1946 年美籍匈牙利数学家冯·诺依曼提出了计算机的硬件结构,其主要由运算器、控制器、存储器、输入设备和输出设备五大基本部件组成。

1. 运算器

运算器是计算机进行信息加工的场所,所有的算术运算和逻辑运算都在这里进行。算术运算指加、减、乘、除等各种数值运算;逻辑运算指进行逻辑判断、逻辑比较的非数值运算。

2. 控制器

控制器是计算机的指挥控制中心,是计算机的"神经中枢"。它负责对控制信息进行分析,通过分析发出操作控制信号,控制数据的传输和加工;同时,控制器也接收其他部件送来的信号,协调计算机各个部件步调一致地工作。

3. 存储器

存储器是计算机存储与记忆的装置,用来存放计算机的数据与程序。存储器通常分为内存储器和外存储器。

内存储器(简称内存,英文为 memory)用来存放当前运行的程序和数据。它存储容量较小,但存取速度快,并可以直接与中央处理器(CPU)交换信息。内存储器可分为只读存储器(ROM)和随机存储器(RAM)。

外存储器(简称外存,英文为 External Memory)也称为辅助存储器,它是内存的扩充。其特点是存储容量大、价格低,但存取速度相对内存较慢。一般用来存放暂时不用的程序和数据,在需要时可成批地与内存交换信息。CPU 不能直接访问它,即外存中的信息不能直接被处理,必须预先被送入内存才能被处理。

4. 输入设备

输入设备是计算机用来接收外界信息的设备,主要是把程序、数据和各种信息转换成计算机能识别接收的电信号,按顺序送到计算机内存中。目前常用的输入设备有键盘、鼠标、扫描仪等。

5. 输出设备

输出设备是用来输出数据处理结果或其他信息的,主要是把计算机处理的数据、计算结果等内部信息按人们需要的形式输出。常见的输出设备有显示器、打印机、绘图仪等。

1.2.2　计算机软件系统

软件是指计算机系统中的程序、数据和有关文件(文档)的集合。计算机程序是按既定算法,采用某种计算机语言所规定的指令或语句的有序集合;文档是指用自然语言或者形式化语言所编写的文字资料和图表,用来描述程序的内容、组成、设计、功能规格、开发情况、测试结果及使用方法,如程序设计说明书、流程图和用户手册等。

通常按功能可将计算机软件系统分为系统软件和应用软件两大类。

1. 系统软件

系统软件是计算机系统中最靠近硬件的软件。系统软件指的是管理、运行、控制和维护计算机系统资源的程序集合。它的主要功能是实现计算机硬件和软件管理,充分发挥计算机的功能,方便用户的使用,为开发人员提供平台支持。系统软件主要包括操作系统软件和实用系统软件。

(1)操作系统

操作系统是系统软件的核心,起着管理整个系统资源的作用。操作系统的主要功能是控制和管理计算机系统各种硬件和软件资源,提高资源的利用率和使用率,为用户提供一个良好的计算机系统环境。它是硬件(裸机)上扩充的第一层软件。其他的软件,如汇编语言、编译程序和各种服务程序等软件都是在操作系统的支持下工作的。因此操作系统被称为用户与计算机之间的接口。

(2)实用系统软件

实用系统软件包括语言处理程序、编辑程序、连接程序、管理程序、调试程序、故障检查程序和各种实用工具程序等。

①语言处理程序

人与人之间交往主要是通过语言进行的。同理,人与计算机之间交换信息也必须用一种语言,这种语言就叫计算机语言或程序设计语言。根据计算机科学技术的发展,计算机语言可以分为三类,即机器语言、汇编语言和高级语言。

②实用工具程序

实用工具程序能配合其他系统软件为用户提供方便和帮助。在 Windows 的附件中也包含了系统工具,包括磁盘碎片整理程序、磁盘清理等实用工具程序。

◆机器语言

机器语言是用二进制"0"和"1"构成一系列指令代码表示的程序设计语言。它是计算机能直接识别和执行的语言。它具有执行速度快、占用内存少等优点。但是它难学、难记、难阅读,并且难以纠错。另外,不同型号计算机的机器语言不能通用。

◆汇编语言

汇编语言是为了解决机器语言难记忆、编程不方便等问题,使用了一些能反映指令功能的助记符来代替机器指令的符号语言。机器语言和汇编语言都是低级语言(面向机器的语言)。汇编语言比机器语言直观,易阅读、易编程和易修改。汇编语言程序不能直接执行,需要将汇编语言源程序通过汇编程序翻译成机器语言(目标程序),如图1.1所示。

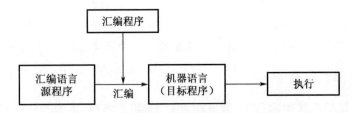

图1.1 汇编语言源程序通过汇编程序翻译成机器语言

◆高级语言

高级语言是接近人类的自然语言和数字语言而又独立于机器的一种程序设计语言。用高级语言编写的源程序不能被计算机直接识别,需要把高级语言通过"翻译程序"变成机器语言。

不同的计算机语言有不同的语言处理程序,把高级语言编写的源程序翻译成目标程序有两种方式。

一种是解释,即一边翻译一边执行。将高级语言源程序逐条翻译成机器指令,翻译一句执行一句,直到程序全部翻译执行完,这种"翻译"的处理程序称为解释程序,如图1.2所示。

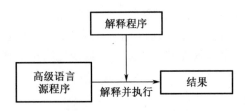

图1.2 解释过程示意图

另一种是编译,即把高级语言源程序"翻译"成一个完整的目标程序,然后再由计算机执行目标程序,这种"翻译"语言处理程序称为编译程序,如图1.3所示。

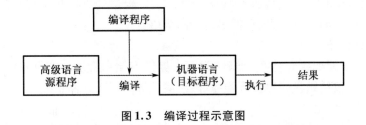

图1.3 编译过程示意图

2.应用软件

应用软件是为计算机在各个领域中的应用而开发的程序。它是利用计算机软件、硬件资源为解决特定的实际问题而编制的程序和文档。常见的应用软件有各种软件包、数据库应用程序等。前者是指为解决带有通用性问题而研制开发的程序,比如办公应用方面的Microsoft Office,网站制作方面的Dreamweaver等;后者是指用户针对特定问题而编制的程序。

计算机软件已发展成为一个巨大的产业。其应用范围也涵盖了生活的方方面面,很多问题都有相应的软件来解决。下面列举了一些主要应用领域的常见软件。

办公软件:Microsoft Office、WPS 等。

平面设计:Photoshop、Freehand、CorelDRAW 等。

辅助设计:AutoCAD、Rhino 等。

三维制作:3DS MAX、Maya 等。

视频编辑与后期制作:Adobe Premiere、Ulead 的会声会影等。

多媒体开发:Authorware、Director、Flash 等。

1.3　计算机学科发展

计算机科学与技术是研究信息过程、用以表达此过程的信息结构和规则及其在信息处理系统中实现的学科。计算机科学与技术研究的主要对象是现代计算机及其相关的现象。该学科的工作集中于计算机系统的结构和操作、计算机系统的设计和程序设计的基本原则、使之运用于各种信息加工任务的有效方法,以及它们的特性和局限的理论特征。学科包括科学与工程技术两方面,二者相互作用、相互影响。

半个多世纪以来,计算机科学技术迅猛发展,成为当代科技的非常重要的学科。随着电子技术的发展,计算机的逻辑器件不断更新换代,目前已进入了超大规模集成电路的时代。微电子技术的变化发展,直接带动了计算机系统结构的发展,许多行之有效的理论和方法得以应用。计算机已经从早期的单一计算装置发展成多计算机系统、并行分布式计算机系统、计算机网络等多种形式的高性能系统。微型计算机的产生与发展,进一步改变了人类社会生产、生活方式。软件理论、技术的发展和软件工程方法导致了软件设计和开发方法的根本变革。理论研究已经从单纯的计算模型的研究发展为计算机系统理论、软件理论、计算理论和应用技术理论等多个研究分支,并拓展到人工智能等方面。

计算机科学与技术学科可分为理论计算机科学、计算机软件、计算机系统结构、计算机应用技术等领域及与其他学科交叉的研究领域,如人工智能、应用数学等。通常,本学科可概括为计算机软件与理论、计算机系统结构、计算机应用技术等三个二级学科。

计算机软件与理论主要研究软件设计、开发、维护和使用过程中涉及的软件理论、方法和技术,探讨计算机科学与技术发展的理论基础。计算机系统结构研究计算机硬件与软件的功能分配,软硬件界面的划分,计算机硬件结构、组成、实现方法与技术。计算机应用技术研究计算机在各个领域的原理、方法和技术,所涉及的研究内容非常广泛。

计算机科学与技术不但自身已经成为高技术的重要学科之一,而且对于当代众多的科学技术领域的发展有着重要的影响。随着人类社会信息化程度的提高,计算机科学与技术所涉及的研究领域和方向会不断扩展、深化,对于人类社会的生产和生活将发挥越来越重要的作用。

计算机应用技术是一门应用十分广泛的专业,它以计算机基本理论为基础,突出计算机和网络的实际应用。学生通过系统地学习计算机的软、硬件与应用的基本理论、基本技能和方法,具备初步运用专业基础理论及工程技术方法进行系统开发、应用、管理和维护的能力。

1.3.1 计算机学科的知识结构、学科形态

随着计算机的发展,计算机专业教育受到了高度的重视,出现了许多专业名称,如计算机技术、计算机科学、计算机工程和计算机应用等。它们有区别吗?要回答这个问题,首先必须搞清楚什么是科学、技术、工程。科学是关于自然、社会和思维的发展与变化的知识体系;技术是泛指根据生产实践经验和科学原理而发展形成的各种工艺操作方法、技能和技巧;工程是指将科学原理应用到工农业生产部门中去而形成的各门学科的总称。因此,科学、技术、工程是有区别的。

正因为如此,长期以来国内外一直对计算机科学与技术是属于科学还是工程范畴存在着争议,计算机界也一直争论不休。其反映在专业课程设置、核心课程确定上是"仁者见仁,智者见智",强调科学的不重视技术与工程实践;强调应用的轻视理论,在教与学的过程中过分注重计算机实际操作的应用,就如同懂电的强调电,懂硬件的强调硬件,懂数学的强调数学,懂软件的强调编程。

针对这一问题,美国计算机协会(ACM)和国际电气电子工程师协会计算机学会(IEEE/CS)组织了一个由20多位资深计算机专家(其中有不少是"图灵"奖的获得者)组成的联合小组,从1985年起用了五年的时间对计算机科学、计算机工程领域的相关问题进行了翔实的论证与分析,最后他们得出的结论是:计算机科学和计算机工程在本质上没有区别,两者是一回事。为什么会这样呢?这是由计算机学科的特点所决定的。

事实上,代表计算机科学的各个分支学科的理论和方法与代表计算机工程的各分支的学科的工程开发方法和技术、技巧、技艺通常既有理论特征,又有技术特征,甚至还具有工程特征,三者之间的界限往往难以区分。从本质上讲,它们是从不同的角度和层面对各种问题是否可计算,即能行性及其求解方法和过程的描述,以及通过对各种问题反映其能行性的内在规律的描述,折射出求解方法和求解过程的。它们的方法论的理论基础都是以离散数学为代表的构造性数学。

基于上述认识,近年来科学界倾向于将计算机科学、计算机技术、计算机工程统一为一个学科,称之为计算科学。对计算科学比较一致的定义是:计算科学是对描述和变换信息的算法过程,包括理论、分析、设计、效率分析、实现和应用的系统研究。全部计算科学的基本问题是:什么能自动进行,什么不能自动进行。本学科来源于对数理逻辑、计算模型、算法理论、自动计算机器的研究,形成于20世纪30年代后期。

那什么是计算机应用?计算机应用是一个范畴很大的领域,广义地讲,凡是和计算机使用相关联的领域都可被纳入计算机应用的范畴。但是从基本的和核心的角度来看,支持计算科学向各个学科渗透、应用和发展的是一些最基本的共性理论、方法和技术。因此,首先我们应将计算机技术导论的操作和应用区分开来。操作是对现有软件的理解和使用,而应用又可分为具体应用和基本应用。将计算机与各行各业的具体事务结合起来的应用,如信息系统、电子商务等,称为计算机具体应用;而研究计算机应用具体领域的共性理论、方法和技术,称为计算机的基本应用,属于计算科学的范畴。我们通常所说的计算机应用,是指计算机的基本应用,而不是计算机的具体应用,更不是计算机的操作。

多年来,计算机学科已形成完整的理论及应用体系,具有明显的专业特征和特定的研究领域。进入21世纪,计算机学科的知识内容也有了很大的变化和发展,为此ACM和IEEE/CS以及中国计算机学会教育分会组织专家进行了全面的讨论、论证,比较一致的看

法是,新世纪计算机学科的知识领域可分为十四个主科目(核心知识体),它们分别是:

(1)离散结构(DS);

(2)程序设计基础(PF);

(3)算法与复杂性(AL);

(4)程序设计语言(PL);

(5)组成与系统结构(AR);

(6)操作系统(OS);

(7)网络计算(NC);

(8)人机交互(HC);

(9)图形与可视化(GV);

(10)智能系统(IS);

(11)信息管理(IM);

(12)软件工程(SE);

(13)社会和职业专题(SP);

(14)计算科学与数值方法(CN)。

1.3.2　计算机学科核心概念和典型方法

在计算机学科中有十二个核心概念。

1.绑定

绑定是指通过将一个抽象的概念与附加特性相联系,从而使一个抽象概念具体化的过程。

例如,把一个进程与一个处理机、一种类型与一个变量名、一个库目标程序与子程序中的一个符号引用等分别关联起来。

在逻辑程序设计中,用面向对象语言将一个方法与一个消息相关联,从抽象描述建立具体实例。

绑定有时又译为联编、结合等。译为绑定既可表音,又能达义,在计算机专业英语的汉译中能达到这一境界的并不多。

绑定在计算机领域中存在很多实例。面向对象程序设计中的多态性特征将这一概念发挥得淋漓尽致。程序在运行期间的多态性取决于函数名与函数体相关联的动态性,只有支持动态绑定的程序设计语言,才能表达运行期间的多态性,而传统语言通常只支持函数名与函数体的静态绑定。

还可为绑定找到一个更通俗的实例。将配偶这一抽象概念与某位异性相关联,这一过程称作绑定。指腹为婚为静态绑定,自由恋爱为动态绑定。现有的面向对象程序设计语言都不允许离婚或重婚,但在一定程度上允许再婚。

2.大问题的复杂性

大问题的复杂性是指随着问题规模的增长,复杂性呈非线性增加的效应。这是区分和选择各种方法的重要因素。以此来度量不同的数据规模、问题空间和程序规模。

假如我们编写的程序只是处理全班近百人的成绩排序,那么选择一个最简单的排序算法就可以了。但如果我们编写的程序负责处理全省几十万考生的高考成绩排序,就必须认真选择一个排序算法,因为随着数据量的增大,一个不好的算法的执行时间可能是按指数级增长的,从而使人最终无法忍受等待该算法输出结果的过程。

软件设计中的许多机制正是面向复杂问题的。例如在一个小程序中标识符的命名原则是无关重要的,但在一个多人合作开发的软件系统中这种重要性会体现出来;goto 语句自由灵活、可随意操控,但实践证明了在复杂程序中控制流的无序弊远大于利;结构化程序设计已取得不错的成绩,但在更大规模问题求解时保持解空间与问题空间结构的一致性显得更加重要。

从某种意义上说,程序设计技术发展至今的两个里程碑(结构化程序设计的诞生和面向对象程序设计的诞生)都是因为应用领域的问题规模与复杂性不断增长而驱动的。

3. 概念和形式模型

概念和形式模型是指对一个想法或问题进行形式化、特征化、可视化和思维化的各种方法。例如,在逻辑、开关理论和计算理论中的形式模型;基于形式模型的程序设计语言的风范;关于概念模型,诸如抽象数据类型、语义数据类型和用于指定系统设计的图形语言,如数据流和实体关系图。

概念和形式模型主要采用数学方法进行研究。例如,用于研究计算能力的常用计算模型有图灵机、递归函数、λ 演算等;用于研究并行与分布式特性的常用并发模型有 Petri 网、CCS、π 演算等。

只有跨越了形式化与非形式化的鸿沟,才能到达软件自动化的彼岸。在程序设计语言的语法方面,由于建立了完善的概念和形式模型,包括线性文法与上下文无关文法、有限自动机与下推自动机、正则表达式与巴克斯范式等,所以对任何新设计语言的词法分析与语法分析可实现自动化,典型的软件工具有 lex 和 yacc。

在形式语义方面,虽然操作语义学、指称语义学、公理语义学和代数语义学四大流派均取得不少成果,但语义分析工具目前还仅限于实验室应用。

至于程序设计语言的语用方面,由于严重缺乏概念和形式模型,人们对语言的语用知之甚少,更谈不上什么自动化工具。

4. 一致性和完备性

在计算机中一致性和完备性概念的具体体现包括诸如正确性、健壮性、可靠性这类相关的概念。一致性包括用作形式说明的一组公理的一致性、观察到的事实与理论的一致性、一种语言或接口设计的内部一致性等。正确性可看作部件或系统的行为对设计说明的一致性。

完备性包括给出的一组公理使其能获得预期行为的充分性、软件和硬件系统功能的充分性,以及系统在出错和非预期情况下保持正常行为的能力。

一致性与完备性是一个系统必须满足的两个性质,在形式系统中这两个性质更加突出。如果你提出了一个公理系统,人们首先会提出的问题就是该系统是否一致,该系统是否完备。

一致性是一个相对的概念,通常是在对立统一的双方之间应满足的关系,例如实现相对于规格说明的一致性(即程序的正确性),数据流图分解相对于原图的一致性,函数实现相对于函数原型中参数、返回值、异常处理的一致性等。

完备性也应该是一个相对的概念,通常是相对于某种应用需求而言的。完备性与简单性经常会产生矛盾,应采用折中的方法获得结论。

5. 效率

效率是指关于诸如空间、时间、人力、财力等资源耗费的度量。例如，一个算法的空间和时间复杂性理论的评估。

可行性是表示某种预期的结果(如项目的完成或元件制作的完成)达到的效率，以及一个给定的实现过程较之替代的实现过程的效率。

对算法的时空效率进行分析是最常见的实例。但设计与实现算法的人力、财力等资源耗费经常会被忽略。销量好的像 Windows 一样的商品化软件投入再多人力、财力也在所不惜，但作为普通的应用软件当然不值得这样精益求精。

与其他商品的生产一样，软件生产不能单纯追求产品的性能，同样重要的是提高产品的性能价格比。软件产业追求的目标不仅仅是软件产品运行的效率，还包括软件产品生产的效率。

考虑效率的最佳方法是将多个因素综合起来，通过折中获得结论。

6. 演化

演化是指更改的事实、意义和应采取的对策。更改时各层次所造成的冲击，以及面对更改的事实，抽象、技术和系统的适应性及充分性。例如，形式模型随时间变化表示系统状况的能力，以及一个设计对环境要求的更改和供配置使用的需求、工具和设备的更改的承受能力。

演化要表达的实际上是生命周期的概念，软件设计活动贯穿了整个软件生命周期，包括各种类型的系统维护活动。

在工业生产的并行工程中采用了一系列称为 DFX 的技术，如 Design For Assembling、Design For Manufacturing 等，主张在设计阶段就全面考虑产品的整个生命周期。可以说，在软件开发中早就采用了与 DFX 类似的技术，毕竟在软件生命周期中维护期占的比例更大。

7. 抽象层次

抽象层次是指计算中抽象的本质和使用。在处理复杂事物、构造系统、隐藏细节及获取重复模式方面使用抽象，通过具有不同层次的细节和指标的抽象能够表示一个实体或系统。例如，硬件描述的层次、在目标层级内指标的层次、在程序设计语言中类的概念，以及在问题解答中从规格说明到编码提供的详细层次。

计算机学科为认知论带来的贡献并不多，相反它从其他学科(如数学、科学、工程等)中借用了许多思维方式，而这些思维方式是人类认识与改造世界的基本方法。

抽象是人类认知世界的最基本的思维方式之一。罗素曾断言：发现一对鸡、两昼夜都是数 2 的实例，一定需要花费很多年的时间，其中所包含的抽象程度确实不易达到；至于 1 是一个数的发现，也必定很困难。

近世代数又称抽象代数，其名称与思路均很好地体现了抽象这一思维方式。在许多具体的代数系统中数学家们抽取了群、环、域等抽象代数，而在这些抽象代数中抽取共性，还可提炼出更抽象的概念——范畴。范畴是这些抽象代数的一种抽象。

抽象源于人类自身控制复杂性能力的不足：我们无法同时把握太多的细节，复杂的问题迫使我们将这些相关的概念组织成不同的抽象层次。日常生活中的 is－a 关系是人们对概念进行抽象和分类的结果，例如苹果是一种水果，水果是一种植物等。生物学采用的界、门、纲、目、科、属、种标准生物分类方法是这一思维方式的经典应用。将这种 is－a 关系在程序中直接表达出来而形成的继承机制，是面向对象程序设计最重要的特征之一。

在软件设计中太容易找到不同的抽象层次,例如变量→类型、对象→类→ADT、实现→规格说明(程序正确性定义的相对性)、数据流图的分解与平衡等。从绑定这一概念的定义可看出,只有在不同抽象层次的前提下才会存在绑定。

8. 空间有序

空间有序是指在计算学科中局部性和近邻性概念。除了物理上的定位(如在网络和存贮中)外,空间有序还包括组织方式的定位(如处理机进程、类型定义和有关操作的定位),以及概念上的定位(如软件的辖域、耦合、内聚等)。

正如画家或雕塑家在平面或立体上创造一件艺术杰作,空间有序追求的也是一种空间上的美感。这种美感会真实地存在(例如一份可读性极佳的源程序清单),但更多的是在思维空间之中(例如程序的结构或模块之间的关系)。计算机专业训练的目标之一是培养我们良好的审美观。

在软件领域中,这种美感小到程序中的一行注释,大到逻辑上与物理上的模块构成,乃至整个软件的体系结构。

软件工程师的桌面总是整洁的,因为他喜欢空间有序。桌面一塌糊涂的人可能是天才,但未必能成为一名合格的软件工程师。

9. 时间有序

时间有序是指按时间的先后所分成的顺序。这包括在形式概念中把时间作为参数(如在时态逻辑中)、把时间作为分布于空间的进程同步的手段、时间算法执行的基本要素。

时间有序作为一种和谐的美存在,其最大的特点是在生命周期中表现出的对称性:有对象创建就有对象消亡,有构造函数就有析构函数,有保存屏幕就有恢复屏幕,有申请存储空间就有释放存储空间。

时间有序与空间有序是天生的一对。程序中时间的有序应尽量与空间的有序保持一致,如果一个对象的创建与消亡分别写在两个毫无关联的程序段中,那么其潜在的危害性是可想而知的。

在并行与分布式系统中,时间有序占有更重要的地位。对并发的同时性考虑的角度不同,导致有两大类不同的并发模型:真并发模型与交错模型。并发系统中的顺序、并发、选择(冲突)、冲撞等现象均与时间有密切关联。

10. 重用

重用是指在新的情况或环境下,特定的技术、概念和系统成分可被再次使用的能力。例如,可移植性、软件库和硬件部件的重用,促进软件成分重用的技术,以及促进可重用软件模块开发的语言抽象等。

可能还没有哪一个行业的重用情况会像软件行业这样糟糕。有没有见过哪家汽车生产厂商自己采矿炼钢?有没有见过哪间家具厂自己种林伐木?但这种现象在软件行业却司空见惯。

软件重用的对象除源代码外,还包括规格说明、系统设计、测试用例等,软件生命周期中越前端的重用意义越重大。现有的许多努力都是面向源代码一级的重用,例如程序的模块化、封装与信息隐藏、数据抽象、继承、异常处理等机制,包括当前热门的 CORBA、DCOM 等利用构件组装软件系统的技术。

软件重用被认为是软件行业提高生产率的有效途径,然而许多技术与非技术因素阻碍了软件重用的应用与推广。从技术上看,只要形式化方法的研究(特别是作为理论基础的形式语义学)没有重大突破,软件重用就不可能有质的飞跃。而非技术因素也不可小觑,其中包括了许多社会的、经济的甚至心理的因素,人们抵制重用的最常见借口是"not invented here"。

11. 安全性

安全性是指软件和硬件系统对合适的响应和抗拒不合适的非预期的请求以保护自己的能力,以及计算机设备承受灾难事件(例如自然灾害、人为破坏)的能力。例如,在程序设计语言中为防止数据对象和函数的误用而提供的类型检测和其他概念,数据保密,数据库管理系统中特权的授权和取消,在用户接口上把用户出错减到最少的特性,计算机设备的实际安全性度量,一个系统中各层次的安全机制。这几乎是一个不言自明的话题。例如软件系统处理异常情况的健壮性、硬件系统的容错能力、因特网应用系统防范侵入的措施等。

其中一个容易忽略的安全性是如何在程序设计过程中防止程序员无意犯错(这些错误通常不是有意的)。强类型语言在这方面下的功夫远比弱类型语言多,例如数据类型声明防止了对数据的某些非法操作、函数原型声明防止了函数调用时参数传递的误用、作用域规则防止了不同模块之间数据的误操作。另一个容易忽略的安全性是如何在人机交互过程中防止用户无意犯错(大多数情况下这些错误也不会是有意攻击)。一个用户界面友好的软件系统除了用户操作方便外,还应提供这方面的帮助。例如,用户不会输入像"1999. 2.29"这样的日期,在输入居民身份证号码时不会在其中输入英文字母,不会因一次误操作而造成不可挽回的损失。

12. 折中和结论

计算中折中的现实和这种折中的结论,表现为选择一种设计来替代另一种设计所产生的技术、经济、文化及其他方面的影响。

折中是存在于所有计算机领域各个层次上的基本事实。例如,在算法研究中空间和时间的折中,对于矛盾的设计目标所采取的折中(例如易用性与完备性、灵活性与简单性、低成本与高可靠性等),硬件设计的折中,在各种制约下优化计算能力所蕴含的折中。

中庸之道是中国的传统哲学,折中和结论的大意与中庸之道相同。鱼和熊掌不可兼得时,必有选择与舍弃。一个省时间的算法通常占用较多空间,而省空间的算法往往在时间上并非最佳,选用哪种算法取决于程序的应用环境。

程序设计中的类属机制是严格性与灵活性这一对矛盾目标的折中结论。由于强类型语言通过严格的类型检查来提高程序的安全性,编写包容数据结构时会给程序员带来麻烦,类似的程序段可能会大量重复。Smalltalk、CLOS 等语言放松了类型检查以获取灵活性,C 语言采用指向空值的指针表示通用类型,但这两种折中方式舍安全性而就灵活性。C++语言提供的类属机制同时实现了这两个目标,显然是一种更理想的折中结论。

软件设计中还有一些专门技术是针对折中和结论的。例如在大型程序设计中的"同一界面、不同实现"技术,可为客户程序提供适应各种不同目标的选择。这种风格还体现在分布式计算体系结构的 CORBA 标准中。

1.3.3　计算机的发展趋势

随着人类社会的发展,科学技术的不断进步,计算机技术也在不断向纵深发展。不论是在硬件还是在软件方面都不断有新的产品推出,但总的发展趋势可以归纳为以下几个方面。

1. 计算机的发展趋势

(1) 巨型化

巨型化并不是指计算机的体积大,而是指计算机存储容量更大、运算速度更快、功能更强。巨型机的发展集中体现了计算机技术的发展水平,它可以推动多个学科的发展。

(2) 微型化

由于大规模和超大规模集成电路的飞速发展,计算机的微型化发展十分迅速,体积、功耗不断缩小。功能不断提高,笔记本电脑、掌上电脑等产品层出不穷。微处理器是将运算器和控制器集成在一起的大规模或超大规模集成电路芯片,称为中央处理单元。以微处理器为核心再加上存储器和接口芯片,便构成了微型计算机。微处理器自1971年问世以来,发展非常迅速,几乎每隔2~3年就要更新换代,从而使得微型计算机的性能不断跃上新台阶。

(3) 网络化

计算机网络可以实现计算机的硬件资源、软件资源和数据资源的共享。网络应用已成为计算机应用的重要组成部分,现代网络技术已成为计算机技术中不可或缺的内容。

(4) 智能化

智能化是指让计算机具有模拟人的感觉和思维过程的能力。智能计算机具有解决问题、逻辑推理、知识处理和知识库管理等功能。目前已研制出的机器人有的可以代替人从事危险环境中的劳动,有的能与人下棋等。智能化使计算机突破了"计算"这一初级的含义,从本质上扩充了计算机的能力,可以越来越多地代替人类的思维活动和脑力劳动。

2. 未来新一代的计算机

(1) 模糊计算机

1956年英国人查德创立了模糊信息理论。依照模糊理论,判断问题不是以是、非两种绝对的值或0与1两种数码来表示,而是取许多值,如用接近、几乎、差不多及差得远等模糊值来表示。用这种模糊的、不确切的判断进行工程处理的计算机就是模糊计算机。模糊计算机是建立在模糊数学基础上的电脑。模糊计算机除具有一般电脑的功能外,还具有学习、思考、判断和对话的能力,可以立即辨识外界物体的形状和特征,甚至可帮助人从事复杂的脑力劳动。

日本科学家把模糊计算机应用在地铁管理上:日本东京以北320 km的仙台市的地铁列车,在模糊计算机的控制下,自1986年以来,一直安全、平稳地行驶着。车上的乘客可以不必攀扶拉手吊带,因为在列车行进中,模糊逻辑"司机"判断行车情况的错误比人类司机要少70%。1990年,日本松下公司把模糊计算机装在洗衣机里,让其根据衣服的干净程度和衣服的质料来调节洗衣程序。我国有些品牌的洗衣机也装上了模糊逻辑计算机芯片。人们还把模糊计算机装在吸尘器里,让其根据灰尘量和地毯的厚实程度调整吸尘器功率。模糊计算机还能用于地震灾情判断、疾病医疗诊断、发酵工程控制、海空导航巡视等方面。

(2) 量子计算机

量子计算机是利用一种链状分子聚合物的特性来表示开与关的状态,利用激光脉冲来改变分子的状态,使信息沿着聚合物移动,从而进行运算。

量子计算机有四大优点:一是加快了解题速度(它的运算速度可能比目前个人计算机的 Pentium 3 芯片快上10亿倍);二是大大提高了存储能力;三是可以对任意物理系统进行高效率的模拟;四是能使计算机的发热量极小。

（3）光子计算机

光子计算机即全光数字计算机，以光子代替电子、光互联代替导线互联、光硬件代替计算机中的电子硬件、光运算代替电运算。光子计算机系统的互联数和每秒互联数，远远高于电子计算机，接近人脑；处理能力强，具有超高运算速度；信息存储量大，抗干扰能力强。其具有与人脑相似的容错性。

（4）生物计算机

生物计算机的运算过程就是蛋白质分子与周围物理化学介质的相互作用的过程。计算机的转换开关由酶来充当，而程序则在酶合成系统本身和蛋白质的结构中极其明显地表示出来。生物计算机的信息存储量大，模拟人脑思维。其既有自我修复的功能，又可以直接与生物活体相连。

（5）超导计算机

1911 年，昂尼斯发现纯汞在 4.2 K 低温下电阻变为零的超导现象，超导线圈中的电流可以无损耗地流动。在计算机诞生之后，就有很多学者试图将超导体这一特殊的优势应用于开发高性能的计算机。早期的工作主要是延续传统的半导体计算机的设计思路，只不过是将半导体材料制备的逻辑门电路改为超导体材料制备的逻辑门电路，从本质上讲并没有突破传统计算机的设计构架。而且，在 20 世纪 80 年代中期以前，超导材料的超导临界温度仅在液氦温区，实施超导计算机的计划费用高昂。然而，在 1986 年左右出现重大转机，高温超导体的发现使人们可以在液氮温区获得新型超导材料，于是超导计算机的研究获得各方面的广泛重视。

习题 1

1. 选择题

（1）1946 年诞生的世界上公认的第一台电子计算机是（　　）。

A. UNIVAC – I　　　　　B. EDVAC　　　　　C. ENIAC　　　　　D. IBM650

（2）计算机的发展趋势是巨型化、微小化、网络化、_____、多媒体化。

A. 智能化　　　　　B. 数字化　　　　　C. 自动化　　　　　D. 以上都对

（3）巨型计算机指的是_____。

A. 质量大　　　　　B. 体积大　　　　　C. 功能强　　　　　D. 耗电量大

（4）目前大多数计算机，就其工作原理而言，基本上采用的是科学家_____提出的存储程序控制原理。

A. 比尔·盖茨　　　　B. 冯·诺依曼　　　　C. 乔治·布尔　　　　D. 艾仑·图灵

（5）计算机自诞生以来，无论在性能还是在价格等方面都发生了巨大的变化，但是_____并没有发生多大的改变。

A. 耗电量　　　　　B. 体积　　　　　C. 运算速度　　　　　D. 基本工作原理

2. 填空题

（1）第二代计算机使用的电子元件是（　　）。

（2）目前制造计算机所用的电子元件是（　　）。

（3）目前使用的防病毒软件的作用是（　　）。

答案

1.选择题

(1)C (2)A (3)C (4)B (5)D

2.填空题

(1)晶体管

(2)超大规模集成电路

(3)查出已知名的病毒,清除部分病毒

第 2 章　计算机运算基础技术

2.1　计算机编码

在计算机中,信息是以数据的形式来表示和使用的,因为计算机中的基本逻辑元件有两个可用电进行控制并且能互相转化的稳定状态,所以计算机中所有信息都是通过二进制信号来存储和处理的。采用二进制表示信息有以下几个优势:

(1)在物理电路上易于实现

要制造两种稳定状态的物理电路是很容易实现的,如电压的高低状态、门电路的导通与截止、电流的有无等,但要制造十种稳定状态的物理电路是非常困难的。

(2)二进制运算简单

数学推导证明,对 R 进制的算术求和与求积规则有 $R(R+1)/2$ 种,如果采用十进制,就有 55 种求和、求积的运算规则;而二进制仅有 3 种,因而简化了运算器等物理硬件的设计。

(3)机器可靠性高

因为电压的高低、电流的有无都是一种质的变化且状态分明,所以信号抗干扰能力强,鉴别信息的可靠性高。

(4)通用性强

二进制编码不仅可以表示数值信息,而且是一种人为表示信息的方式,我们还可以用不同的 0 和 1 的组合来表示英文字母、汉字、色彩和声音等各种信息。

下面介绍计算机存储信息的单位:位(比)是表示信息的最小单位,表示一位二进制信息。由于每位二进制只能表示两种状态,自然界的大多数信息根本无法通过一位二进制表示,位数越多,表示的信息量就越大。对于二进制位来说,R 位二进制可以表示 2^R 个数据。但由于计算机物理线路和存储介质的特殊性,我们不能像现实世界中的数据那样随意进位,于是我们规定至少用 8 位来存放信息,称为一个字节(byte)。字节是计算机存储信息的基本单位。计算机的存储器通常都是用字节来表示其容量的,常用的单位有:

(1)KB

$1KB = 2^{10} byte = 1\ 024\ byte$

(2)MB

$1MB = 2^{10} KB = 1\ 024\ KB$

(3)GB

$1GB = 2^{10} MB = 1\ 024\ MB$

(4)TB

$1TB = 2^{10} GB = 1\ 024\ GB$

由于 1 个字节能表示的信息的状态只有 256 种,当信息量超过 256 种时,我们可以根据信息量的多少用 2 个字节或更多字节来表示。根据信息的类型不同,可用字(word)作为一个独立的信息处理单位,它由字节组成,其长度取决于机器类型、数据类型和使用者的要求。常用的固定字长有 8 位、16 位、32 位和 64 位等。表示数据的个数分别为 2^8,2^{16},2^{32} 和 2^{64} 等。由此可见,数据在计算机世界中是有范围界限的,而现实世界中的数值是从负无穷到正无穷的。

2.2 进位计数制

进位计数制是指按进位的方式计数的数制。进位计数制中每个数代表的权值与其位置有关。我们所熟知的十进制数就是一种进位计数制,而罗马数则是非进位计数制。日常生活中,除十进制外人们还使用其他进位计数制,如表示时间用六十进制,表示月份用十二进制。进位计算制由数位、基数和位权这三个要素构成。数位是指数码在一个数中所处的位置,进位计数制中,基数是指每个数位上可以使用的数码的个数。例如十进制的基数为10,每个数位上可以使用的数码为 0,1,2,3,4,5,6,7,8,9 十个数字,计数时"逢十进一"。八进制的基数为 8,计数时"逢八进一"。在每个数位上可以使用的数码为 0,1,2,3,4,5,6,7 八个数码。进位计数制中,某个数位的数码所代表数值的大小称为该位的"位权",第 i 位数所表示的位权值等于基数的 i 次幂(注:位数 i 从 0 开始计算)。例如十进制数 468 中,"4"的权值是 10^2,故称为百位,"6"的权值是 10^1,代表十位,8 的权值是 10^0 并代表个位。十进制小数中,小数点后第一位的权值为 10^{-1},小数点后第二位的权值为 10^{-2}……。于是十进制数 1035.3 可以表示为如下权值多项式:

$$(7069.4)_{10} = 7 \times 10^3 + 0 \times 10^2 + 6 \times 10^1 + 9 \times 10^0 + 4 \times 10^{-1}$$

类似地,对于任意 n 进制的数 $(b_k b_{k-1} \cdots b_2 b_1 b_0 . b_1 b_2 b_3 \cdots)_N$ 都可以用如下多项式展开:

$$(b_k b_{k-1} \cdots b_2 b_1 b_0 . b_1 b_2 b_3 \cdots)_N$$
$$= b_k \times n^k + b_{k-1} \times n^{k-1} + \cdots + b_2 \times n^2 + b_1 \times n + b_0 \times n^0 + b_1 \times n^{-1} + b_2 \times n^{-2} + \cdots$$

计算机中采用二进制,计数方法遵循"逢二进一"规则。二进制数每位只使用 0 或 1 这两个数码。二进制容易表示,运算规则简单。因为 0 和 1 可看作是两种不同的状态,任何具有两个不同稳定状态的元器件都可以用来表示二进制,如开关的"通"和"断"、电位的"高"和"低"、信号的"有"和"无"等都可以分别表示 1 和 0,所以二进制数及其运算易于通过电子器件来实现。

二进制的基数为 2,第 i 数位的权值就为 2^i。例如,二进制数 11001.011 可以表示为
$$(11001.011)_2 = 1 \times 2^4 + 1 \times 2^3 + 0 \times 2^2 + 0 \times 2^1 + 0 \times 2^1 + 1 \times 2^0 + 0 \times 2^{-1} + 1 \times 2^{-2} + 1 \times 2^{-3}$$
即二进制数 11001.011 等于十进制 25.375。二进制虽然便于计算机处理,但往往因为表示一个数据的位数很长,不便于人们阅读和书写,并且不符合人们的使用习惯,因此,除十进制外,在使用中还使用八进制和十六进制。十六进制的基数为 16,每个数位上可以使用的数码为 0,1,2,3,…,8,9 和 A,B,C,D,E,F 十六个数码,其中 A,B,C,D,E,F 分别代表 10,11,12,13,14,15。十六进制的计数方法遵循"逢十六进一"的原则,例如十六进制数 6BC54.F 可以表示为:

$$(6BC54.F)_{16} = 6 \times 16^4 + 11 \times 16^3 + 12 \times 16^2 + 5 \times 16^1 + 4 \times 16^0 + 15 \times 16^{-1}$$
$$= (441424.9375)_{10}$$

在程序设计中,常用后缀字母 H 表示十六进制数,如上面的十六进制数可表示为 6BC54.FH。

2.2.1　常用数制转换

由于计算机内部使用二进制,要让计算机处理十进制数,必须先将其转化为二进制才能被计算机所接受,而计算机处理的结果又须还原为人们所习惯的十进制数。

2.2.2　十进制数转换为二进制数

十进制数转换为二进制数采用"除二取余法",可采用整数部分和小数部分分别转换的方法。

（1）整数部分

十进制数整数部分转换为二进制采用"除 2 取余法":十进制数的整数部分除以 2,取其商继续除以 2,反复进行,直到商为 0 为止。各次相除所得余数按倒序连起来就是该数的二进制数表示。即首次相除所得余数是二进制的最低位,最后得到的余数是二进制的最高位。

（2）小数部分

十进制数小数部分转换二进制采用"乘 2 取整法":将十进制小数乘以 2,取出进位的整数,然后小数部分继续乘 2,直至小数部分为 0 或位数满足精度要求为止,然后把各次相乘所得的整数按顺序连起来就是小数部分的二进制表示方法。

【例 2.1】　将 60 转换为二进制数

2.2.3　二进制数与八进制数和十六进制数转换

二进制数与八进制数和十六进制数转换比较简单。3 位二进制数正好对应 1 位八进制数,4 位二进制数正好对应 1 位十六进制数,因此八进制数和十六进制数可以分别看作是二进制数的缩写。这就是为什么要使用十六进制数或八进制数的原因。二进制数转换为八进制数时,以小数点为中心分别向左、向右延伸,按 3 位二进制数为一组进行划分,如果不足 3 位则以 0 补齐,然后将各组二进制数按表 2.1 的对应关系转换成相应的八进制数。二进制数转换为十六进制数也同理,以小数点为中心分别向左、向右延伸,按 4 位二进制数为一组进行划分,如果不足者以 0 补齐,然后将各组二进制数按表的对应关系转换成相应的十六进制数。

表 2.1　进制转换关系

二进制	八进制	十六进制	十进制
0000	0	0	0
0001	1	1	1
0010	2	2	2
0011	3	3	3
0100	4	4	4
0101	5	5	5
0110	6	6	6
0111	7	7	7
1000	10	8	8
1001	11	9	9
1010	12	A	10
1011	13	B	11
1100	14	C	12
1101	15	D	13
1110	16	E	14
1111	17	F	15

2.3　二进制算术运算

1.二进制加法运算规则

$$0+0=0 \quad 0+1=1 \quad 1+0=1 \quad 1+1=10$$

2.二进制乘法规则

$$0\times0=0 \quad 0\times1=0 \quad 1\times0=0 \quad 1\times1=1$$

3.二进制逻辑运算

(1)逻辑与(AND,∧)可用 AND,·,X 或 ∧ 表示。运算规则:$0\wedge0=0, 0\wedge1=0, 1\wedge0=0, 1\wedge1=1$ 表示参加逻辑"与"运算的两个量,只要有一个为假,结果便为假;只有二者同时为真,结果才为真。上述运算与二进制算术乘法类似,故有时把逻辑"与"运算称为逻辑乘,并用"·"表示,如 A∧B,也可表示为 A·B 或 AB。在数理逻辑中,逻辑"与"运算又称"合取"。

(2)逻辑或(OR,∨)

运算规则:$0\vee0=0, 0\vee1=1, 1\vee0=1, 1\vee1=1$ 表示参加逻辑"或"运算的两个量,只要有一个为真,结果便为真;只有二者同时为假时,结果才为假。逻辑"或"运算有时也称为逻辑加,并用"+"表示,如 A∨B,也可表示为 A+B。但要注意,实际上逻辑加与二进制算术加法是不同的,因为 $1 \lor 1 = 1$,而算术加 $1 + 1 = 10$。要注意凡是逻辑运算都是按位运算的,不会产生进位。在数理逻辑中,逻辑或运算又称为"析取"。

(3)逻辑非(NOT, $\bar{\ }$)

运算规则: $\bar{1} = 0, \bar{0} = 1$ 表示逻辑反操作,即逻辑否定。逻辑真值的逻辑非为假,逻辑假值的逻辑非为真。

2.4　数的符号表示

2.4.1　真值与机器数

真值指的是带正、负号的数的实际值,例如十进制数 $+3$, -5 等。机器数是指数在计算机中的二进制表示形式。为了适合计算机存储与处理,机器数通常采用将真值按某种方式进行编码的形式。真值 x 对应的机器数采用将 x 用一中括号括起来,并注明下标的表示方法。如 $[x]$ 表示 x 对应的原码。

2.4.2　无符号数与有符号数

无符号数是机器数的所有二进位都用来表示数值,每一位的权值都不同。无符号数与真值正数形式相同。因为无符号数的所有二进位都用来表示数值,则 8 位二进制无符号整数能表示 $00000000 \sim 11111111$,十进制数为 $0 \sim 2^8 - 1$。 $n+1$ 位无符号整数的表示范围则为 $0 \sim 2^{n+1} - 1$。一般在全部都是正数运算且不出现负值结果的场合,使用无符号数表示。计算机中的地址常用无符号整数表示。

有符号数是将数的符号也数值化。一般正号" $+$ "用 0 表示,负号" $-$ "用 1 表示。通常这个符号放在二进制数的最高位,称为符号位。

在计算机中,由于有符号数的符号占据一位,机器数的形式值就不一定等于数的真值。

【例 2.2】　8 位二进制无符号整数 10111001,其对应的十进制真值为:
$$1 \times 2^7 + 0 \times 2^6 + 1 \times 2^5 + 1 \times 2^4 + 1 \times 2^3 + 0 \times 2^2 + 0 \times 2^1 + 1 \times 2^0 = 185$$

若用一个 n 位二进制数字序列 $a_{n-1}a_{n-2} \cdots a_1 a_0$ 表示一个无符号整数,则其值为
$$A = \sum 2^i a_i$$

2.4.3　有符号数的编码

在计算机中有符号数的表示是将符号位和数值一起编码,主要有三种编码方式,即原码、补码和反码。

1. 原码表示法(符号 – 绝对值表示法)

原码表示法是有符号数的最简单的表示法。在这种表示法中,机器数的最高位表示符号,0 表示正数,1 表示负数,其余部分为数的绝对值。

原码的定义:
$$X = X_n X_{n-1} X_{n-2} \cdots X_0 (小数)$$
$$[X]_{原} = X_n X_{n-1} X_{n-2} \cdots X_0$$

$$X = X_n X_{n-1} X_{n-2} \cdots X_0 \,(\text{整数})$$
$$[X]_{原} = X_n X_{n-1} X_{n-2} \cdots X_0$$

2. 补码表示法

为了克服原码表示法的上述缺点,提出了补码表示法;补码表示法的设想是:符号位参加运算,从而简化加减法的运算规则,由此简化机器的运算器。

2.4.4 模和同余的概念

1. 模

一个计量器的容量或一个计量单位叫作模或模数,记作 M。

例如,一个四位二进制计数器的模 $M = 16$,这个计数器最多能计 16 个数 $0 \sim 1111$。当计数器已记到 1111 时,再来一个脉冲回到 0000,16 是无法表示的。在日常生活中,最常见的模运算就是钟表计时,时钟转一圈回到原来的位置。在钟面上,12 是无法表示的,也就是模。

有了模的概念,假设时钟停在 6 点,而现在正确时间是 3 点,因此拨时钟有两种方法,时钟倒拨 3 小时或时钟正拨 9 小时。此时 $6 - 3 = 6 + 9 \,(\text{mod}12)$。数学上用同余的概念来描述上述关系,设两整数 a、b 对 M 同余,记作

$$a = b \,(\text{mod}M)$$

由上面的例子可知,只要知道模的大小,求负数模的大小就是模加上该负数。引入补码的概念后,对于某一确定的模,当某数加上一个负数时,可用加上该负数的补码来表示,如果舍去最高位产生的进位(模),则产生的结果是同样正确的。

根据同余的概念和数的互补,可以得出补码的表示方法:

$$[X]_{补} = M + X$$

2. 补码与真值的转换

因为正数的补码与真值相同,所以下面只讨论负数的真值与补码的转换方法。

(1) 由真值求补码

根据定义由真值求补码,这种方法因为要用模减去该数的绝对值,运算不方便,很少使用。因此使用由 $[X]_{原}$ 求补码,负数的补码为原码除符号位外求反加 1。

(2) 由补码求真值

补码除符号位外求反加 1 得到原码,然后由原码得出真值。

2.5 字符信息的表示

2.5.1 ASCII 码

字符信息包括数字、字母、符号和汉字等,它们在计算机中也都是以二进制数编码的形式来表示的,并为此制定了国际或国家标准。字符是计算机中使用最多的非数值数据,是人们与计算机进行交互作用的重要媒介。国际上广泛采用美国信息交换标准码(American Standard Code for Information Interchange),简称 ASCII 码。

ASCII 码有 7 位码和 8 位码两种形式,7 位 ASCII 码使用 7 位二进制数编码,所以可以

表示 128 个字符(2^7,128)。ASCII 码表中的 128 个字符是这样分配的:0~32 号及 127 号(共 34 个字符)为控制字符;33~126 号(共 94 个字符)为普通字符,如表 2.2 所示。

表 2.2　ASCII 码示意表

低四位	高四位							
	0000	0001	0010	0011	0100	0101	0110	0111
0000	NUL	DLE	SP	0	@	P	`	p
0001	SOH	DC1	!	1	A	Q	a	q
0010	STX	DC2	"	2	B	R	b	r
0011	ETX	DC3	#	3	C	S	c	s
0100	EOT	DC4	$	4	D	T	d	t
0101	ENQ	NAK	%	5	E	U	e	u
0110	ACK	SYN	&	6	F	V	f	v
0111	BEL	ETB	'	7	G	W	g	w
1000	BS	CAN	(	8	H	X	h	x
1001	HT	EM	)	9	I	Y	i	y
1010	LF	SUB	*	:	G	Z	j	z
1011	VT	ESC	+	;	K	[	k	{
1100	FF	FS	,	<	L	\	l		
1101	CR	GS	–	=	M	]	m	}
1110	SO	RS	.	>	N	^	n	~
1111	SI	US	/	?	O	_	o	DEL

　　为了使用方便,在计算机的存储单元中,一个字符的 ASCII 码占一个字节(8 位二进制码),其最高位只用作奇偶校验位,以提高字符信息传输的可靠性。

2.5.2　BCD 码

　　BCD 码是另外一种将十进制数码 0~9 用二进制数编码的方法,称之为"二－十进制代码"(Binary Coded Decimal,BCD 码),即每 1 位十进制数用 4 位二进制数码来表示。然而 4 位二进制有 16 种编码,因此二－十进制代码就有许多选择,也就是有多种二－十进制代码。使用最广泛的是 BCD8421 码。8421 码是一种加权码,4 位二进制的各位从左到右的权值分别为 8,4,2,1,将各位对应的权值相加就得到对应的十进制数码。例如,将十进制数 9653 用 BCD 码表示:

十进制数:9　　6　　5　　3

BCD 码:　1001　0011　0101　0110

即十进制数 9653 的 BCD 码为 1001001101010110。

　　要注意,BCD 码不是真正的二进制数,它实际上还是十进制数,位数各自独立地用 4 位二进制数来表示。

2.5.3　汉字的编码

ASCII 码只表示了 128 个英文字母、数字和常用符号,因此其他文字必须采用新的编码,汉字就是其中之一。我国制定了自己的汉字编码标准,最早的是国标 GB2312 编码(称为汉字国际交换码简称国标码,或交换码)。国标 GB2312 定义了 6 763 个汉字。用两个字节编码,每个字节只用低七位(以便与 ASCII 兼容)。GB2312 将 6 763 个汉字分为两级,其中一级汉字(最常用汉字)3 755 个,以拼音为序排列;二级汉字 3 008 个(次常用字),以部首为序排列。交换码是不同信息系统之间进行信息交换的编码标准。例如,汉字"大"字的国标交换码是二进制 0011010001110011,用十六进制表示为 3473H。但在计算机内部处理时为了能区分是 ASCII 字符还是汉字,通常汉字编码的两个字节的最高位均为 1,这样就形成了另外一种编码,称作汉字机内码。例如,汉字"大"字的机内码为 1011010011110011,用十六进制表示为 B4F3H(机内码 = 国标码 + 8080H)。由上述编码可见,通常 1 个汉字在计算机内存储需要 2 个字节,一本 50 万汉字的书所占容量约为 1MB(即 1 兆字节)。

由于汉字数目庞大,约有 6 万个,近代使用的有 1 万多个,而 GB2312 所含汉字较少,所以后来又制定了 GBl3000。GBl3000 收录了 20 902 个表意文字,采用中日韩汉字统一编码(简称 CJK 编码)。为了与国际统一字符集标准 ISO10646 接轨,又制定了 GBK 字符集。它是在 GB2312 标准基础上的内码扩展,使用了双字节编码方案,共收录了 21 003 个汉字,完全兼容 GB2312 标准,支持国际标准 ISO10646 和国家标准 GBl3000 – 1 中的全部中日韩汉字,并包含了 BIG5(台港澳)编码中的所有汉字。GBK 编码方案于 1995 年 12 月正式发布。只要计算机安装了多语言支持功能,几乎不需要任何操作就可以在不同的汉字系统之间自由变换。

由于世界上有几百种语言文字,几乎每种语言都有自己单独的一套编码,就造成了许多冲突。如同样的字符有不同的编码,同样的编码对应不同的字符,非常不便于国际间的信息交换和计算机的统一处理。为此,国际标准化组织提出了 ISO10646 标准,它定义了一个 31 位的字符集,称为通用字符集(Universal Character Set, UCS)。UCS 是所有其他字符集标准的一个超集,包含了用于表达全世界所有已知语言的全部字符。与此相似,美国人提出了 Unicode 标准(称为统一码),它与 ISO10646 完全兼容。Unicode 标准还提供有关各字符及其用法的附加信息。Unicode 标准已经被工业界的领袖企业所采用,例如 Apple、HP、IBM、Microsoft、Oracle、SAP、Sun、Sybase、Unisys 等。Unicode 可使用下列任意一种字符编码方案来编码:UTF – 8, UTF – 16 和 UTF – 32,分别是 8 位、16 位和 32 位编码形式。例如目前的 Windows 使用的是 UTF – 16 编码。如果读者要了解这方面更详细的内容,请阅读有关参考文献。

解决了汉字的机内表示和信息交换后,还有一个问题:我们怎样向计算机输入汉字。很显然,直接输入汉字的交换码或机内码不是一个好办法。因为交换码和机内码很难记忆,并且位数较长。要利用计算机的英文键盘输入汉字,就需要对汉字进行专门的编码,这种编码称为输入编码(简称输入码,又称外码)。对输入码的要求是容易记忆且码位少。也就是说,我们可以利用普通英文键盘敲入一个汉字的输入编码,系统接收之后就能唯一地确定该汉字,然后自动转换为汉字的机内编码并保存起来。目前汉字的输入编码方案(即输入法)达数百种,但要找到一种易记、易学、击键次数少、重码少(多个汉字有相同的编码

称为重码)、容量大的输入法很难。通常,汉字的输入编码方案大体上分为三类:

1. 字音编码

用汉语拼音字母来编码汉字,如全拼、双拼、搜狗输入法。特点是简单易学,但重码多。

2. 数字编码

用数字来编码汉字,常见的有区位码、电报码。特点是无重码,难以记忆。

3. 字形编码

利用汉字的字形笔画特征来编码汉字,如五笔字型、表形码输入法。其特点是重码少,输入速度快,但不易掌握。

解决了汉字的输入和内部处理及信息交换之后,还有一个问题是怎样把计算机内的汉字显示或打印出来,这就需要事先对汉字的字形进行编码。所有汉字的字形编码的信息集合在一起,称为字库,或称为字体库、字形库字形编码的一种方法是采用点阵字库,它是利用点阵来描述汉字的字形,然后这些点阵用一组二进制数来编码(有点的位置用 1 表示,无点的位置为 0),如图 2.1 所示。图中用 8×8 点阵描述英文字母"T"的字形,每行字形点阵对应 8 位二进制。正好一个字节,共有 8 行。于是一个英文字母 T 对应一组 8 个字节的字形编码(这里用十六进制表示):00. FE. 10. 10. 10. 10. 10. 10。汉字可利用类似的原理进行字形编码。根据汉字输出精度的不同,常见的有 16×16 点阵、24×24 点阵、32×32 点阵、48×48 点阵、64×64 点阵,甚至 128×128 点阵等。点阵越大,字形精度越高,所占容量越大。对于 16×16 点阵,1 个汉字的字形描述需 2×16 = 32 字节。于是,这一系列的代表不同汉字字形点阵的二进制编码的集合便构成了字库。计算机输入汉字时,首先根据该汉字的机内码到字库中找到相应汉字的字形点阵编码信息,然后输出这些点阵信息(为 1 处打黑点,为 0 处打白点),这样便在显示器和打印机上形成相应的字形。使用过 Microsoft Word 的人都知道,可以利用"字体"下拉框选择不同的字体显示汉字和字符,如宋体、楷体等,选择不同的字体实际上就是选择不同的字形库。此外,汉字字库除了用点阵信息描述外,也有用矢量信息来描述的,称为矢量字库。

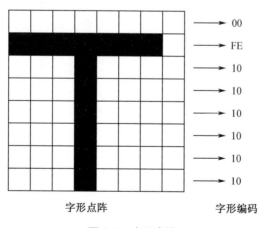

字形点阵   字形编码

图 2.1 字形点阵

习题 2

1. 选择题

(1) 所谓容量指的是存储器中所包含的字节数,通常以 KB 或 MB、GB 为单位来反映存储器的容量。1 KB 等于多少字节? ( )

A. 1 000   B. 1 048   C. 1 024   D. 1 056

(2) 与十进制数 254 等值的二进制数是( )。

A. 11111110B   B. 111011110B   C. 11111011B   D. 1101110B

(3) 下列不能用作存储容量单位的是( )。

A. Byte   B. MIPS   C. KB   D. GB

(4) 二进制数 00111001,若它为 ASCII 码时,它表示的十进制数为( )。

A. 9   B. 57   C. 39   D. 8

(5) 对于 ASCII 码在机器中的表示,下列说法正确的是( )。

A. 使用 8 位二进制代码,最右边一位是 0

B. 使用 8 位二进制代码,最右边一位是 1

C. 使用 8 位二进制代码,最左边一位是 0

D. 使用 8 位二进制代码,最左边一位是 1

2. 填空题

(1) 二进制数 01011011B 转换为十进制数是( )。

(2) 已知英文大写字母 G 的 ASCII 码为十进制数 71,则英文大写字母 W 的 ASCII 码为十进制数( )。

(3) 若要表示 0 ~ 99 999 的十进制数目,使用二进制数最少需( )位。

答案

1. 选择题

(1) C   (2) A   (3) B   (4) A   (5) C

2. 填空题

(1) 91   (2) 87   (3) 17

第3章 计算机系统组成

3.1 计算机硬件

3.1.1 计算机硬件结构

当代微型计算机(Microcomputer)技术发展极为迅速。微型计算机的性能不断提高,成本逐年下降;其应用的发展速度也很快,特别是近年来,微型计算机的普及十分迅速,不仅在技术领域,而且对文化、教育甚至日常生活领域都产生了重要的影响。微型计算机的发展是与许许多多人的努力联系在一起的。在微型计算机的发展史上,特别值得一提的是在1981年,IBM公司(国际商业机器公司)这个当时计算机界的巨人进入微型计算机领域,并推出具有开放式系统结构的个人计算机 IBM PC 机。由于它的性价比较高,也由于 IBM 公司当时在计算机行业中的地位,更由于它的开放式系统结构,千百家公司围绕着 PC 机生产各种配件,这些配件中包括硬件和软件。在硬件的生产中,许多公司不但能生产显示器、键盘、软磁盘驱动器、硬盘驱动器、各种适配卡等,而且能生产主板(母板),并在生产中不断发展技术,提高性能,降低成本。到了20世纪80年代后期,甚至是微型计算机新机型的推出都不再以 IBM 公司为先导了(例如386和486微机的推出)。而且由于采用名牌厂家的配件,生产工艺逐步成熟和提高,许多兼容机及组装机的质量也大为提高。现在,经营者和爱好者们自己选购配件,自己动手组装,也能装出性能良好的微型计算机了。当然,现在一般经营者和爱好者组装微型计算机时,并不像过去的电子爱好者那样,自己做底板,然后一个一个元件地焊接,而是先选购符合需要的配件,这些配件一般是做好的机箱、电源、主板、适配卡、磁盘驱动器、显示器、键盘等,通常称为"大散件";然后把它们正确地组合起来,就像搭积木一样。从这个角度上讲,组装一台微型计算机只需要很短的时间就可以了。本章也是在此基础上简述微型计算机的组成和组装过程。

1. 微型计算机主要的组成部件

现在流行的组装式微型计算机可认为是由以下几个部分组成的:

(1)主板

主板(又称为系统板或母板)上通常有 CPU 中央处理单元,ROM 只读存储器(用来保存一些关机后也不能消失的程序和数据),RAM 随机读写存储器和输入/输出(I/O)控制电路、扩充插槽 SLOT,键盘接口及面板控制开关和指示灯连接用的接插件,直流电源供电插件等。CPU 的主要功能是进行算术和逻辑运算,对指令进行分析并产生各种操作和控制信号。CPU 的工作性能与主机的工作性能直接相关。根据 CPU 内运算器的数据宽度,CPU 通常分为8位、16位、32位及64位等类型。常见的微处理器80286芯片是16位 CPU,80386

和 80486 芯片是 32 位 CPU。ROM 中保存的最重要程序之一是基本输入、输出程序,通常称为 BIOS 程序,一般来说所有微型计算机系统都使用一个基本输入输出系统(即 BIOS)。这是一个永久的记录在 ROM 中的软件,它在系统主板和计算机其他零部件之间起通信的作用。BIOS 提供了一个便于操作的系统软硬件接口,解决了程序员应对多种不同硬件设备特性的难题。这样,硬件的改进对用户程序变得"透明了"。BIOS 中各项操作是通过硬件设备各自的中断来实现的。当接通微型计算机的电源时,系统将进行所有内部设备的自检过程,这是 BIOS 的一个功能,通常简称为 POST(Power on System Test)。完整的测试是对 CPU、基本的 640 KB 随机存储器、扩充内存、只读存储器、系统板 CMOS 存储器、视频控制器、并行和串行子系统、软盘和硬盘子系统及键盘的测试。当自检测试完成后,系统将从驱动器 A:或 C:寻找 DOS(Disk Operation System,磁盘操作系统),并向 RAM 中装入 DOS。如果是第一次启动计算机,或当计算机系统的配置发生了改变时,对于 286 以上的微机系统,则需要告诉 SETUP 程序,你的系统里包括哪些硬件设备。这就是设置系统(或系统设置)。SETUP 也是一个驻留在 BIOS 里的程序,当计算机启动时可以被调出,它让用户可以把计算机系统中的软盘驱动器类型、硬盘驱动器类型及参数、视频显示卡的类型、内存的容量、日期和时间等数据存放在机内的 CMOS 存储器中,这样系统启动时就会根据这些数据建立正确的软、硬件工作环境。早期的微型计算机没有 SETUP 程序,例如,IBMPC 及 XT 型机。这些计算机仅使用机内的多位微型开关或跳线来选择机内配件设置情况。

如果用户的微型计算机已经装入了一个工作系统,那就不必使用 SETUP 程序了,所有内部设备的自检过程记录在主板上 CMOS RAM 中的结构参数丢失,或者计算机系统硬件结构有改变,或者由于电池掉电而丢失了这些信息,则需要再进入结构设置程序,重新进行系统设置。ROM 中 BIOS 程序的性能对主板的性能影响较大。性能优越 BIOS 程序往往能充分发挥主板上各种部件的能力,提高工作效率,广泛适应和兼容运行各种软件。

目前比较流行的 BIOS 主要有 American Megatrends 公司的 AMIBIOS,Eurosoft 公司的 Euro BIOS,Microid Research 公司的 MR BIOS,Award 公司的 AD BIOS 等。各种 BIOS 又随着发布的时间及所适用的机型不同而有许多不同的版本。

(2)机箱和电源

机箱实际上就是计算机的外壳,但这里讲的微型计算机的机箱包括外壳,机箱内用于固定软、硬盘驱动器的支架,面板上必要的开关、指示灯,显示数码管及安装主板的紧固件等。配套的机箱内还应有配套的电源。电源的作用是把市电(220 V 交流电)隔离和转换为计算机需要的低压直流电。电源一般单独装在一个小箱内,称为电源箱或简称"电源"。常用的电源按功率大小分为 200 W、230 W、250 W 等几个档次。按电源箱的外形可分为方形和 L 形。现在的主板、卡、软盘和硬盘驱动器等硬件设备耗电都越来越少,而显示器和打印机等耗电"大户"都自带电源转换部分,不需要主机部分提供直流电源,功率为 200 W 的电源满足绝大多数机箱的需求。目前机箱的样式和品种比较多。高档机箱工艺精良,配有显示工作速度的数码管,面板上一般有电源开关(POWER)、变速开关(TURBO)、复位开关(RESET)和键盘锁(LOCK)及相应的指示灯(LED 发光二极管)等。机箱一般分为立式和卧式两种。立式机箱的通风散热较好,便于放在较低的位置上或桌子下面。卧式机箱便于安装,适于做成小型或薄型机箱,安装和维修操作比较方便。

（3）显示器

显示器是计算机和人进行信息交互的重要窗口。计算机操作时的各种状态、工作的结果，编辑的文件、程序、图形等都要随时显示在显示器上。要是没有显示器，那人和计算机打交道就有点像"盲人摸象"了。

显示器的发展对微型计算机的影响远比过去对中、大型计算机的影响大。在微型计算机发展初期，显示器的设计与家用电视机很接近。Apple 机（苹果机）的显示器曾采用配有标准视频口的模拟显示器，能与 NTSC 制式的家用彩色或黑白电视机直接连接使用，IBM – PC 机推出时采用了两种显示器：一种是分辨率为 320 × 200 的彩色显示器，其输入方式为 RGB 数字方式，其适配器通常用 CGA（Color Graphics Adapter）来表示；另一种是分辨率为 720 × 350 的单色字符显示器，其适配器通常用 MDA（Monochrome Display Adapter）来表示。由于其分辨率高，与当时的专业计算机显示器相近，显示字符效果好，受到了专业人员的好评，但当时的专业人员却认为，CGA 彩显更适合玩游戏。彩色显示器对人们的吸引是巨大的，随着计算机图形图像处理技术的发展，IBM – PC 推出了分辨率为 640 × 350 的 EGA（Enhanced Graphics Adapter）彩色显示器。

当 IBM 公司推出 PS/2 系列微型计算机时，对显示器做了较大的改进，一改原有 IBM 机显示卡使用数字显示器的传统，推出了采用模拟方式的 VGA（Video Graphics Array）显示系统。VGA 显示系统可兼容前文提到的多种显示方式，彩色的表达更为丰富，可达 262 144 种颜色。随后一些公司又研制了扩展 VGA 模式，即 SVGA 和 TVGA，其分辨率可达 1 024 × 768，并且同样具有丰富的色彩。

（4）磁盘驱动器

磁盘驱动器是计算机保存信息和与外部世界交换信息的重要设备。磁盘驱动器将信息记录在磁盘上。由于磁盘和磁带一样，可以长期保存信息，便于携带，并且与磁带相比，其最大的优点是寻找和存取信息的速度更快，因此在微型计算机上得到了广泛的应用。磁盘驱动器一般分为软盘驱动器和硬盘驱动器。软盘驱动器是将信息记录在软磁盘上的设备。目前软磁盘按盘片直径分类主要有 5.25 in① 和 3.5 in 两种。按存储容量分类主要有：

5.25 in：180 KB　　　即单面工作。

　　　　　360 KB　　　即双面倍密度，用字母 DD 表示。

　　　　　1.2 MB　　　即双面高密度，用字母 HD 表示。

目前 180 KB 单面工作磁盘已基本淘汰，仅在老式的"Apple"机上和 CEC 等学习机上还使用。

3.5 in：720 KB

　　　　1.44 MB

　　　　2.88 MB

　　　　20 MB

由于技术水平的提高，现在 720 KB 磁盘已很少生产，但中国社会上仍有大量的四通 2401 中英文打字机是使用 720 KB 磁盘。2.88 MB 和 20 MB 的软盘驱动器已经投放市场。这两种软盘驱动器都可以使用 1.44 MB 和 720 KB 磁盘，但这两种软盘驱动器都需要新型适配卡。

---

①　1 in = 2.54 cm。

硬盘驱动器由于采用温彻斯特技术而得到了很大的改进,所以有时硬盘驱动器又称为温盘驱动器,简称硬盘或温盘。硬盘的特点是容量大,一般采用全密封结构,装在机内,盘片不可更换。也有可更换盘片的硬盘,但成本高,社会占有量很少。早期的微型计算机硬盘一般使用 ST506/412 接口标准,硬盘与硬盘适配器的连接有两根扁平电缆,一根为控制电缆,一根为数据电缆。后来由于硬盘小型化,所以在 3.5 in 硬盘机中广泛使用 IDE 接口标准,与适配卡的连接仅用一根 40 芯的扁平电缆,插头体积也比较小。另外还有一种 SCSI 接口,使用一根 50 芯的扁平电缆。因为这三种接口方式不同,必须使用各自的硬盘适配卡,所以选购硬盘适配卡和硬盘时应注意这个问题,许多旧机器无法适配新型适配卡。

(5)键盘

IBM – PC 系列台式微型计算机和它的兼容机的键盘是一个单独的组成部分。键盘通过一根五芯电缆接插到机内的键盘插座里。早期的 PC 机使用 83 键的键盘,后来发展到 93 键、101 键及 102 键等键盘。现在一般以 101 键的键盘为主,对大部分软件都能适应。83 键的键盘有时会感觉不大够用,现已基本上不再生产,但在一些便携式计算机里,为了缩小体积,也有采用键数少于 101 键的键盘。现在的 101 键或 102 键键盘大多数都有一个 XT/AT 选择开关,有的是标为 8088/80286 的开关,这个开关有的位于键盘下面,有的位于键盘侧面或后面。

(6)各种适配电路卡

IBM – PC 系列微型计算机及其兼容机的机内主板上一般有 5 ~ 8 个扩展插槽,用于插入各种适配电路。由于这些适配电路一般做成电路板的形式,所以常把它们称为"适配卡",简称"某某卡"。

①软、硬盘适配卡

软、硬盘适配卡主要用于与软盘驱动器和硬盘驱动器的连接。过去常用单独的软盘卡和硬盘卡。自 IBM – AT 机推出以后,在 286 及 386、486 等微型计算机上,一般是将软、硬盘适配器做在一块电路板上,简称软、硬盘卡。为适应新的 3.5 in 硬盘卡,因采用 IDE 接口标准,常称为 IDE 卡。

②显示器适配卡

显示器适配卡又简称显示卡,主要用于与显示器的连接。根据显示方式的不同,又分为单色显示器适配卡和彩色显示器适配卡,简称单显卡和彩显卡。目前生产的单/彩显卡是在一块卡上复合了单色显示模式(MDA)和中分辨率彩色显示模式(CGA)的多功能卡,卡上一般还有并行打印接口。有的卡还可支持光笔、游戏杆等。这类卡常称为 MCGP 卡。对于高分辨率彩色或单色显示器一般适配 VGA 卡、TVGA 卡或 SVGA 卡。

③存储器扩展卡

早期的计算机受存储技术条件和成本的限制,主板上安装存储器较少,所以通过扩充插槽上插存储器扩展卡来扩充存储容量。现在大容量的存储器已可大量生产,并且价格也不高,一般主板上都设置有足够的存储器插座。因此,除少数机型外,已不再生产和使用存储器扩展卡。

④多功能卡

多功能卡是将多种功能的电路做在一块电路板上的复合适配卡,可以有效地节省空间,简化安装过程。由于插入主板的硬件设备数量减少,计算机系统的可靠性得到提高;加上现在的价格较低和大量生产,多功能卡受到用户的广泛欢迎,已经成为微型计算机的主要配件之一。多功能卡的品种很多,现在 286、386、486 等机型上流行的多功能卡是将软、硬盘适配电路,并行打印口、串行通信口 COM1、串行通信口 COM2 及游戏杆接口等五大功能电路做在一块板上的所谓"超级多功能卡"。

2. 主板

（1）主板的构架

主板又名主机板、系统板、母板,是 PC 机的核心部件。它一般是一块四层的印刷电路板（也有六层的）,分上下表面两层,中间两层。上下两层表面布有信号电路线、电路芯片及电阻、电容等元件,它们都焊在系统板的上表面。主板的中间两层布有电源线和地线。主板由一个 150～230 W 的直流开关稳压电源供电,提供使用的直流电有四种：+5 V、-5 V、+12 V、-12 V。开关电源还输出一个 Power Good 信号,加上地线通过两个六芯的扁平插头与系统板相连,主板上所有的电路元件均由这四组电源提供电能。

PC 机的主机板包括 CPU 芯片的插座,内存条安装插座及安装各种 I/O 扩展卡的总线扩展槽,CPU,内存或 Cache 芯片的支持电路（又称周边控制电路或芯片组电路）,ROM-BIOS（基本输入输出系统）芯片,Cache 芯片（或 Cache 芯片电路条）,CMOS ROM 芯片,键盘插座或键盘接口芯片,直流电源插座,可充电电池及各种跳线。针对不同的 CPU,主板具有不同的架构,8486 以前的主板架构现在市面上已没有了。

（2）系统总线

①PC/XT 总线

在基于 80X86 系列 CPU 的 PC 系统中所采用的标准总线主要是 PC/XT 总线、ISA 总线、EISA 总线、MCA 总线及 VESA、PCI、AGP 总线,而后面三种总线是属于局部总线,也是性能比较高、传输速度较快的一种总线结构。PC/XT 总线是 PC 历史上最早使用的总线结构,是 IBM 公司 1981 年推出的第一台 IBM PC 机和随后推出的 IBM PC/XT 机所使用的总线。由于 IBM PC 或 IBM PC/XT 机上使用的都是 8086 CPU,所以这种总线只具有 20 条地址线和 8 位数据线,因此又称为 8 位 PC 机。在 PC/XT 总线上的信号是目前各类总线中最为精简的,它的主板插槽上安装有 8 个 62 线的扩展板插座,即扩展插槽,允许插入不同功能的 I/O 接口卡,用来扩充 PC/XT 机的功能。扩展槽上提供了足够的负载驱动能力,允许每个插座上带 2 个低功耗的肖特基负载。连接到 PC/XT 总线扩展插槽上的信号线包括 8 位双向数据总线、20 位地址总线、6 级中断请求信号线、3 组 DMA 通道控制线、内存与 I/O 读写控制线、动态 RAM 刷新控制线、时钟和定时信号线。此外,还有 I/O CHCK 线表示扩展选件中的奇偶校检状态,I/O CHRDY 线用于 CPU 读取低速存储器和 I/O 设备时,在速度上相匹配。另外在扩展槽中还引入四种电源：+5 V、-5 V、+12 V 和 -12 V。

②ISA 总线

ISA 总线是采用 80286 CPU 的 IBM PC/AT 机中使用的总线,该总线同 8 位的 PC/XT 总线保持兼容性。它在 8 位的 PC/XT 总线的基础上扩展成 16 位总线结构。80286 CPU 面市以后,8 位的 PC/XT 总线已经不能适应 80286 CPU 的要求,严重影响了 PC/XT 的性能。由此产生了一种新的 PC/AT 总线,这种总线结构是在不改变原来的 XT 总线的前提下增加了数条信号线,并解决了寻址与数据上的问题,同时也增加了一些内存的控制信号。PC/XT 总线在总线控制器中增加缓冲器,作为高速 CPU 与较低速的扩展总线间的缓冲空间。增加缓冲区的做法可以使 CPU 和总线分别使用各自的时钟频率,这样就可以允许总线工作于一个比 CPU 时钟相对较低的工作环境。由于这种总线的开放性,使得兼容于这一标准的板卡大量涌入 PC 市场,因此制定一个统一的标准是很重要的。为此国际电子电气工程师协会(IEEE)成立了一个委员会,专门制定了以 PC/AT 总线为标准的工业标准体系结构 ISA,因此 ISA 总线就成为 PC/AT 总线的另一个名称。从硬件角度看,ISA 总线是一个单用户的结构,缺乏智能成分。ISA 总线的 8 个扩展槽共用一个 DMA 请求。这意味着当一个设备请求占用时,其余的只好等待。另外 ISA 总线还没有提供全面的中断共享功能,两级中断控制器提供了不到 15 个中断,其余一些被固定分配给一些特定的设备,所以在配置系统时中断冲突是经常发生的。另外,在总线 I/O 过程的实现中,只有一个 I/O 过程,这些都是与多用户系统相矛盾的。

③MCA 总线

当 CPU 的速度和性能不断增加时,ISA 总线的速度仍然停留在 8 MHz,从而产生了系统瓶颈。造成这种瓶颈的主要因素在于原来的 16 位 ISA 总线的设计无法满足新 32 位 CPU 的要求,因此需要一种新的标准来解决这一系列瓶颈问题。IBM 公司为此开发了一种 32 位的总线结构,采用与传统总线完全不同的设计,包括音频、视频信号的传输,完全优先的仲裁机构。当时还没有 32 位总线的工业标准,这种命名为微通道结构 MCA 的总线用于 IBM 的 PS/2 系列 PC 机中。MCA 使用许多优于传统的设计新概念,将原来 ISA 所定义的信号和传输规格推倒重来,并使用了不同的总线扩展插槽设计,使扩展槽插座的外观变得更加精细,这是 PC/XT 总线或 ISA 总线与 MCA 总线不兼容的原因,也是目前的 PC 机主板没有采取这种总线结构的原因。

(3)局部总线

①VESA 局部总线

VESA 局部总线是一种 32 位的扩展总线系统,是专为 80486 系统设计的。80486 的时钟频率为 33 MHz,而 VESA 总线的最大速度也是 33 MHz,因此可以与 486 CPU 同步执行,也就是说,在最佳状况下,若使用 VESA 总线的显卡,当总线时钟频率为 33 MHz 时,可以完全没有延迟显示图像的情况。VESA 局部总线的扩展插槽在设计上有两个特点。第一个特点是在物理结构上,VESA 插槽是在与 ISA 插槽成一条直线的位置上增加了一个类似于 MCA 类型的插槽,这样 VESA 扩展插槽分成两部分,延长的部分即 VL – Bus 插槽以 33 MHz 高速运行,而另一部分即为原来的 ISA 总线插槽,较低的数据传输则可由 ISA 插槽完成。因此 VESA 总线的扩展卡比其他接口卡长,并可以同 ISA 总线的接口卡保持兼容。第二个特点就是将 VESA 的数据总线和地址总线与 CPU 直接相连,这种把数据传输最频繁的数据总线和地址总线与 CPU 相连接的做法意味着可以达到与 CPU 相同的处理效率。但是这样的连接方式会增加 CPU 的负载,即要求 CPU 具有推动 VL – Bus 的功率。所以在 80486 主板上的 VL – Bus 插槽不得超过 3 个,就是为了防止 CPU 因负载过高而过热烧毁。

②PCI 局部总线

PCI(Peripheral Component Interconnect,外部部件互连)局部总线在 586 级主板扮演着十分重要的角色。1992 年 6 月推出的 PCI 局部总线 1.0 版本支持 32 位的数据宽度,而 1995 年 6 月推出的 PCI 局部总线 2.1 版本则支持 64 位的数据通路和 66 MHz 的总线时钟。运行在 33 MHz 下的 32 位 PCI 总线,其数据总线传输速率可达 132 MB/s;而运行在 66 MHz 的总线时钟下可达 264 MB/s;对于 64 位的 PCI,其传输速率可达 528 MB/s,这些都足够支持高清晰度电视信号和实时的三维虚拟现实。PCI 总线的设计与 VESA 总线有较大的差异,PCI 未与 CPU 直接相连,是采用一个桥接器使 CPU 与 PCI 总线相连,它是位于 CPU 局部总线与标准的 I/O 扩展总线之间的一种总线结构。由于 PCI 是从 CPU 局部总线中经过桥接器隔离出来的,因此不会像 VESA 总线那样存在 CPU 负载过重的问题,允许主板上有 10 个负载,但这并不是说主板上可以加 10 个插槽,因为采用 PCI 总线的主板,一般已将软盘、硬盘控制器(如 IDE 接口)及多功能 I/O 接口集成到了主板上,实际上大多数 Pentium 级的 PCI 主板上,一般都只安排了四个左右的 PCI 扩展槽。

③AGP 和 AGP Pro 局部总线

AGP(Accelerated Graphics Port)是由 intel 开发的新一代局部图形总线技术,它为任务繁重的图形加速卡提供了一条专用的“快车道”,从而摆脱了 PCI 总线交通拥挤的情况。这种新一代的技术很快得到了显卡供应商的热烈响应,以至于目前市场上已经少有 PCI 插槽的新显示卡面市,而 AGP 插槽也成了各种主板的必备之物。新推出的 AGP Pro 是为了解决由于显卡处理速度飞速提高,显卡上集成晶体管量增加而引起的对电能要求的增加和散热的问题。这种新一代图形加速卡即 AGP Pro 能够提供额外的电能,对输入输出托架等机械部分进行了重新设计,并增加了 AGP Pro 系统的隔热层,所以 AGP Pro 是对 AGP 系统的重新设计,从电能供应、固定及散热等几个方面彻底解决了目前存在的各种不足,尤其是 AGP Pro 50 对提高新一代的图形加速卡的性能还是很有帮助的,从 AGP Pro 设计的先进性能看,它进入个人电脑领域也只是时间问题。

(4)串行、并行通信接口

串行、并行通信接口各有各的特点、各有各的优点,在传输信号的方式和电路设计方法上也是有差异的。这里,只介绍一下串行、并行通信方式在传输信号的方式下的特点。

①并行通信接口

所谓并行通信接口是指实现并行通信的接口。并行接口可设计为只做输出接口(如一个并行接口连接一台打印机),还可设计为输入接口(如一个并行接口连接卡片读入机)。另外,还可设计成既作为输入又作为输出的接口。它可以用两种方法实现:一种是利用同一个接口中的两个通路,一个作为输入电路,一个作为输出电路;另一种是用一个双向通路,既作为输入又作为输出。前一种方法是用在主机需要同时输入输出的情况,接口既接纸带读入机,又接纸带穿孔机;后一种方法是用在输入输出动作不同时进行的主机与外设(外部设备的简称)之间,如连接两台磁盘输入机。下面分别介绍并行接口的输入输出过程。

输入过程在并行接口中存在一个控制寄存器用来接受 CPU 对它的控制命令,有一个状态寄存器提供各种状态位供 CPU 查询。为了实现输入输出,并行接口中还必定有相应的输入缓冲寄存器和输出缓冲寄存器。当并行接口处于输入过程时,使状态线“数据输入准备好”成为高电平,作为对外设的响应。外设接收到此信号,便撤除数据和“数据输入准备好”信号。数据到达接口后,接口会在状态寄存器中设置“输入准备好信号”状态位,以便 CPU 进行查询,接口也可以在此时向 CPU 发送一个中断请求,所以 CPU 既可以用软件查询方式,也可以用中断方式来设法读取接口中的数据。CPU 从并行接口中读取数据后,接口会自动清除状态寄存器中“输入准备好”状态位,并使数据总线处于高阻状态。此后,又开始下一个输入过程。

输出过程每当外设从接口取走一个数据后,接口就会将状态寄存器中“输入准备好”状态位设为“1”,以表示 CPU 当前可以往接口中输出数据,这个状态位可供 CPU 查询。此时,接口也可以向 CPU 发一个中断请求,所以 CPU 既可以用软件查询方式,也可以用中断方式往接口中输出一个数据。当 CPU 输出的数据到达接口的输出缓冲寄存器后,接口会自动清除"输入准备好"的状态位,并且将数据送往外设,同时,接口往外设发送一个"驱动信号"来启动外设接收数据。外设被启动后,开始接收数据,并往接口发一个"数据输出回答"信号。接口收到此信号,便将状态寄存器中的"输入准备好"状态位设为"1",以便 CPU 输出下一个数据。

②串行通信接口

串行通信是指数据一位一位地依次传输,每一位数据占据一个固定的时间长度。串行通信接口有许多种类,典型的串行接口包括四个主要寄存器,即控制寄存器、状态寄存器、数据输入寄存器及数据输出寄存器。控制寄存器用来接收 CPU 送给此接口的各种控制信息,而控制信息决定接口的工作方式。状态寄存器的各位叫状态位,每一个状态位都可以用来指示传输过程中的某一种错误或者当前传输状态。数据输入寄存器总是和串行输入/并行输出移位寄配对使用的。在输入过程中,数据一位一位从外部设备进入接口的寄存器,当接收完一个数据后,数据就从移位寄存器传输至输入寄存器,等待 CPU 获取。输出过程与输入过程类似,在输出过程中,数据输出寄存器和并行输入/串行输出移位寄存器配对使用。当 CPU 向数据输出寄存器输出一个数据后,数据便传输到移位寄存器,然后一位一位地通过输出线传输至外设。

并行通信是把一个字符的各数位用几条线同时传输,传输速度快、效率高,但它比串行通信所用的传输线多,因此,并行通信常用在传输距离较短、数据传输速率较高的场合。由于串行通信将数据按位依次传输,每一位数据占据一个固定的时间长度,所以只要少数几条线就可以在系统之间交换信息,但传输速度比较慢,因而串行通信一般用在远程传输上。

(5)键盘、鼠标接口

在主板的一系列的芯片中,键盘和鼠标有它们专用的接口芯片。有的键盘是采用一块40 脚的单片微处理器(例如 8042 芯片)。它负责整个键盘工作,包括加电自检、键盘扫描码的缓冲处理及与主机的通信等。但近来,许多主板已将键盘接口芯片集成到芯片组中。当按下键盘上的一个键时,键盘接口芯片根据被按下的位置,将字符信号转换成二进制代码送给主机,同时把它送给显示器进行显示。当用户按键的速度过快,使主 CPU 来不及进行处理时,则将所键入的内容送入主存储器的键盘缓冲区,等 CPU 能处理时,便从缓冲区中取出,送入 CPU 进行分析和执行。一般在 PC 机的内存中安排了大约 20 个字符的缓冲区。计算机工作方式有保护模式与实模式,所以键盘接口芯片除了接受来自键盘的信息外,还要负责 A20 地址的切换,因为当 CPU 从实模式切换到保护模式时便是通过 A20 地址的切换完成的。平常 A20 为"0"时,CPU 工作于 DOS 的实模式;当 A20 切换为"1"时,便进入保护模式。由于键盘接口芯片切换 A20 地址线的速度不快,目前多由主板上的 CHIPS(芯片组)以模拟方式取代,这样也就省去了一块接口芯片。主板上的鼠标接口由 ROM 与 PS/2 接口担任,它主要负责对鼠标的检验和数据的接收等工作。

(6)USB 通用串行总线

USB(Universal Serial Bus)通用串行总线是一种支持即插即用的新型串行接口。它有在一条电缆上连接 127 个设备的能力,USB 要比标准的串行口快得多,其数据传输率可达4~12 Mb/s,而老式的串行口最多 115 Kb/s。USB 还能为外围设备提供支持。不过需要注意的是,USB 通用总线标准不是一种新的总线标准,但它正在取代当代 PC 上的串行口和并行口。

USB 有它自己的结构及传输方式,首先,USB 的结构分为五个部分:①控制器,主要负责执行由控制器驱动程序发出的命令;②控制器驱动程序,在控制器与 USB 设备之间建立通信通道;③USB 芯片驱动程序,提供对 USB 的支持;④USB 设备,包括与 PC 相连的 USB 外围设备,根据设备可接或者不可接其他 USB 外围设备而分为两类;⑤设备驱动程序,就是用来驱动 USB 设备的程序,通常由操作系统或 USB 设备制造厂商提供,如平常所说的 Modem 驱动程序、打印机驱动程序等。其次,USB 有四种不同的传输方式:①等时传输方式,主要用来连接需要连续地传输,且对数据的正确性要求不高而对时间极为敏感的外部设备,如麦克风,这种传输方式有固定的传输速率,连续不断地在主机与 USB 设备之间传输数据,在传输数据发生错误时,并不处理这些错误,而是继续传输新的数据;②中断传输方式,它传输的数据量很小,但这些数据需要及时处理,以达到实时的效果,此方式主要用在键盘、鼠标及游戏手柄等外部设备上;③控制传输方式,处理主机的 USB 设备的数据传输,包括设备控制指令、设备状态查询及确认命令,当 USB 设备收到这些数据和命令后,将依据先进先出的原则按队列方式处理到达的数据;④批传输方式,用来传输要求正确无误的数据。在 USB 方式下,所有的外设都在机箱外连接,连接外部设备不需要打开机箱,也不必关闭主机电源。USB 采用"级联"方式,即每个 USB 设备用一个 USB 插头连接到一个外部设备的 USB 插座上,而其本身又提供一个 USB 插座供下一个 USB 设备使用。通过这种方式连接,一个 USB 可以连接多达 127 个外部设备,而每个外部设备之间的距离可达 5 m。USB 能智能识别 USB 连接上的外部设备的插入和拆卸。USB 还可以使多个设备在一个端口上运行,而且速度也比现在的串行口或并行口快得多,并且总的连线在理论上说可以无限长。USB 可简化用户对 PC 外部设备的使用,体现如下:

①可双向传输资料

用户可以得到从摇杆上传回的强制的回馈效果。

②是一种真正的即插即用设备的设计

支持 USB 的产品只要将连接线连接到电脑的 USB 插槽,电脑内就会自动分配地址,不需用户参照系统的硬件设定进行设置,它为 PC 机的即插即用提供了极大的发展空间。

③更高的带宽

USB 端口的传输速率高达 12Mb/s,大约比标准的串行端口快 100 倍,且快于当前 PC 平台上的任何其他类型的端口,用户将会拥有足够的带宽供新的数字外部设备使用。

④内置的电源供给

USB 可消除某些外设对体积较大的电源适配器的需求,因为它可以识别一个设备所需的电力,并可自动把这一电力提供给这一设备。

⑤提供对电话的两路数据支持

远程通信设备需要两路(异步)数据传输能力,但串、并行或 SCSI 总线技术不支持这一能力,USB 可支持异步及等时数据传输,因此使用这一技术后,电话已可以和 PC 集成,共享语音邮件及其他特性。

3. 中央处理器

微型计算机的中央处理器叫作微处理器(CPU),由运算器和控制器组成。微处理器的内部结构可以分为控制单元、逻辑单元和存储单元三大部分。三个部分相互协调,便可以进行分析、判断、运算,并控制计算机各部分协调工作。微处理器是影响和决定微型计算机性能最关键的部件。随着半导体技术的不断完善,微处理器的性能在不断进步,其价格却在不断下降。

4. Intel 系列微处理器

Intel 公司是全球最大的微处理器生产厂商,它的 X86 系列 CPU 在全球的市场占有率为70% 。Intel Inside 这一标记几乎可以在所有厂商的品牌机上找到。

（1）Pentium

早期的处理器 Intel 公司于 1971 年推出了第一代微处理器 4004,它是采用 PMOS 工艺的 4 位微处理器,只能进行串行的十进制运算,集成了 2 000 个晶体管。Intel 公司于同年推出了 4004 的后继产品 8008,它是一种 8 位的微处理器。这些在今天看来非常低端的产品,目前仍可以在一些电子产品上找到它们的踪影。16 位微处理器的典型产品是 8086/8088和 80286 微处理器。1978 年首次推出著名的 8086CPU,集成了 2 900 个晶体管,引进了实模式。1979 年又推出了一种准 16 位处理器 8088。IBM 公司于 1981 年采用 8088CPU 作为其PC 的芯片,开创了个人电脑的新时代。1981 年推出的 80286CPU 也是一种 16 位处理器,时钟速度上升为 6 MHz,引进保护模式,集成 13 000 个晶体管。1985 年首次发布的 80386DX是 32 位的处理器（它是 32 位微处理器的代表,直到目前的 PentiumⅢ也是 32 位的）,它的时钟速度达到了 12.5MHz,集成了 25 000 个晶体管,它可以实现多任务、虚拟 8086 模式。此时,Intel 公司的 CPU 已经大量用于 IBM PC – AT 及其兼容机。1988 年 Intel 公司又推出准32 位处理器芯片 80386SX。它的内部数据总线为 32 位,与 80386 相同,外部数据总线为 16位。也就是说,80386SX 的内部处理速度与 80386 接近,也支持真正的多任务操作,而它又可以接受为 80286 开发的输入/输出接口芯片。

（2）Pentium（奔腾）处理器

1993 年 3 月 Intel 发布了首款 Pentium 处理器 Pentium 60,以后还有 75,90,100,120,133,166。Pentium 处理器采用了 16 KB 的 Cache、超标量结构和流水线技术。Pentium 处理器内部有两条流水线:U 流水线和 V 流水线。U 流水线处理复杂指令,V 流水线处理简单指令,这两条流水线每个配有 8KB 的高速缓存,这样,处理器的速度大大加快。Intel 公司由此甩开了竞争对手 AMD 和 Cyrix 公司。

早期的奔腾 75 – 120 使用 0.6 μm 的半导体制造工艺,后期 120 MHz 频率以上的奔腾则改用 0.35 μm 工艺,这有助于 CPU 频率的进一步提高。经典奔腾的供电电压均为 3.3 V。

（3）Pentium MMX 处理器

这是继 Pentium 后 Intel 的又一个成功的产品。Pentium MMX 在原 Pentium 的基础上进行了重大的改进,增加了片内 16 KB 数据缓存和 16 KB 指令缓存,4 路写缓存和从 PentiumPro、Cyrix 而来的分支预测单元和返回堆栈技术,特别是新增加的 57 条 MMX 多媒体指令,使得 Pentium MMX 即使在运行非 MMX 优化的程序时也要比同主频的 Pentium CPU 快得多。这 57 条 MMX 指令专门用来处理音频、视频等数据,这些指令可以大大缩短 CPU 在处理多媒体数据时的等待时间,使 CPU 拥有更强大的数据处理能力。与经典奔腾不同,Pentium MMX 采用了双电压设计,其内核电压为 2.8 V,系统 I/O 电压仍为原来的3.3 V。如果主板不支持双电压设计,那么就无法升级到 Pentium MMX。

（4）Pentium Pro 处理器

Pentium 系列的 CPU 采用 Socket 7 结构的主板。这种结构通常在主板上集成了 512 KB的二级缓存,但是由于缓存是集成在主板上,CPU 性能仍然不能够得到充分发挥。于是

Intel 公司考虑把二级缓存和 CPU 直接集成到一起。基于这种思路,Intel 于 1995 年推出了 Pentium Pro 处理器,芯片内部集成二级缓存,采用 Socket 8 结构,最早推出的二级缓存达到 150 MHz,用于工作站等高端领域,但同时由于技术方面的原因,制造成本大大提高,废品率也直线上升。

（5）Pentium Ⅱ 处理器

由于以上原因,Pentium Pro 并不是一个成功的产品。为解决上述问题,Intel 抛弃了 Socket 结构,推出了基于 Slot 1 结构的 Pentium Ⅱ 处理器,它使 Intel 继续保持了在高端 CPU 市场上的优势。传统 Pentium Ⅱ 是以 SECC（Single Edge Contact Cartridge）的塑胶外框包装,而内部的电路板有 BSRAM 芯片、Cache 控制器及 CPU 核心芯片。CPU 核心芯片采用 PLGA（Plastic Land Gird Array）的封装方式。新包装的 Pentium Ⅱ 采用了一种称为 OLGA（Organic Land Gird Array）的封装技术。Pentium Ⅱ 是新一代的奔腾处理器,主要有 233 MHz、266 MHz、300 MHz、333 MHz、350 MHz、400 MHz、450 MHz 七种规格。

（6）Celeron 赛扬处理器

虽然 Pentium Ⅱ 的性能不错,但是其昂贵的价格使不少人投向了 Super 7 阵营。为了抢回失去的低端市场,Intel 推出了 Celeron 赛扬处理器。赛扬系列的核心工作电压为 2.0 V。英语中词根 Cele 就是加速的意思,Celeron 的速度也是不可小觑的。赛扬的发展也经历了三个阶段:第一阶段是代号为"Covington"的赛扬 266 和 300,采用 0.25 μm 工艺制造,Slot1 架构,没有片内 L2 缓存。正因为如此,其整数运算能力很差,赛扬 266 的整数运算能力甚至还不及奔腾 MMX 233 的高,由于 L2 缓存对浮点运算影响不大,所以赛扬的浮点运算能力与 PII 一样出色。第二阶段的赛扬代号为"Mendocino",采用 0.25 μm 工艺制造,Slot 1 架构,它与 Coington 最大的不同之处便是增加了整合在 CPU 内部的 128K L2 缓存,并以与 CPU 相同的频率工作。大家都知道,二级缓存对 CPU 整数运算速度的影响非常大,新的赛扬尽管只有 128K L2 缓存（PII L2 缓存的四分之一）,但是由于它以与 CPU 相同的频率工作,性能也不容小觑。目前市场上的 Mendocino 有 300 和 333 两种频率规格,前者就是我们通常所说的赛扬 300A（以区别第一代赛扬）,还有 366 MHz 及 400 MHz 的 Mendocino。第三阶段的赛扬采用了 Socket 370 架构,由于 Mendocino 的缓存集成在 CPU 内部,使得它所带的大块电路板变成了中看不中用的"累赘",为了压低成本、降低售价,Intel 便推出了赛扬 333 和 366 采用与其他厂商均不兼容的 Socket 370 接口,届时将有 Intel ZX 芯片组与其配合,与现在市场上流行的赛扬 300A 相比,这种 Socket 370 接口的赛扬只是改变了接口方式并提高了主频（但还是运行在 66 MHz 的外频上）,除此之外没有任何变化。

（7）Pentium Ⅲ 处理器

Pentium Ⅲ 处理器是 Intel 的新一代产品,它是准 64 位处理器,采用 0.25 μm 制造工艺,使用的是 Katmai 内核,新的 SECC2 插口。PIII 拥有 32 K 一级缓存和 512 K 二级缓存（运行在芯片核心速度的一半以下）,包含 MMX 指令和 Intel 自己的"3D"指令——SSE（Streaming SIMD Extensions）。最初发行的 PIII 有 450 MHz 和 500 MHz 两种规格,其系统总线频率为 100 MHz。除了 SSE 指令外,PIII 与 PII 是那么的相像,在运行没有为 SSE 指令优化过的应用软件时,PIII 与 PII 的速度几乎一样。PIII 继承了 PII 的优秀性能,无论是整数还是浮点运算,均十分出色,在运行没有 SEE 优化的软件时,速度与同主频 PII 相当,在运行专门为 SEE 指令优化过的软件时,PIII 可以获得比同主频 PII 更快的速度。Pentium Ⅲ 处理器的设计考虑了互联网的应用,每个 Pentium Ⅲ 处理器都有一个特定的号码,Intel 认为这给用户带来的好处就是可以提高互联网的安全性。这个全新的 64 位处理器序列号就相当于电脑的"身份证",用户既可以对电脑进行认证,也可以用它进行加密,以提高保密性。

5.内部存储器

(1)内部存储器

在计算机的五大组成部分中,存储器占有十分重要的地位,它是计算机存放信息的场所,如果没有它,计算机根本无法运行。而在各种不同类型的存储器中,内部存储器(内存)又是最重要的部分,因为计算机当前正在执行的程序和处理的数据都是存放在内存中的,任何程序如果要在计算机中执行,则必须首先将其调入内存才能由 CPU 执行。一般说来,容量越大、速度越快的存储器就能给计算机带来越高的性能。

现代微型计算机(PC)的内存系统基本上都集中在主板上,它包括两个基本部分,一类是 ROM,另一类是 RAM。从另一个角度来说,ROM 所存放的信息是不容易丢失的,不会受电源是否供电的影响,因此又叫非易失性存储器。它的内部存放的是生产厂家装入的固定指令和数据。这类指令和数据构成了一些对计算机进行初始化的低级操作和控制程序(即 BIOS 程序),使计算机能开机运行。在一般情况下 ROM 内的程序是固化的,不能对 ROM 进行改写操作,只能从中读出信息,但是在现在的许多微型计算机中的 ROM 采用了一种特殊的快闪内存(Flash Memory)来制造,从而使我们可以用一些特殊的程序改写 ROM 对计算机的 BIOS 进行升级。另一类存储器是 RAM,也就是常说的主存,它占了内存的绝大部分,而且是对内存的性能起着决定性的因素。因为 RAM 所保存的信息在断电后就会丢失,所以又被称为易失性内存。RAM 用来存放 CPU 现场操作的大部分二进制信息。据统计,CPU 大约有 70% 的工作是对 RAM 的读写操作。其中,读操作是指从指定地址的 RAM 单元中取出数据,写操作是指将数据存入指定地址的 RAM 单元。

计算机存储器的存储容量是以字节(byte)为单位的,一个字节由 8 位(bit)二进制数组成,大量的字节可以组合起来形成海量信息。而字(word)也是常用的单位之一,一个字是由两个字节构成的。在现在的高档微型计算机中有许多信息和数据都是由 32 位二进制数来表示,也就是说它的数据传输宽度是 32 位,刚好是两个字的宽度,因此又出现了另一种计量单位——双字(Double Word)。计算机中除了内存以外,还有很多种类的存储器,比如外部存储器中的磁盘(包括软盘和硬盘)、光盘、磁带,还有各种寄存器、高速缓冲存储器。所有这些存储器根据各自的不同特性和性价比,组成系统中的各级存储设备。它们相辅相成,共同构成了计算机的存储器系统。

(2)半导体存储器

现在计算机中的内存都是属于半导体器件,因此,我们就对半导体存储器做一点简单的介绍。如果按半导体器件的类型来划分现在常见的 ROM 的话,可以将它分为以下几类:

①掩膜 ROM(Mask ROM)

它所存放的信息是由生产过程中的一种掩膜工艺决定的,一旦生产完毕,信息就不可能更改。这种 ROM 适用于程序成熟、批量生产的场合,生产批量一般都在 10 万片以上,这样才较为合算。

②PROM(Programmable ROM)

其也称可编程只读存储器。这是一种可以用专用设备一次性写入自己所需内容的只读存储器。制造商生产的 PROM 出厂时没有任何信息,使用者只能写入一次,以后不能修改。它适合小批量生产,但比 Mask ROM 的集成度低,价格也较高。

③EPROM(Erasable Programmable ROM)

其也称可擦除可编程只读存储器。它可以根据需要,多次写入不同的内容。将 EPROM 置于紫外线的照射下 10 min,就可以擦除其内容,然后在专用的编程器上将内容写入。其特点是每次写入新内容之前都必须擦除整片存储器的所有信息。

④EEPROM(Erasable and Electrically Programmable ROM)

其也称电可擦除可编程只读存储器。这种 ROM 的优点是可以在电路板上用电直接擦除,不必从电路板上取下来,而且速度比 EPROM 快。

⑤SRAM

SRAM 又叫作静态存储器。它的存储单元是由 MOS 双稳态触发器构成的,只要不切断电源,其中的信息就可以永远保存。SRAM 的集成度、功耗、访问速度都介于双极型 RAM 与 DRAM 之间。它被广泛应用于工作站、高档微机、大型机甚至巨型机上。DRAM 是利用 MOS 电路中的栅极电容来保存信息的。但由于电容存在着漏电阻,因此电容中的电荷很快就会通过漏电阻放电而中和。为了长时间保存信息,就必须定时补充电荷,这就是所谓的刷新操作(Refresh)。DRAM 是以上三种存储器中集成度最高、功耗最低、成本最低的。但由于刷新操作的需要,必须增加相应的电路。而且还须解决读写操作和刷新操作的时间冲突。不过这些问题现在已经很好地解决了。因此,现在的微型计算机中采用的大都是以 DRAM 作为主存。这种 RAM 是利用一种叫 Bi - COMS 工艺的生产技术,将双极型和 CMOS 的晶体管集成在同一电路上而生产的。随着计算机技术的飞速发展,微型计算机的 CPU 时钟频率已经超过 1 000 MHz 了,其主板上的内存时钟频率也达到了 100 MHz 以上。其容量也是以几十甚至几百兆比特为单位的。前面所述的几种 RAM 都很难达到要求,因此出现了这种存储器。它具有双极型和 CMOS 二者的优点,集成度高、功耗低、速度快。其存取时间最快的可达到 5 ns。现在一部分计算机中的 Cache 就是采用的这种芯片。

(3)现代微机使用的内存条

目前市场上常见的内存有以下几种:

EDORAM(Extended Data Out RAM),也称"扩展数据输出内存",与 FPMRAM 有基本相同的应用范围,有 72 线和 168 线之分,5 V 电压,数据宽度也分 32 位和 64 位两种,速度基本都在 40 ns 以上,目前处在被淘汰的边缘,市场上的存货普遍不多了。因为 EDORAM 取消了扩展数据输出内存与传输内存的两个存储周期之间的时间间隔,缩短了等待输出地址的时间,所以在大量存取操作时,可以大大缩短存取时间,效率提高了 20% ~ 30%。

SD RAM(Synchronous Dynamic RAM),也称"同步动态内存",都是 168 线的,宽度为 64 bit,3.3 V 电压,最新的产品速度可达 6 ns。它的工作原理是将 RAM 与 CPU 以相同的时钟频率进行控制,使 RAM 和 CPU 的外频同步,彻底取消等待时间,所以它的数据传输速度比 EDORAM 至少快了 13%。因为现在最常用的是 SDRAM,所以我们在这里只对 SDRAM 进行重点讨论。首先,我们详细介绍一下 SDRAM 性能的衡量标准。

①时钟周期

时钟周期代表 SDRAM 芯片所能运行的频率。对于一片普通的 SDRAM 来说,它芯片上的标识 -10 代表了它的运行时钟周期为 10 ns,即可以在 100 MHZ 的外频下正常工作。根据某厂家的产品表我们可以得出这种芯片存取数据的时间为 6 ns。

②存取时间

对于 EDO 和 FPMDRAM 来说,它代表了读取数据所延迟的时间。目前大多数 SDRAM

芯片的存取时间为 5 ns、6 ns、7 ns、8 ns 或 10 ns。这不同于系统时钟频率,二者之间是有着本质的区别的。比如一种 LG 的 SDRAM,芯片上的标识为 -7J 或 -7K,这代表了它的存取时间为 7 ns。而许多人都把这个存取时间当作它能跑的外频,其实它的系统时钟频率依然是 10 ns,外频为 100 MHz。

③CAS 的延迟时间

纵向地址脉冲的反应时间,也是在一定频率下衡量支持不同规范的内存的重要标志之一。

内存条看似简单,其实也是一种极为精密的半导体产品,一些技术要求是为了保证内存对外有很好的稳定性、兼容性与适用性,对内有很好的一致性。在生产和制造工艺上的要求也是为了能达到一定标准的必要条件。随着主板外部频率的不同,RAM 的工作频率也不同,因此 SD RAM 也制定出了不同的技术和生产规范,以保证高频工作时计算机系统的稳定性,现在常见的有两种规范:PC100 和 PC133。PC100 SDRAM 规范包括内存条上电路各部分线长的最大值与最小值;电路线宽与间距的精确规格;保证 6 层 PCB 板制作具备完整的电源层与地线层;具备每层电路板间距离的详细规格;精确符合发送、载入、终止等请求的时间;详细的 EEPROM 编程规格;详细的 SDRAM 组成规格;特殊的标记要求;电磁干扰抑制;可选镀金印刷电路板。对于 PC133 规范来说,它只是进一步要求了 tAC 不超过 5.4 ns、tCK 不超过 7.5 ns(对于 PC100,这两项都是 10 ns)、稳定的工作频率为 133 MHz,所以对于 PC133SDRAM,若没有特别标明,大都是指 CAS Latency = 3,如果在 CL 设为 2、运行 133 MHz 的外频时发生错误,就不要认为这条内存有问题。

在微型计算机发展日新月异的今天,各种新科技、新工艺不断地被用到微电子领域中,CPU 的主频差不多每几个月就能翻一番,上到一个新高度,然而为了能让微机发挥出最大的效能,内存作为微机硬件的必要组成部分之一,它的地位越发重要起来。现在看来,内存的容量与性能已成为决定微机整体性能的决定性因素之一。因此为了提高微机的整体性能,有必要为其配备足够大的容量、高速度的内存。

3.1.2　计算机指令系统

指令系统指的是一个 CPU 所能够处理的全部指令的集合,它们都是同一类型的 CPU,是一个 CPU 的根本属性。比如我们现在所用的 CPU 都是采用 x86 指令集的,不管是 PIII、Athlon 或 Joshua。世界上还有比 PIII 和 Athlon 快得多的 CPU,比如 Alpha,但它们不是用 x86 指令集的,不能使用数量庞大的基于 x86 指令集的程序。之所以说指令系统是一个 CPU 的根本属性,是因为指令系统决定了一个 CPU 能够运行什么样的程序。所有高级语言编写的程序,都需要翻译成机器语言后才能运行,这些机器语言中所包含的就是指令。

1.指令的格式

一条指令一般包括两个部分:操作码和地址码。操作码是指令序列号,用来告诉 CPU 需要执行的是哪一条指令。地址码包括源操作数地址、目的地址和下一条指令的地址。在某些指令中,地址码可以部分或全部省略,比如一条空指令就只有操作码而没有地址码。

2.指令的分类与寻址方式

一般说来,现在的指令系统有以下几种类型的指令:

(1)算术逻辑运算指令

算术逻辑运算指令包括加减乘除等算术运算指令,以及与或非异或等逻辑运算指令。

现在的指令系统还加入了一些十进制运算指令及字符串运算指令等。

（2）浮点运算指令

用于对浮点数进行运算。浮点运算要远远复杂于整数运算，所以 CPU 中一般还会有专门负责浮点运算的浮点运算单元。现在的浮点指令中一般还加入了向量指令，用于直接对矩阵进行运算，对于现在的多媒体和 3D 处理很有用。

（3）位操作指令

指令系统中有一组位操作指令，如左移一位、右移一位等。对于计算机内部以二进制码表示的数据来说，这种操作是非常简单、快捷的。

（4）其他指令

上面三种都是运算型指令，除此之外还有许多非运算的其他指令。这些指令包括数据传送指令、堆栈操作指令、转移类指令、输入输出指令，以及一些比较特殊的指令，如多处理器控制指令、特权指令和等待、空操作等指令。

对于指令中的地址码，也会有许多不同的寻址（编址）方式，主要有直接寻址，间接寻址，寄存器寻址，基址寻址，变址寻址等。某些复杂的指令系统会有几十种甚至更多的寻址方式。

3.2　计算机系统单元

3.2.1　CPU

1. CPU 内核结构

（1）运算器

算术逻辑运算单元 ALU（Arithmetic and Logic Unit）主要完成对二进制数据的定点算术运算（加减乘除）、逻辑运算（与或非异或）及移位操作。在某些 CPU 中还有专门用于处理移位操作的移位器。通常 ALU 有两个输入端和一个输出端。整数单元有时也称为 IEU（Integer Execution Unit）。我们通常所说的"CPU 是 XX 位的"就是指 ALU 所能处理的数据的位数。

浮点运算单元 FPU（Floating Point Unit）主要负责浮点运算和高精度整数运算。有些 FPU 还具有向量运算的功能，另外一些则有专门的向量处理单元。

①通用寄存器组

通用寄存器组是一组最快的存储器，用来保存参加运算的操作数和中间结果。在通用寄存器的设计上，RISC 与 CISC 有着很大的不同。CISC 的寄存器通常很少，主要是受了当时硬件成本所限。比如 x86 指令集只有 8 个通用寄存器。所以 CISC 的 CPU 执行大多数时间是在访问存储器中的数据，而不是寄存器中的数据。这就拖慢了整个系统的速度。而 RISC 系统往往具有非常多的通用寄存器，并采用了重叠寄存器窗口和寄存器堆等技术使寄存器资源得到充分的利用。对于 x86 指令集只支持 8 个通用寄存器的缺点，Intel 和 AMD 的最新 CPU 都采用了一种叫作"寄存器重命名"的技术，这种技术使 x86CPU 的寄存器可以突破 8 个的限制，达到 32 个甚至更多。不过，相对于 RISC 来说，这种技术的寄存器操作要多出一个时钟周期，用来对寄存器进行重命名。

②专用寄存器

专用寄存器通常是一些状态寄存器,不能通过程序改变,由 CPU 自己控制,表明某种状态。

(2)控制器

运算器只能完成运算,而控制器用于控制整个 CPU 的工作。

①指令控制器

指令控制器是控制器中相当重要的部分,它要完成取指令、分析指令等操作,然后交给执行单元(ALU 或 FPU)来执行,同时还要形成下一条指令的地址。

②时序控制器

时序控制器的作用是为每条指令按时间顺序提供控制信号。时序控制器包括时钟发生器和倍频定义单元,其中时钟发生器由石英晶体振荡器发出非常稳定的脉冲信号,就是 CPU 的主频;而倍频定义单元则定义了 CPU 主频是存储器频率(总线频率)的几倍。

(3)总线控制器

总线控制器主要用于控制 CPU 的内外部总线,包括地址总线、数据总线、控制总线等。

(4)中断控制器

中断控制器用于控制各种各样的中断请求,并根据优先级的高低对中断请求进行排队,逐个交给 CPU 处理。

2. CPU 核心的设计

单纯的 ALU 速度在 CPU 中并不起决定性作用,因为 ALU 的速度都差不多。而 CPU 的性能表现的决定性因素就在于 CPU 内核的设计。

(1)超标量(Superscalar)

并行处理的方法又一次产生了强大的作用,并解决无法大幅提高 ALU 的速度。所谓的超标量 CPU,就是只集成了多个 ALU、多个 FPU、多个译码器和多条流水线的 CPU,以并行处理的方式来提高性能。

(2)流水线(Pipeline)

流水线是现代 RISC 核心的一个重要设计,它极大地提高了性能。一条具体的指令执行过程通常可以分为五个部分:取指令,指令译码,取操作数,运算(ALU),写结果。其中前三步一般由指令控制器完成,后两步则由运算器完成。按照传统的方式,所有指令按顺序执行,那么先是指令控制器工作,完成第一条指令的前三步;然后运算器工作,完成后两步;而后指令控制器工作,完成第二条指令的前三步;最后是运算器,完成第二条指令的后两部。当指令控制器工作时,运算器基本上在休息,而当运算器在工作时,指令控制器却在休息,造成了相当大的资源浪费。因此当指令控制器完成了第一条指令的前三步后,直接开始第二条指令的操作,运算单元也是。这样就形成了流水线系统,这是一条 2 级流水线。

如果是一个超标量系统,假设有三个指令控制单元和两个运算单元,那么就可以在完成了第一条指令的取址工作后直接开始第二条指令的取址,这时第一条指令再进行译码,然后第三条指令取址,第二条指令译码,第一条指令取操作数。这样就是一个 5 级流水线。很显然,5 级流水线的平均理论速度是不用流水线的 4 倍。

流水线系统最大限度地利用了 CPU 资源,使每个部件在每个时钟周期都工作,大大提高了效率。但是,流水线有两个非常大的问题:相关和转移。在一个流水线系统中,如果第二条指令需要用到第一条指令的结果,这种情况叫作相关。以上面 5 级流水线为例,当第二条指令需要取操作数时,第一条指令的运算还没有完成,如果这时第二条指令就去取操作数,就会得到错误的结果,所以这时整条流水线不得不停顿下来,等待第一条指令的完成。对于长的流水线,这种停顿通常要损失十几个时钟周期。目前解决这个问题的方法是乱序执行。乱序执行的原理是在两条相关指令中插入不相关的指令,使整条流水线顺畅。比如上面的例子中,开始执行第一条指令后直接开始执行第三条指令(假设第三条指令不相关),然后才开始执行第二条指令,这样当第二条指令需要取操作数时,第一条指令刚好完成,而且第三条指令也快要完成了,整条流水线不会停顿。当然,流水线的阻塞现象还是不能完全避免的,尤其是当相关指令非常多的时候。另一个大问题是条件转移。在上面的例子中,如果第一条指令是一个条件转移指令,那么系统就无法确定下面应该执行哪一条指令。这时就必须等第一条指令的判断结果出来才能执行第二条指令。条件转移所造成的流水线停顿甚至比相关转移还要严重得多,所以现在采用分支预测技术来处理转移问题。虽然程序中充满着分支,而且哪一条分支都是有可能的,但大多数情况下总是选择某一分支。根据这些原理,分支预测技术可以在没有得到结果之前预测下一条指令是什么,并执行它。现在的分支预测技术能够达到90%以上的正确率,但是一旦预测错误,CPU仍然不得不清理整条流水线并回到分支点,这将损失大量的时钟周期,所以进一步提高分支预测的准确率也是正在研究的课题之一。越是长的流水线,相关和转移两大问题也越严重,所以流水线并不是越长越好,超标量也不是越多越好,找到一个速度与效率的平衡点才是最重要的。

3. CPU 的外核

(1)解码器(Decode Unit)

这是 x86CPU 才有的东西,它的作用是把长度不定的 x86 指令转换为长度固定的类似于 RISC 的指令,并交给 RISC 内核。解码分为硬件解码和微解码,对于简单的 x86 指令只要硬件解码即可,速度较快,而遇到复杂 x86 指令则需要进行微解码,并把它分成若干条简单指令,速度较慢且很复杂。好在这些复杂指令很少会用到。Athlon 也好,PIII 也好,老式的 CISC 的 x86 指令集严重制约了它们的性能表现。

(2)一级缓存和二级缓存(Cache)

一级缓存和二级缓存是为了缓解较快的 CPU 与较慢的存储器之间的矛盾而产生的。一级缓存通常集成在 CPU 内核,而二级缓存则是以 OnDie 或 OnBoard 的方式以较快于存储器的速度运行。对于一些大数据交换量的工作,CPU 的 Cache 显得尤为重要。

3.2.2 存储器

为了解决存储容量、存取速度和价格之间的矛盾,通常把各种不同存储容量、不同存取速度的存储器,按一定的体系结构组织起来,形成一个统一的整体的存储系统。现代计算机通常采用由三种运行原理不同、性能差异很大的存储介质分别构建高速缓冲存储器(Cache)、主存储器和辅助存储器,再将它们组成三级结构的统一管理、调度的一体化存储器系统。由于高速缓冲存储器缓解主存读写速度慢,不能满足 CPU 运行速度需求,用辅助存储器中更大的存储空间,可以解决由于主存容量小而存不下更大程序与更多数据的问题。这种三级存储器结构在存取速度上依次递减,在存储容量上依次递增。程序运行的局部性主要体现在以下几个方面:

（1）时间

时间局部性是指 CPU 访问某个存储单元后，该存储单元最有可能被再次访问。在一段局部时间内，程序某一部分的数据或指令被重复性地访问，它们对应于程序结构中的循环、子程序、常用变量及数据等。

（2）空间

空间局部性是指当 CPU 访问某个存储单元时，该存储单元附近的存储单元最有可能被随后访问。在一个局部存储空间中，指令或数据被接连访问到，这对应于程序结构中的顺序执行的指令、线性数据结构及在相邻位置存放的数据或变量等。

（3）指令的执行顺序

指令顺序执行比转移执行的可能性要大。

基于上述几点，就可以把要使用的程序和数据，按其急迫性和频繁程度，分时间段、分批量合理地调入，并在读写速度不同的存储器部件中，由计算机硬件、软件自动地统一管理和调度。

1. 存储器的分类

存储器是计算机系统的重要组成部件。随着计算机系统结构和存储技术的发展，存储器的种类日益繁多，根据不同的特征可对存储器进行分类。

（1）按存储器在计算机系统中的作用分类

①主存储器

主存储器用来存放计算机运行期间所需要的程序和数据，CPU 可直接随机地进行读/写访问。主存具有一定容量，存取速度较快。但由于 CPU 要频繁地访问主存，所以主存的性能在很大程度上影响了整个计算机系统的性能。

②辅助存储器

辅助存储器又称外存储器或后援存储器，它用来存放当前不参与运行的程序、数据及文件等，或用于存放需要永久性保存的信息。辅助存储器具有较大的存储容量、成本低，但存取速度较慢，CPU 不能直接访问。辅助存储器信息的存取方式分为顺序存取存储器和直接存取存储器。顺序存取存储器如磁带，信息是按先后顺序进行存取，对不同地址的单元进行读/写操作，所需的时间是不一样的。直接存取存储器如磁盘，不必经过顺序搜索，就可以直接对其中的任何一个单元进行读/写操作。

③高速缓冲存储器

高速缓冲存储器是由双极型半导体存储器组成的，存取速度与 CPU 的工作速度相当。Cache 位于主存和 CPU 之间，用来存放正在执行的程序段和数据，以便 CPU 能高速地使用它们。

（2）按存储器的存储介质分类

①半导体存储器

用半导体器件组成的存储器称为半导体存储器。主要有 MOS 型存储器和双极型（TTL 电路或 ECL 电路）存储器两大类。MOS 型存储器具有集成度高、功耗低、价格便宜、存取速度较慢等特点；双极型存储器具有存取速度快、集成度较低、功耗较大、成本较高等特点。半导体 RAM 存储的信息会因为断电而丢失。

②磁芯存储器

采用具有矩形磁滞回线的铁氧体磁性材料，利用两种不同的剩磁状态表示"1"或"0"。

一颗磁芯存放一个二进制位,成千上万颗磁芯可组成磁芯体。磁芯存储器的特点是信息可以长期存储,不会因断电而丢失;但磁芯存储器的读出是破坏性读出,即不论磁芯存储器原存的内容为"1"或"0",读出之后磁芯的内容一律变为"0",因此需要再重写一次,这就额外增加了操作时间。从 20 世纪 50 年代开始,磁芯存储器曾一度成为主存的主要存储介质,但因磁芯存储器容量小、速度慢、体积大、可靠性低,从 20 世纪 70 年代开始,逐渐被半导体存储器取代。

③磁表面存储器

磁表面存储器是在金属或塑料基体上涂覆一层磁性材料,用磁层存储信息。软盘、硬盘都是利用存储器基质表面的一层磁性介质被磁化后的剩磁状态来记录数字信息的。该类存储器的特点是容量大、价格低、存取速度慢,多用作辅助存储器。

④光存储器

光存储器是用光热效应或机械的方法在媒体上存储信息。根据媒体材料光学性质(如反射率、偏振方向等)的变化来表示所存储的信息,可以分为只读型光盘、一次写入型光盘和可读写型光盘。

(3)按存取方式分类

①随机存取存储器(RAM)

RAM 用于存放 CPU 当前正在执行和处理的程序和数据。所谓随机存取是指 CPU 可以对存储器中的内容进行读或写操作,CPU 对任何一个存储单元的写入和读出时间是一样的,即存取时间相同,与所处的物理位置无关。RAM 读写方便、使用灵活,主要用作主存,也可用作高速缓冲存储器。

②只读存储器(ROM)

ROM 中的信息是由厂商在生产时一次写入的,常用来存放系统的监控程序。ROM 的特点是:存储器的内容只能读出而不能写入。这类存储器常用来存放那些不需要改变的信息。由于信息一旦写入存储器就固定不变了,即使断电,写入的内容也不会丢失,所以称为固定存储器。ROM 除了存放某些系统程序(如 BIOS 程序)外,还用来存放专用的子程序,或用作函数发生器、字符发生器及微程序控制器中的控制存储器。在计算机工作时,一般先由 ROM 中的引导程序启动系统,再从外存中读取系统程序和应用程序,送到内存的 RAM 中。在程序的运行过程中,中间结果一般放在内存的 RAM 中,程序结束时,又将最后的结果送入外存。

③顺序存取存储器(SAM)

SAM 的存取方式与前两种完全不同。SAM 的内容只能按某种顺序存取,存取时间的长短与信息在存储体上的物理位置有关,所以 SAM 只能用平均存取时间作为衡量存取速度的指标,磁借机就是这类存储器。

④直接存取存储器(DAM)

DAM 既不像 RAM 那样能随机地访问任一个存储单元,也不像 SAM 那样完全按顺序存取,而是介于两者之间。当要存取所需的信息时,第一步直接指向整个存储器中的某个小区域(如磁盘上的磁通);第二步在小区域内顺序检索或等待,直至找到目的地后再进行读/写操作。这种存储器的存取时间也是与信息所在的物理位置有关的,但要比 SAM 的存取时间短。磁盘机就属于这类存储器。由于 SAM 和 DAM 的存取时间都与存储体的物理位置有关,所以又可以把它们统称为串行访问的存储器。

（4）按信息的可存储分类

断电后，存储信息随即消失的存储器，称易失性存储器，例如半导体、RAM。断电后信息仍然保存的存储器，称非易失性存储器，例如 ROM、磁芯存储器、磁表面存储器和光存储器。如果某个存储单元所存储的信息被读出时，原存信息将被破坏，则称破坏性读出；如果读出时，被读单元原存信息不被破坏，则称非破坏性读出。具有破坏性读出的存储器，每当读出一次操作之后，必须进行一个重写（再生）的操作，以便恢复被破坏的信息。

2. 主要技术指标

（1）存储容量

存储容量是指存储二进制信息的量，常以字（word）或字节（byte）为单位，也有以二进制位（bit）为单位的。以字为单位的通常用字数乘以字长表示。以字节为单位的通常用字节的数量表示，例如 1024B。CPU 可以直接访问的存储容量受地址码长度的限制，20 根地址线可直接访问的存储容量为 1 MB。某机的存储容量为 256 KB × 16，表示它有 256 KB 个存储单元，每个存储单元的字长为 15 位。

（2）存取速度

主存的存取速度通常用存/取时间、存/取周期和主存带宽参数来描述。

①存储器存/取时间

存储器存/取时间也称为访问时间或读/写时间，是指读、写命令有效地完成所经历的时间，用 MAT（Memory Access Time）表示，一般在纳秒级。读出时间是指从 CPU 向主存发出有效地址和读命令开始，直到将被选单元的内容读出为止所用的时间；写入时间是指从 CPU 向主存发出有效地址和写命令开始，直到信息写入被选中单元为止所用的时间。显然，MAT 越小，存取速度越快。

②存储周期时间

存储周期时间 MCT（Memory Cycle Time）是指两次连续存储器操作所需要的时间间隔。通常 MCT > MAT，这是因为对于任何一种存储器，在读/写操作之后，总要有一段恢复内部状态的复原时间。对于破坏性读出的 RAM，存取周期时间往往要比存取时间大得多，这是由于存储器中的信息读出后需要马上进行重写（再生）。

③主存带宽

与存储周期时间密切相关的指标是主存的带宽，它又称为数据传输率，表示每秒从主存进出信息的最大数量，即数据传输速率，单位为 w/s、B/s 或 b/s。目前，主存提供信息的速度还跟不上 CPU 处理指令和数据的速度，所以主存的带宽是改善计算机系统瓶颈的一个关键因素。为了提高主存的带宽，可以采取的措施有缩短存储周期时间、增加存储字长和增加存储体等。

3.3　输入、输出系统

在计算机系统中，主机是由中央处理器 CPU 和内部存储器组成的。主机以外的设备统称为外部设备或输入输出设备，简称 I/O 设备。I/O 设备是实现计算机系统与外界之间进行信息交换或信息存储的装置。在现实生活中，人们常用数字、字符、文字、图形、图像、影像、声音等形式来表示各种信息，而计算机直接处理的却是以信号表示的数字代码，因而需要输入设备将现实生活中各种形式表示的信息转换为计算机所能识别、处理的信息形式，并输入计算机。利用输出设备，将计算机处理的结果以现实生活所能接受的信息形式输出，为人或其他系统所用。

3.3.1　输入输出设备的功能及分类

输入设备是指将外界信息如操作者意图、数据、程序等转化成计算机能识别的信息格式，并传送给计算机的设备。输出设备是指将计算机处理好的结果转换成人们所需要的形式的一种设备。输入是对信息的一种编码，输出则是相应的一种解码并记录。输出设备一般分为两类：一类称为硬拷贝，即将输出信息转换成永久性物理记录，如打印机、绘图仪等；另一类是软拷贝，即暂时影像，如 CRT 显示，记录在磁盘上等。I/O 设备的工作速度与主机速度差异很大，为了使快速工作的主机与慢速工作的 I/O 设备相互配合，以便可靠地完成信息的交换，通常是通过 I/O 接口电路来实现。所以数据传送的控制方式及其相应的接口，就成为我们必须关心的问题。

目前广泛使用的输入设备主要有：

（1）用于字符输入的设备，如键盘、联机手写识别器等；

（2）用于图形输入的设备，如数字化仪、鼠标、操纵杆等；

（3）用于图像输入的设备，如摄像机、扫描仪等；

（4）其他类型的设备，如数模转换、声音输入等；

（5）特殊的输入设备，如磁盘、磁带及光盘等。

常用的输出设备有：

（1）以输出字符为主的设备，如行式打印机、点阵式打印机、喷墨打印机、激光打印机、显示器等；

（2）以输出图形为主的设备，如绘图仪、显示器、喷墨打印机、激光打印机等；

（3）以输出图像为主的设备，如显示器、喷墨打印机、激光打印机等；

（4）其他类型的设备，如声音输出设备等；

（5）特殊的输出设备，如磁盘、磁带等。

CPU 可以进行各种运算和处理操作，但是必须通过输入设备将程序和数据输入计算机，同样，计算机运算和处理后的结果又经过输出设备送出去。计算机通过外部设备所进行的信息的输入输出操作，是计算机与外部设备之间进行信息交换的必要手段，因此，在考虑构成一个计算机系统时，必须要解决同外设进行通信或数据交换的问题。

3.3.2　输入输出设备的特点

1. 异步性

输入输出设备相对于 CPU 来说是异步工作的，两者之间无统一的时钟。各类外设之间的工作速度差异很大，它们的操作很大程度上独立于 CPU 之外，但又要在某个时刻接受 CPU 的控制，这就势必造成输入、输出相对于 CPU 时间的任意性与异步性。

2. 实时性

一个计算机系统中可能连接有多个外部设备，有高速设备，又有低速设备。各个外部设备与 CPU 之间交换信息是随机的，CPU 必须能及时接收来自外部设备的信息，否则，外部设备就有可能丢失信息。

3. 多样性

外部设备的种类多,它们的物理特性差异很大,信息的格式也多种多样,这就造成了主机和外部设备之间连接的复杂性。为了简化控制,计算机系统中往往采用标准接口,以便外设与计算机连接。

现代计算机系统中,支持 I/O 设备的种类越来越多,提供的操作功能越来越强,而且继续朝着智能化、高可靠性、小型廉价的方向发展。

3.3.3 输入设备

1. 键盘

计算机键盘是用于手工向计算机送入操作命令、源程序语句、运行程序、数据等内容所使用的输入设备,应用非常普遍。计算机键盘由机械部分和电子线路部分组成,并通过串行接口与计算机主机连接,向 CPU 送入所敲击按键的编码。

在计算机系统中,键盘是最基本、最常用的输入设备,它由一组排列成阵列的按键组成。从外形上看,是在长方形的部件上以横行竖列位置关系依次排放的许多按键,在每个按键上用字母、文字或符号标明这个按键的含义和作用。在这些按键中,除了字母、数字、标点符号、数学符号等基本输入按键之外,还包括一些编辑功能键、操作控制键(含组合用按键)。

从内部看,每个按键都用小弹簧支撑着,按键按下去之后会把按键上导电件与其下面金属件接触上(称为按键闭合,实现电信号连通),松开手之后,小弹簧把按键顶起,使按键与其下面金属件脱离接触(按键松开,实现电信号断开),由此看来,按键相当于一个机械开关。

键盘的电路部分全部做在一块印刷电路板上,实现按键的识别和键编码的传送功能,并由印刷电路板上的一个专用处理器芯片控制完成。

键盘输入信息可分为三个步骤:

(1)查出输入的是哪个按键;

(2)将该键编码翻译成能被主机接收的编码;

(3)将编码传送给主机。

从通用键盘到某些专用的键盘,键盘的种类也是五花八门。

键盘通常都通过串行接口与计算机主机连接,并向 CPU 送入敲击的按键的编码,由主机端的串行接口完成串行格式到并行格式的转换,供主机 CPU 读取。

(1)硬件扫描键盘

在键盘上,各个按键的安装位置可根据操作的需要而定;但在电气连接上,可将按键连接成矩阵,即分成 n 行 $\times m$ 列,每个键连接于某个行线与某个列线交叉点之处。通过硬件扫描或软件扫描,识别所输入按键的行列位置,称为位置码或扫描码。如果由硬件逻辑实现扫描,这种键盘称为硬件扫描键盘,或称为电子扫描式编码键盘,所用的硬件逻辑可称为广义上的编码器。

硬件扫描式键盘的逻辑组成部件有键盘矩阵、振荡器、计数器、行译码器、列译码器、符合比较器、ROM、键盘接口和去抖动电路等。

假定键盘矩阵为 8 行 ×16 列,可安装 128 个按键,则位置码需要 7 位,相应地设置一个 7 位计数器。振荡器提供计数脉冲,计数器以 128 为模循环计数。计数器输出 7 位代码,其中高 3 位传送给列译码器译码,送至键盘短阵列线。计数器输出的低 4 位经行译码器传送至符合比较器。键盘矩阵的列线输出也送至符合比较器,二者进行符合比较。

硬件扫描键盘的优点是不需要主机担负扫描任务。当键盘产生键码之后,才向主机发出中断请求,CPU 响应中断方式,接收随机按键产生的键码。现在已经很少用小规模集成电路来构成这种硬件扫描键盘,而是尽可能利用全集成化键盘接口芯片,如 Intel8279 等。

(2)软件扫描键盘

为了识别按键的行列位置,可以通过执行键盘扫描程序对键盘矩阵扫描,这种键盘称为软件扫描键盘。现代计算机一般在键盘中设置一个单片机,由它负责执行键盘扫描程序和预处理程序,再向 CPU 申请中断并送出扫描码。

IBM – PC 的通用键盘使用电容式无触点式按键,共 83 ~ 110 个键,连接为 16 行 × 8 列。采用 Intel8048 单片机进行控制,以行列扫描法获得按键扫描码。键盘通过电缆与主机板上的键盘接口相连。以串行方式将扫描码送往接口,由移位寄存器组装,然后向 CPU 请求中断。CPU 以并行方式从接口中读取按键扫描码。在虚线左边是键盘逻辑,右边是位于主机板上的接口逻辑。

2. 鼠标

鼠标(Mouse)是一种手持式的坐标定位部件,由于它拖着一根长线与接口相连,样子像老鼠,由此得名。鼠标是控制显示器光标移动的输入设备,由于它能在屏幕上实现快速精确的光标定位,可用于屏幕编辑、选择菜单向屏幕作图。随着 Windows 操作系统越来越普及,鼠标已成为计算机系统中必不可少的输入设备。

鼠标按其内部结构和工作原理的不同可分为机械式、光机式、光电式和光学式几种。尽管各种鼠标结构不同,但从光标移动的原理上讲都基本相同,都是把鼠标的移动距离和方向变为脉冲信号传送给计算机,计算机再把脉冲信号转换成显示器光标的坐标数据,从而达到指示位置的目的。

鼠标按键数可以分为传统的双键、三键和新型的多键鼠标。与双键鼠标相比,三键鼠标多了个中键,使用中键在某些特殊程序中能增强性能,如定义一些特殊命令等。

(1)机械式鼠标

机械式鼠标的结构最为简单,在其底座上装有一个胶质小球。小球在光滑的表面上摩擦并转动,由小球带动 X 方向滚轴和 Y 方向滚轴,在滚轴的末端有译码轮,译码轮附有金属导电片与电刷直接接触。

鼠标的移动带动小球的滚动,再通过摩擦作用使两个滚轴带动译码轮旋转,接触译码轮的电刷随即产生与二维空间位移相关的脉冲信号。由于电刷直接接触译码轮和鼠标小球与桌面直接摩擦,所以精度有限,电刷和译码轮的磨损也较为厉害,直接影响机械鼠标的寿命,因此机械式鼠标已基本被同样价廉的光机式鼠标取代。

(2)光机式鼠标

光机式鼠标是一种光电和机械相结合的鼠标,是目前市场上最常见的一种鼠标。光机式鼠标在机械鼠标的基础上,将磨损最厉害的接触式电刷和译码轮改为非接触式的 LED 对射光路元件。当小球滚动时,X、Y 方向的滚轴带动码盘旋转。安装在码盘两侧有两组发光二极管和光敏三极管,LED 发出的光束有时照射到光敏三极管上,有时则被阻断,从而产生了两组相位相差 90°的脉冲序列。脉冲的个数代表鼠标的位移量,而相位表示脉冲运动的方向。由于采用的是非接触部件,使磨损率下降,从而大大地提高了鼠标的使用寿命,也能在一定范围内提高鼠标的精度。光机式鼠标的外形与机械式鼠标没有区别,不打开鼠标的外壳很难分辨。

(3)光电式鼠标

光电式鼠标与一块画满小方格的长方形专用鼠标板配合使用,鼠标在板上移动,安装在鼠标底部的光电转换装置可以定位坐标点。鼠标必须与显示器的光标配合,计算机先给定光标的初始位置,然后用读取的相对位移移动光标。

光电式鼠标是利用发光二极管(LED)发出来的光投射到鼠标板上,其反射光经过光学透镜聚焦投射到光敏管上。由于鼠标板在 X、Y 方向皆印有间隔相同的网格,当鼠标在该板上移动时,反射的光有强弱之分,在光敏管中就变成强弱不同的电流,经过放大、整形变成表示位移的脉冲序列。鼠标的运动方向是由相位相差90°的两组脉冲序列求得的。

光电鼠标的分辨率较高,且由于接触部件较少,鼠标的可靠性大大增强,不过光电鼠标的价格较高,且必须要配有专用的光学鼠标板。

(4)光学鼠标

光学鼠标的定位原理采用了照相技术和图像处理技术(做成专业芯片),不再需要光学板。其工作原理是:在光学鼠标内部有一个发光二极管,通过该发光二极管发出的光线照亮光学鼠标底部表面,光学鼠标底部表面反射回的一部分光线,经过一组光学透镜,传输到一个光感应器件 CMOS(微成像器,低档摄像头上采用的感光元件)或在 CCD 内成像。这样,当光学鼠标移动时,其移动轨迹便会被记录为一组高速拍摄的连贯图像。最后利用光学鼠标内部的专用数字信号处理芯片对移动轨迹上摄取的一系列图像进行分析处理,通过对这些图像上特征点位置的变化进行分析,来判断鼠标的移动方向和移动距离,从而完成光标的定位。

光学鼠标的缺点是不能在镜面上使用,由于镜面一致性非常好,没有参照点,因而无法定位。另外一个缺点是光学鼠标有"色盲"现象,某些颜色的鼠标垫也会影响光学鼠标的使用,这是因为鼠标底部发光二极管发出的光正好被该种颜色的鼠标垫完全吸收(两者波长一致)而无法反射,使鼠标无法定位。

机械式鼠标造价低,但定位精度不高;光电式鼠标比机械式鼠标工作可靠。目前,市场上销售的鼠标主要是光机式鼠标和光学鼠标。光机鼠标的定位精度差,要经常清洁该球和传动轴,但价格低。光学鼠标定位精度高,手感好,价格稍高于光机式鼠标。

未来的鼠标将朝着更为人性化的方向发展。更为先进的光学传感器、更为舒适的手感及无线技术的应用将是鼠标未来的主要发展方向。鼠标将达到更高解析串和扫描次数,使它在频繁的操作中移动更为平滑,手感也将更为舒适,符合人体工程学。无线技术将在未来的鼠标中全面普及。

3.3.4 输出设备

1. 显示器

显示器是以可见光形式显示信息的输出设备。当前使用最多的是以阴极射线管(Cathode Ray Tube,CRT)为主体的显示器,其次是液晶显示器(Liquid Crystal Display,LCD)。从它们显示的内容来区分,有以显示字符为主的字符显示器,通常也兼有显示一般质量的图形、图像的功能,也有以显示高质量的图形为主的图形显示器,二者的复杂程度和价格相差较大。

（1）视频显示标准

显示器设备是属于以点阵方式运行的典型设备。显示的内容以可见光形式呈现在显示屏幕上。显示屏幕是一个矩形的平面装置，它的大小习惯上用其对角线的长度（英寸）表示，常用的有 12 in、14 in、17 in、2 in 等。

为实现显示，沿水平和垂直两个方向把屏幕分成许多小的区域。一个小的区域对应一个发光点（称为像素），一个屏幕上所提供的全部像素的数目称为分辨率，常用的有 540 × 480 像素、800 × 600 像素、1 024 × 768 像素等多种。分辨率 × 分辨率与屏幕的尺寸和像素之间的距离有关，像素之间的距离多为 0.31 mm 或 0.28 mm。显示器有单色和彩色两种，单色显示器是用所显示内容的亮暗程度（称为灰度级）来表现显示内容的层次感；彩色显示器则可以用比较真实的颜色来显示一个对象的本来面目（形状和颜色）。一台彩色显示器所能提供的颜色种类（数目）通常可以在系统中进行设置。颜色种类多，表现力更强，但为表示同一个对象所占用的存储器容量要更大。

（2）CRT 显示器

CRT 显示器是通过电子束轰击荧光屏而发光，其结构与电视机非常相似，在控制逻辑配合下可以显示出字符、图形和图像。CRT 显示器的优点是成本低、显示容量大、亮度高、色彩鲜明真实、分辨率高、性能稳定可靠等；缺点是体积大、笨重、功耗大等。

（3）液晶显示器

液晶是一种胶状的有机分子，可以像液体一样流动，但又有像水晶一样的空间结构，在许多年以前就被用作计算器、手表等电子装置中的显示器。随着计算机技术的发展，液晶显示器（LCD）首先被应用在便携式计算机中，现在已逐渐被用作台式计算机的显示器。液晶显示器是平面显示设备，与 CRT 显示器相比，体积小，质量小，有低炫目的全平面屏幕，功耗很低。

常见的液晶显示器分为平板显示器、双扫描液晶显示器、无源阵列液晶显示器和有源阵列液晶显示器。有源阵列液晶显示器采用薄膜晶体管设计，因此称为 TFT（Thin Film Transistor）。由于 TFT 型液晶显示器具有反应速度快、对比度好、亮度高、可视角度大、色彩丰富等特点，因此，TFT 型液晶显示器已经成为目前液晶显示器市场的主流产品。

2．打印机

打印机是最常用的输出设备，它把计算机输出的字符、图形等信息打印在纸上，可以作为硬拷贝长时间保存。为适应计算机飞速发展的需要，打印设备已从传统的机械式打印发展到新型的电子式打印，从逐字顺序打印发展到成行或成页打印，从窄行打印（每行打印几十个字符）发展到宽行打印（每行打印上百个字符），并继续朝着不断提高打印速度、降低噪声、提高印刷清晰度、实现彩色印刷等方向发展。

（1）针式打印机

针式打印机曾经在很长一段时间内占有重要的地位，并以其便宜、耐用、可打印多种类型纸张等优势，普遍应用于多个领域。针式打印机有宽行和窄行之分，宽行打印机可以打印 A3 幅面的纸张，窄行打印机一般只能打印 A4 幅面的纸张，同时针式打印机可以打印穿孔纸。另外，针式打印机有其他机型所不能代替的优点，就是它可以打印多层纸，这使之在报表处理中的应用非常普遍。但很低的打印质量、很大的工作噪声也使它无法适应高质量、高速度的打印需要，所以在普通家庭及办公应用中逐渐被喷墨和激光打印机所取代。

针式打印机是由若干根打印针印出 $m \times n$ 点阵组成的字符或汉字、图形。这里 m 表示打印的列数，n 表示打印的行数。点阵越密，印字的质量就越高。需要注意的是，字符由 $m \times n$ 点阵组成，并不意味着打印头就装有 $m \times n$ 根打印针。串式针打的打印头上一般只装有一列 n 根打印针（也有的分为两列），通常所讲的 9 针、24 针打印机指的就是打印头上打印针的数目，目前的针式打印机绝大多数是 24 针的。

（2）喷墨打印机

喷墨打印机是通过把很小的墨水滴喷射到打印纸上形成打印点来完成打印输出功能的。喷墨打印机也属于点阵式打印的一种，它的印字原理是使墨水在压力的作用下，从孔径或狭缝尺寸很小的喷嘴喷出，成为飞行速度很高的墨滴，根据字符点阵的需要，对墨滴进行控制，使其在记录纸上形成文字或图形。

（3）激光打印机

激光打印机是 20 世纪 60 年代末 Xerox 公司发明的，采用的是电子照相技术。激光打印机利用激光扫描技术将经过调制的、载有字符点阵信息或图形信息的激光束扫描在光导材料上，并利用电子摄影技术让激光照射过的部分曝光，形成图形的静电潜像，再经过墨粉显影、电场转印和热压定影，便在纸上印刷出可见的字符或图形。

激光打印机装有一个激光二极管，它能快速接通或断开，从而在打印机上形成要打印的点或空白。打印开始时，控制电路扫描存储器中的内容，在每一个打印点中，电路确定是打印还是空白。当要打印点时，激光二极管便接通。

习题 3

1. 选择题

（1）微型计算机的运算器、控制器及内存储器的总称是（   ）。

A. CPU   B. ALU   C. MRU   D. 主机

（2）下列叙述中，正确的一条是（   ）。

A. 存储在任何存储器中的信息，断电后都不会消失

B. 操作系统只是对硬盘进行管理的程序

C. 硬盘装在主机箱内，因此硬盘属于主存

D. 硬盘驱动器属于外部设备

（3）设当前工作盘的硬盘，存盘命令中没有指明盘符，则信息将存放于（   ）。

A. 内存   B. 软盘   C. 硬盘   D. 硬盘和软盘

（4）具有多媒体功能的微型计算机系统中，常用的 CD – ROM 是（   ）

A. 只读型大容量软件   B. 只读型光盘

C. 只读型硬盘   D. 半导体只读存储器

（5）下列几种存储器中，哪一种存取周期最短？（   ）

A. 硬盘存储器   B. 内存储器   C. 光盘存储器   D. 软盘存储器

（6）下列叙述中，正确的一条是（   ）。

A. 显示器既是输入设备又是输出设备

B. 喷墨打印机属于击打式打印机

C. 使用杀毒软件可以清除一切病毒

D. 温度是影响计算机正常工作的重要因素

(7)CPU 中的控制器的功能是( )。

A.进行逻辑运算　　　　　　　　B.进行算术运算

C.控制运算的速度　　　　　　　D.分析指令并发出相应的控制信号

(8)PC 机在工作中,电源突然中断,则( )全部不丢失。

A.ROM 和 RAM 中的信息　　　　B.RAM 中的信息

C.ROM 中的信息　　　　　　　　D.RAM 中的部分信息

(9)计算机内存中每个基本单元,都被赋予一个唯一的序号,称为( )。

A.地址　　　　　　B.字节　　　　　　C.编号　　　　　　D.容量

2.填空题

(1)显示器是目前使用最多的( )。

(2)磁盘是( )。

(3)已知彩色显示器的分辨率为 1 024×768 像素,如果它能同时显示 16 色,则显示存储器存储容量至少应为( )。

答案

1.选择题

(1)B　(2)D　(3)C　(4)B　(5)D　(6)D　(7)D　(8)C　(9)A

2.填空题

(1)输出设备

(2)直接存取设备

(3)192 MB

第4章 计算机软件操作

4.1 操作系统

操作系统(Operating System,OS)的出现、使用和发展是近四十余年来计算机软件的一个重大进展。尽管操作系统尚未有一个严格的定义,但一般认为:操作系统是管理系统资源,控制程序执行,改善人机界面,提供各种服务,合理组织计算机工作流程和为用户使用计算机提供良好运行环境的一种系统软件。

随着软件复杂化、大型化,软件设计特别是操作系统的设计呈现出以下特征:首先,复杂程度高,集体体现为程序庞大、并行度高、接口复杂;其次,难以预估正确性,一个大型操作系统有数百名参加研制的人员,有数百万甚至数千万行指令,复杂度与工作量的复杂与繁重可想而知;最后,完成周期长,由提出要求明确规范时起,经结构与模块设计、编码调试,直至整理文档,软件投入运行,需要许多年才能完成。

操作系统开发完成后仍然是无生命的,首先要开发该系统的大量应用程序,在应用程序被开发后,通过测试、文件、培训及实践去学会操作和使用,这一系列操作意味着现在用户使用的是10年甚至是20年前的操作系统技术。随着硬件技术不断进步,计算机的内存更大,外设种类更多,处理器更快,使用多种文件系统,采用更多网络协议,因此操作系统开发者们就要相应地扩展已有系统以应对新的软件技术和硬件性能。人们开始将注意力放在操作系统的构造方法和软件结构,尝试采用软件工程的方法,采用工程的原理及概念,以及系统的、可定量和规范的技术和方法来开发、运行和维护操作系统。另外,采用现代软件工程理论构筑的操作系统应达到高效性、认证安全性、可靠性、正确性、可移植性、可扩充性、可伸缩性和分布计算等设计目标。

4.1.1 操作系统结构

1. 整体式结构的操作系统

操作系统的整体式结构又叫模块组合法,是基于结构化程序设计的一种软件结构设计方法。早期操作系统采取这种设计方法,主要设计思想和步骤为:模块作为系统的基本单位,按照功能需要把整个系统分解为若干模块,并可以继续分成子模块,每个模块具有不同功能,几个模块关联协作实现某个功能;明确模块之间的接口关系,数据多数作为全程量使用,模块间自由调用不加控制;模块之间传递参数或返回结果时,其个数和方式可以随意约定;然后,分别设计、编码、调试各个模块;最后,把所有模块连接成一个完整的系统。优点:组合方便,灵活性大,结构紧密,系统效率较高,对不同环境和用户的不同需求,可以组合不同模块来满足;针对某个功能可用最有效的算法和任意调用其他模块中的过程来实现。缺点:调用关系复杂,可靠性降低,模块之间牵连过密,独立性差,造成系统结构不明确,正确性难以确定。

2.层次式结构的操作系统

为了保证操作系统具有更加明确的结构,易于移植和扩充,适应性较强,使其具有相对较高的可靠性,在模块接口结构的基础上,层次式结构的操作系统应运而生。层次结构把操作系统划分为若干进程(或模块)和内核。按功能划分,这些进程(或模块)的调用次序被排列成相应层次,即低层为高层服务,高层调用相应低层的功能,各层之间只能是单向调用或单向依赖。这样的操作系统拥有清晰简洁的结构,同时不构成循环调用。层次结构有全序和半序之分。如果每层之间的依赖是单向的,且每层中的各个模块之间没有联系并保持独立,则称此层次结构是全序的。如果每层之间是依赖单向的,但某些层内允许有通信或相互调用的关系,则称此层次结构为半序结构。

层次结构中,局部化整体问题是其最大优点。依照一定的原则,将复杂的操作系统分解成层次结构的单一功能的模块,这些模块具有单向依赖性,规范明确了层次间的调用关系和依赖。正确的下层模块设计为上层模块设计的正确性提供了一定基础,通过各层的正确性来确保整个系统的正确性,从而使系统的正确性大幅提升。上层功能是下层功能的延伸或扩充,下层功能为上层功能产生基础和支撑。因此,相比其他操作系统结构方式,层次结构中的接口少且简洁。这种结构的另一个优点是对某一层次的修改、增加或替换并不影响其他层次,有利于系统的扩充和维护。然而,建立模块间的通信机制保证层次结构是分层单向依赖的,系统花费在通信上的开销较大,就这一点来说,系统的效率也会因此降低。

3.虚拟机结构的操作系统

虚拟机系统的基本思想是一个分时系统提供以下特性的多道程序,并拥有一个比裸机界面更扩展、更方便的计算机。VM/370 的主旨在于将此二者彻底地隔离开来。通过将多道程序功能和提供虚拟机分开实现,它们各自都更灵活、更简单和易于维护。物理计算机资源通过多重化和共享技术可改变成多个虚拟机,这种技术的基本做法是利用分时使用一类物理设备,或通过用一种物理设备来模拟另一种物理设备,把一个物理实体转换成若干个逻辑上的对应。物理实体是实际存在的,在逻辑上,对应物是虚幻的。虚拟机监控程序向上层提供了若干台虚拟计算机,与传统的操作系统相比这些虚拟计算机并非传统具有设备管理、文件管理和作业控制等虚拟机,而是实际物理计算机的逻辑复制品,因此每台虚拟机可以运行裸机能够运行的任何操作系统,不同的虚拟机可以运行不同的操作系统。当CMS 上的应用程序执行一条系统调用时,模拟真正的计算机调用虚拟机操作系统 CMS,而不是 VM/370。CMS 随后发出被 VM/370 捕获的正常的硬件 I/O 指令来执行系统调用。作为对真实硬件模拟的一部分,随即执行这些指令。

4.1.2　操作系统功能

操作系统是管理包括数据资源及软件资源的计算机系统的全部硬件资源;能够控制程序运行、改善人机界面、为其他相关软件提供支持等,为用户提供友善、有效的、方便的服务界面,使计算机系统所有资源最大限度地发挥作用。操作系统是一个包括五个方面的管理功能的庞大的管理控制程序,包括进程与处理机管理、设备管理、存储管理、作业管理、文件管理。但所有的操作系统具有不确定性、共享性、并发性和虚拟性四个基本特征。操作系统的形态具有多样化的特点,包含手机的嵌入式系统或超级电脑的大型操作系统,不同计算机安装的操作系统可以简单或复杂。

操作系统的主要功能是资源管理、人机交互和程序控制等。计算机系统的资源可分为信息资源和设备资源两大类。设备资源指的是组成计算机的硬件设备,如中央处理器、主存储器、磁盘存储器、打印机、磁带存储器、显示器、键盘输入设备和鼠标等。信息资源指的是存放于计算机内的各种数据,如文件、程序库、知识库、系统软件和应用软件等。

1. 资源管理

根据用户的需求,操作系统按一定的策略来分配和调度系统的设备资源和信息资源。操作系统的存储管理负责把内存单元分配给需要内存的程序以便让它执行,并在程序执行结束后将它占用的内存单元回收以便再利用。处理器调度是操作系统资源管理功能的一个重要内容。在一个允许多道程序同时执行的系统里,根据一定的策略,操作系统将处理器交替地分配给等待运行的程序。只有获得了处理器才能运行正在等待运行的程序。若程序在运行中遇到某个事件,操作系统就要处理相应的事件,然后将处理器重新分配。对于提供虚拟存储的计算机系统,根据执行程序的要求分配相应页面,页面调度工作需要操作系统与硬件配合好,在执行中将页面调入和调出内存及回收页面等。操作系统的设备管理功能主要是分配和回收外部设备,以及控制外部设备按用户程序的要求进行操作等。对于非存储型外部设备,它们被看作一个设备。它们可以直接分配给一个用户程序并在使用完毕后回收以便给另一个需求的用户使用。对于存储型的外部设备,如磁盘、磁带等,则是提供用来存放文件和数据的存储空间给用户。因此存储性外部设备的管理与信息管理是密切结合的。

2. 信息管理

信息管理是操作系统的一个重要的功能,主要是向用户提供一个文件系统。文件系统向用户提供创建文件,读写文件,撤销文件,打开和关闭文件等功能。有了文件系统后,用户无须知道这些数据存放在哪里,而是按文件名存取数据。这种做法便于用户使用,而且还方便用户共享公共数据。由于文件建立时允许创建者规定使用权限,这就可以保证数据的安全性。

3. 人机交互

系统的人机交互功能是决定计算机系统"友好性"的一个重要因素。可供人机交互使用的设备主要有鼠标、键盘、各种模式识别设备等。人机交互功能主要靠相应的软件和可输入输出的外部设备来完成。与这些设备相应的软件就是操作系统提供人机交互功能的部分。人机交互部分的主要作用是执行通过人机交互设备传来的有关的各种要求和命令,并控制有关设备的运行和理解。随着计算机技术的发展,操作指令越来越多,功能也在不断增强。随着模式识别,如汉字识别、语音识别等输入设备的发展,操作员和计算机在类似于自然语言或受限制的自然语言上进行交互成为可能。此外,通过图形进行人机交互也吸引着人们去进行研究。这些人机交互可称为智能化的人机交互。这方面的研究工作正在积极开展。

4. 程序控制

程序控制是一个用户程序的执行自始至终是在操作系统控制下进行的。一个用户将他要解决的问题用某一种程序设计语言编写了一个程序后,将该程序连同对它执行的要求输入到计算机内,根据要求,操作系统控制此程序的执行直到结束。操作系统从几个方面控制用户的执行,包括调入相应的编译程序,将用某种程序设计语言编写的源程序编译成计算机可执行的目标程序,分配内存等资源将程序调入内存并启动,按用户指定的要求处理执行中出现的各种事件,以及与操作员联系请示有关意外事件的处理等。

4.1.3　操作系统进程管理

在多道程序系统出现后,进程是为了刻画系统内部出现的动态变化,描述系统内部各道程序的活动规律而引进的概念,所有多道程序设计的操作系统都建立在进程的基础上。进程是一个可并发执行的具有独立功能的程序,有关某个数据集合的一次执行过程,也是操作系统进行资源分配和保护的基本单位。它具有如下属性:

(1)共享性

对于不同数据集合,多个不同的进程可以共享一个程序,同一程序的同时运行构成不同的进程。也就是说,进程和程序不是一一对应的。

(2)结构性

进程基本三要素为程序块、数据块和进程控制块。通过配置一个进程控制块来描述和记录进程的动态变化过程使其能正确运行。

(3)独立性

进程既是系统中保护和资源分配的基本单位,也是系统调度的独立单位(单线程进程)。未建立进程的程序都不能作为独立单位参与运行。一般来说每个进程都可以以各自独立的速度在 CPU 上推进。

(4)动态性

进程是一个动态概念,是程序在数据集合上的一次执行过程。同时,进程有从创建、调度到撤销的生命周期。然而程序是静态概念,是一组有序指令序列,所以程序作为一种系统资源是永久存在的。

(5)制约性

并发进程之间存在着制约关系,在进程的关键点上,需要相互等待或互通消息以保证程序执行的可再现性和计算结果的唯一性。

(6)并发性

进程可以并发地执行,进程的并发性能改进提高系统效率和资源利用率。对于一个单处理器的系统来说,多个进程是轮流占用处理器并发执行。进程的执行是可以被打断的,也就是说,进程执行完一条指令后在执行下一条指令前,可能被迫让出处理器,由其他若干个进程执行若干条指令后才能再次获得处理器而执行。

在操作系统中并发进程中与共享变量有关的程序段称为"临界区"(Critical Section),共享变量代表的资源叫"临界资源"(Critical Resource)。

1.实现临界区管理的软件方法

(1)Dekker 算法

Dekker 算法能保证进程互斥地进入临界区,此方法用一个指示器 turn 来指示哪一个进程应该进入临界区。若 turn = 1 则进程 P1 可以进入临界区;若 turn = 2 则进程 P2 可以进入临界区。Dekker 算法的执行过程可以被描述为:当进程 P1(或 P2)想进入自己的临界区时,它把自己的标志位 inside1(或 inside2)置为 true。同时继续执行并检查对方的标志位。若为 false,表明对方不在,同时也不想进入临界区,进程 P1(或 P2)可以立即进入对应的临界区;否则,咨询指示器,若 turn 为 1(或为 2),那么 P1(或 P2)进入,并且反复地去测试 P2(或 P1)的标志值 inside2(或 inside1);进程 P2(或 P1)礼让对方,故把其自己的标志位置为 false,允许进程 P1(或 P2)进入临界区;在进程 P1(或 P2)在临界区完成工作后,置自己的标志为 false,且把 turn 置为 2(或 1),从而把进入临界区的权力交给进程 P2(或 P1)。这种方法显然能保证互斥进入临界区的要求,这是因为仅当 turn $= i (i=1,2)$ 时进程 $Pi (i=1,2)$ 才能有权力进入其临界区。因此,同一时间点只有一个进程能进入临界区,且在一个进程退出临界区之前,turn 的值是不会改变的,保证不会有另一个进程进入相关临界区。Dekker 算法虽能解决互斥问题,但算法较为复杂。

(2)Peterson 算法

1981 年,G. L. Perterson 提出了简洁的软件互斥算法来解决互斥进入临界区的问题。此方法为每个进程设置一个标志,该进程要求进入临界区时,标志用 false 表示,用 turn 指示哪个进程进入临界区,当 turn $= i$ 时则可由进程 Pi 进入临界区。当有进程在临界区执行时不会有另一个进程闯入临界区;进程执行完临界区程序后,修改 inside[i] 的状态而使等待进入临界区的进程可在有限的时间内进入临界区。所以,Peterson 算法满足了对临界区管理的三个条件,任意一个进程进入临界区的条件是对方不在临界区或对方不请求进入临界区。于是,任何一个进程均可以多次进入临界区。本算法也很容易推广到 n 个进程的情况。

2. 实现临界区管理的硬件设施

分析临界区管理中的两种算法,重点在于管理临界区的标志时要用到执行过程中有可能被中断的两条指令,从而导致执行的不正确。把标志看作一个锁,开始时锁是打开的,在一个进程进入临界区时便上锁以防止其他进程进入临界区,到其离开临界区为止,再把锁打开允许其他进程进入临界区。如果排队进入其临界区的一个进程发现锁未开,则直到锁被打开为止一直等待。可见,要进入临界区的每个进程必须首先测试锁是否打开,如果是打开的则应立即把它锁上,以排斥其他进程进入临界区。测试和上锁这两个动作连续进行,以防两个或多个进程同时测试到允许进入临界区的状态。下面是可用来实现对临界区的管理的硬件设施。

(1)关中断

关中断是实现互斥的最简单方法之一。当进入锁测试之前关闭中断,直到完成锁测试并上锁之后再开中断。进程在临界区执行期间,计算机系统不响应中断,就不会转向调度,也就不会引起线程或进程切换,保证了锁测试和上锁操作的连续性和完整性,也就保证了互斥,有效地实现了临界区管理。关中断方法有许多缺点:由于一个处理器上关中断并不能防止进程在其他处理器上执行相同临界段代码,因此关中断方法也不适用于多 CPU 系统;关中断时间过长会影响系统效率,限制了处理器交叉执行程序的能力。

(2)测试并建立指令

实现这种管理办法是使用硬件提供的测试并建立指令 TS(Test and Set)。把这条指令看作函数过程,采用一个布尔参数 x 和一个返回条件码,当 TS(x)为 true 时则置 x 为 false,且根据测试到的 x 值形成条件码。

(3)对换指令

对换(Swap)指令的功能是交换两个字的内容。用对换指令可以简单有效地实现互斥,方法是为每个临界区设置一个布尔变量,例如称为 lock,当其值为 false 时表示无进程在临界区。

4.1.4　处理机调度与死锁

1. 处理机调度

在计算机系统中,常常有数百个终端与主机相连接或者可能同时有数百个批处理作业存放在磁盘的作业队列中,这样一来处理器和内存等资源便供不应求。如何从这些作业的进程之间合理分配处理器时间、挑选分配进入主存运行等问题无疑是操作系统资源管理中的一个重要问题。处理器调度用来完成涉及处理器分配的工作。

用户作业从进入系统成为后备作业开始,直到运行结束退出系统为止,可能会经历如图4.1所示的调度过程。处理器调度可以分为三个级别:高级调度、中级调度和低级调度。

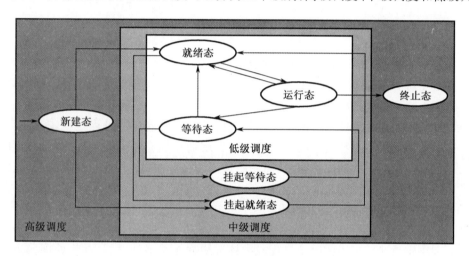

图 4.1　调度过程

(1)高级调度(High Level Scheduling)

在多道批处理操作系统中,作业是用户要求计算机系统完成的一项相对独立的工作,新提交的作业被输入到磁盘,并保存在一个批处理后备作业队列中。高级调度将按照系统预定的调度策略决定把后备队列作业中的部分满足其资源要求的作业调入主存,为它们创建进程,分配所需资源,为作业做好运行前的准备工作并启动它们运行,当作业完成后还为它做好善后工作。在批处理操作系统中,作业首先进入系统在辅存上的后备作业队列等候调度,因此,作业调度是必须的,它执行的频率较低,并和到达系统的作业的数量与速率有关。

高级调度程序控制多道程序的道数,调度选择进入主存的作业越多,每个作业获得的CPU 时间就越少,为了给进入主存的作业提供满意的服务,有时需要限制多道程序的道数。每当一个作业执行完成撤离时,高级调度会决定增加一个或多个作业到主存,此外,如 CPU空闲时间超过一定阈值,系统也会引出高级调度调度后备作业。图4.2 展示了批处理操作系统的调度模型。对于分时操作系统来说,高级调度决定:

①一个交互作业能否被计算机系统接纳并构成进程,通常系统将接纳所有授权用户,直到系统饱和为止。

②是否接受一个终端用户的连接。

③一个新建态的进程是否能够立即加入就绪进程队列。有的分时操作系统虽没有配置高级调度程序,但上述的调度功能是必须提供的。

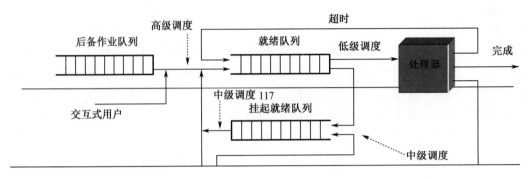

图4.2　批处理操作系统调度模型

（2）中级调度（Medium Level Scheduling）

它决定主存储器中所能容纳的进程数,这些进程将允许参与竞争处理器和有关资源,而有些暂时不能运行的进程被调出主存,这时这个进程处于挂起状态,当进程具备了运行条件,且主存又有空闲区域时,再由中级调度决定把一部分这样的进程重新调回主存工作。中级调度根据存储资源量和进程的当前状态来决定辅存和主存中的进程的对换,它所使用的方法是通过把一些进程换出主存,从而使之进入"挂起"状态,不参与低级调度,起到短期平滑和调整系统负荷的作用。

（3）低级调度（Low Level Scheduling）

其又称进程调度（或线程调度）、短程调度（Short-term Scheduling）。它的主要功能是按照某种原则决定就绪队列中的哪个进程或内核级线能获得处理器,并将处理器出让给它进行工作。低级调度中执行分配 CPU 的程序称分派程序（Dispatcher）,它是操作系统最为核心的部分,执行十分频繁,低级调度策略的优劣直接影响到整个系统的性能,因而这部分代码要求精心设计,并常驻内存工作。有两类低级调度方式:

第一类称剥夺方式。当一个进程或线程正在处理器上执行,若有另一个更高优先级或紧迫的进程或线程产生,则立即暂停正在执行的进程或线程,把处理器分配给这个更高优先级或紧迫的进程或线程使用。

第二类称非剥夺方式。一旦某个进程或线程开始执行后便不再出让处理器,除非该进程或线程运行结束或发生了某个事件不能继续执行。剥夺式策略的开销比非剥夺式策略来得大,但由于可以避免一个进程或线程长时间独占处理器,因而能给进程或线程提供较好的服务。对不同调度类型,相应的调度算法也不同,低级调度的核心是采用何种算法把处理器分配给进程或线程。

2. 死锁

（1）死锁的产生与定义

死锁的产生是由于计算机系统中有许多独占资源,它们在任一时刻都只能被一个进程使用,两个进程同时向一台打印机输出将导致一片混乱,两个进程同时进入临界区将导致数据错误乃至程序崩溃。因此,所有操作系统都具有授权一个进程独立访问某一资源的能力。一个进程需要使用独占型资源必须通过申请资源、使用资源、归还资源的次序。

若申请时资源不可用,则申请进程等待。在许多应用中,一个进程需要独占访问不止一个资源,而操作系统允许多个进程并发执行共享系统资源时,此时可能会出现进程永远被阻塞的现象。一组进程处于死锁状态是指:如果在一个进程集合中的每个进程都在等待,只能由该集合中的其他一个进程才能引发的事件,则称一组进程或系统此时发生了死锁。例如,n 个进程 P1,P2,…,Pn,Pi($i = 1,…,n$)因为申请不到资源 Rj($j = 1,…,m$)而处于等待状态,而 Rj 又被 P$i + 1$($i = 1,…,n - 1$)占有,Pn 欲申请的资源被 P1 占有,显然,此时这 n 个进程的等待状态永远不能结束,则说这 n 个进程处于死锁状态。即两个进程分别等待对方占有的一个资源,于是两者都不能执行而处于永远等待,这种现象称为“死锁”。

【例1】　进程推进顺序不当产生死锁。

设系统有打印机、读卡机各一台,它们被进程 P 和 Q 共享。两个进程并发执行,它们按下列次序请求和释放资源。

进程 P	进程 Q
请求读卡机	请求打印机
请求打印机	请求读卡机
释放读卡机	释放读卡机
释放打印机	释放打印机

由于进程 P 和 Q 执行时,相对速度无法预知,当出现进程 P 占用了读卡机,进程 Q 占用了打印机后,进程 P 又请求打印机,但因打印机被进程 Q 占用,故进程 P 处于等待资源状态;这时,进程 Q 执行,它又请求读卡机,但因读卡机被进程 P 占用而也只好处于等待资源状态。它们分别等待对方占用的资源,致使无法结束这种等待,产生了死锁。但是如果它们速度有快有慢,避免了上述僵局,是可以不产生死锁的。

【例2】　PV 操作使用不当产生死锁。

设进程 Q1 和 Q2 共享两个资源 r1 和 r2,s1 和 s2 是分别代表资源 r1 和 r2 能否被使用的信号量时,由于资源是共享的,必须互斥使用,因而,s1 和 s2 的初值均为 1。假定两个进程都要求使用两个资源,它们的程序编制如下。

进程 Q1	进程 Q2
……	……
P(s1);	P(s2);
P(s2);	P(s1);
……	……
使用 r1 和 r2;	使用 r1 和 r2
……	……

V(s1);	V(s2);
V(s2);	V(s1);
……	……

由于 Q1 和 Q2 并发执行,于是可能产生这样的情况:进程 Q1 执行了 P(s1)后,在执行 P(s2)之前,进程 Q2 执行了 P(s2),当进程 Q1 再执行 P(s2)时将等待,此时,Q2 再继续执行 P(s1),也处于等待。这种等待都必须由对方来释放,显然,这不可能,产生了死锁。注意这里发生死锁未涉及资源,而是 P 操作安排不当,所以死锁也可能在不包括资源的情况下产生。

【例3】 同类资源分配不当引起死锁。

若系统中有 m 个资源被 n 个进程共享,当每个进程都要求 K 个资源,而 $m < n \cdot K$ 时,即资源数小于进程所要求的总数时,如果分配不得当就可能引起死锁。例如,$m = 5$,$n = 5$,$K = 2$,采用的分配策略是为每个进程轮流分配。首先为每个进程轮流分配一个资源,这时,系统中的资源都已分配完了;于是第二轮分配时,各进程都处于等待状态,导致死锁。

【例4】 对临时性资源使用不加限制引起死锁。

进程通信时使用的信件可以看作是一种临时性资源,如果对信件的发送和接收不加限制的话,则可能引起死锁。比如,进程 P1 等待进程 P3 的信件 S3 来到后再向进程 P2 发送信件 S1;P2 又要等待 P1 的信件 S1 来到后再向 P3 发送信件 S2;而 P3 也要等待 P2 的信件 S2 来到后才能发出信件 S3。在这种情况下就形成了循环等待,永远结束不了,产生死锁。

综合上面的例子可见,产生死锁的因素不仅与系统拥有的资源数量有关,而且与资源分配策略、进程对资源的使用要求及并发进程的推进顺序有关。出现死锁会造成很大的损失,因此,必须付出额外的代价来预防死锁的出现。可从三个方面来解决死锁问题,它们分别是死锁防止、死锁避免、死锁检测和恢复。

2. 死锁产生的条件

系统产生死锁必定同时保持四个必要条件。

既然死锁的形成是由占用资源和进程请求引起的,那么对于资源极大丰富的系统来说,出现死锁的可能就相对少一些。但事实上,任何一个系统的资源都不会是无穷尽的,因此不可能永远都能满足用户程序的各种需求。

当系统同时满足以下四个必要条件时,会产生死锁。

(1)互斥条件

进程请求的资源每一瞬间只能由一个进程使用,属于临界资源。若有多个进程同时请求使用同一个临界资源时,只能允许一个使用,其他进程等待。

(2)不剥夺条件

进程获得某资源后,便一直占有它,其他进程不可以剥夺该进程已占有的资源,直到该进程用完为止才可以释放,即使该进程目前无法运行。

(3)请求和保持条件

允许一个进程在保持已有资源不放弃的情况下,进一步请求新资源,当请求资源得不到满足而被阻塞时,也不会释放已占有的资源。

（4）环路条件

一组进程｛P₁,…,Pₙ｝的占有资源情况与请求资源情况构成了一个环形链。比如P₁等待P₂的资源，P₂等待P₃的资源，……，Pₙ等待P₁的资源。

以上前三个条件是死锁存在的必要条件，但不是充分条件。第四个条件是前三个条件同时存在时产生的结果，所以这些条件并不完全独立。但单独考虑每个条件是有用的，只要能破坏这四个必要条件之一，就可以防止死锁。

3. 静态分配策略

所谓静态分配是指一个进程必须在执行前就申请它所要的全部资源，并且直到它所要的资源都得到满足后才开始执行。毫无疑问，所有并发执行的进程要求的资源总和不超过系统拥有的资源数。采用静态分配后，进程在执行中不再申请资源，因而不会出现占有了某些资源再等待另一些资源的情况，即破坏了第二个条件（占有和等待条件）的出现。静态分配策略实现简单，被许多操作系统采用。但这种策略严重地降低了资源利用率，因为在每个进程所占有的资源中，有些资源在进程较后的执行时间里才使用，甚至有些资源在例外的情况下才被使用，这样就可能造成一个进程占有了一些几乎不用的资源而使其他想用这些资源的进程产生等待的情况。

4. 层次分配策略

层次分配策略将阻止第四个条件（循环等待条件）的出现。在层次分配策略下，资源被分成多个层次，一个进程得到某一层的一个资源后，它只能再申请在较高一层的资源；当一个进程要释放某层的一个资源时，必须先释放所占用的较高层的资源；当另一个进程获得了某一层的一个资源后，它想再申请该层中的另一个资源，那么必须先释放该层中的已占资源。

层次分配比静态分配在实现上要多花一点代价，但它提高了资源使用率。然而，如果一个进程使用资源的次序和系统内的规定各层资源的次序不同时，这种提高可能不明显。假如系统中的资源从高到低按序排列为卡片输入机、行式打印机、卡片输出机、绘图仪和磁带机，若一个进程在执行中，较早地使用绘图仪，而仅到快结束时才用磁带机。但是系统规定，磁带机所在层次低于绘图仪所在层次。这样进程使用绘图仪前就必须先申请到磁带机，这台磁带机就在一长段时间里空闲着直到进程执行到结束前才使用，这无疑是低效的。

5. 死锁的避免

破坏死锁的四个条件之一就能防止系统发生死锁，但这会导致低效的进程运行和源使用率。死锁的避免则相反，它允许系统中同时存在四个必要条件，通过掌握并发进程中与每个进程有关的资源动态申请情况，并做出明智和合理的选择。在为申请者分配资源前先测试系统状态，若把资源分配给申请者会产生死锁，则拒绝分配，否则接受申请，为它分配资源。死锁的避免不是通过对进程随意强加一些规则，而是通过对每一次资源申请进行认真的分析来判断它是否能安全地分配。问题是：是否存在一种算法总能做出正确的选择从而避免死锁。答案是肯定的，但条件是必须事先获得与进程有关的一些特定信息。

（1）一次性分配方案

按照这种方案，在进程创建开始应当将整个运行期间所需的全部资源一次性地分配到手，其运行过程中不许再追加申请。该方案要求，系统调度时，检查当前的可用资源数量，若能够满足一个作业的需求，就将资源分配给它，并调度它到内存运行；否则就暂缓调度。从系统的角度看，一次性分配方案简单易行，系统的开销较小，但也存在如下不足之处：首先,是资源浪费。一般情况下,进程一步一步向前推进运行,同时对资源的使用也是一点一点地进行。若让进程在运行前就获得了全部的资源,则必然导致一部分后期才能使用的资源提前就被占有了。结果是大部分时间里它们闲置不用而造成浪费,使得系统资源利用率降低。其次,由于不准确的资源清单产生的不良后果。用户无法准确地对自己作业的资源需求量进行预判。若申请时缺少某项资源,特别是软件资源,会导致该运案运行中途莫名其妙地"流产"。对于大作业来说,实际上,要求用户准确地提交一份资源清单,有时是相当苛刻的。最后,资源需求多的进程会"饥饿"。因为需求少的作业可较快地得到调度,而某些资源需求多的作业,可能长期得不到满足,其运行不得不屡屡推迟。

(2)资源可剥夺方案

这是一个摒弃"不剥夺条件"的方案。按照这种方案,一个进程不必一次性地请求全部所需资源,允许采用动态申请,即运行和申请同步的方式。但是,当其运行中申请资源得不到满足时,进程应当释放所占的全部资源供其他进程使用。进程自身被阻塞后,等待以后系统资源充裕时再更新分配,并恢复运行。这种方案的缺陷如下:首先,实现起来较复杂。比如,当进程已占有 N 个资源后,在请求第 $N+1$ 个资源时得不到满足,则将它已占的 N 个资源交还给系统,使系统的可用资源增加 N 个。另外,系统还要将这 N 个资源的使用进度记录下来,以便事后该进程接着上下文运行。其次,剥夺进程的资源需付出一定代价。比如,一个进程的打印机被系统剥夺后,则前面的打印结果可能都要作废。该进程重新申请打印机后,还要予以重新打印。最后,这种方案推迟进程的运行。这种方案使进程反复申请和释放资源,无形中延迟了进程的周转时间,降低系统的吞吐量,同时还使系统的开销增加。

(3)资源有序使用方案

这是一个摒弃"环路条件"的方案。在此方案中,系统中的所有临界资源都被赋予一个编号。当进程需要资源时,应当按照资源编号的升序提出申请。也就是说,进程先申请一个最小序号的资源,然后申请稍大的,最后申请的是编号最大的资源。这样,在进程形成的资源分配图中就不会出现环路。当然,所有进程都按降序请求也可以,但是不能一部分按升序,另一部分按降序。这种方案的特点如下:首先,最大的问题是对用户不便,要求用户在编制程序时,先访问较小编号的资源,再访问较大编号的资源,这必然限制了用户自主的设计理念及思想发挥。其次,此方案虽然摒弃了环路条件,但导致资源浪费。比如,进程需要先访问较大编号的资源,后访问较小编号的资源。但为了不违反升序或降序原则,只好先把暂时不用的较小编号的资源申请到手,而后再申请较大的。最后,资源编号不可"朝令夕改",要保证相对稳定,否则用户是不能接受的。而稳定的资源编号,又必然限制了新类型资源的添加,对系统的功能扩充十分不利。

这里介绍的三种措施中,任何一种都可使系统与死锁无关。但是,各项措施也都施加了较多的限制条件,损害了系统的性能。因此实现起来有一定的缺陷,都不是尽善尽美的。

6.死锁的检测和解除

(1)死锁的检测

系统在整个运行过程中通常有三种进程:孤立进程、非阻塞进程和阻塞进程。

孤立进程:不需要资源的进程。

非阻塞进程:它所需要的资源已满足,目前不需要别的资源。

阻塞进程:所需资源尚未得到满足的进程。

这三种进程,前两种都是与死锁无关的进程,只有阻塞的进程才有可能是死锁的。但是考察阻塞进程是否死锁,要涉及第 2 种进程。因为这些进程占有一些资源,如果其中某些进程完成后能释放出部分资源,就有可能使某些阻塞进程从死锁中排除。当然,这些初排除死锁的进程再释放出一些资源,反过来会排除更多的进程,直到最后全部排除可满足的进程为止。

此时,如果仍有阻塞进程没被排除,说明它们被死锁了。

这一检测思想来自一个所谓的死锁定理:系统状态 S 为死锁状态的充要条件是,S 状态的资源分配图是不可化简的。

死锁定理中定义的化简方法为:

①在资源分配图中找出一个非孤立进程节点 Pi,若系统的当前可用资源能够满足 Pi 所需的资源,则将 Pi 的请求边和占有边全部消去,使之成为孤立节点。

②重复执行步骤①,直到所有进程都化为孤立点,或者找不到一个进程 Pi,系统的当前可用资源能满足 Pi 所需的资源为止。

③若资源分配图中仍存在非孤立节点,说明该图是不可化简的;否则是可化简的。

(2)死锁的解除

当系统在检测后发现死锁进程集 DP 不为空集,就需要进行消除死锁的处理。常用的死锁消除方法有撤销进程法和资源剥夺法。

撤销进程法如下:

该方法是撤销部分死锁的进程,用释放出来的资源救活其他处死锁的进程。系统每撤销一个进程,就立即调用上一节介绍的死锁检测方法进行检测,看死锁是否已被解除。若仍未解除,则再撤销一个进程,直到系统的死锁被完全解除为止。

当一个进程被撤销后,本进程的全部前期运算作废,下次再调度到它时,其整个运算需要从头开始。不过,在这个方案中,究竟先撤销哪个进程是一个值得注意的问题。一般情况下,追求的目标有三个:

①撤销的进程越少越好

系统应当选择占有资源最多的进程,将其撤销。可以释放出较多的资源,实现"牺牲它一个,救活一大批"的目的。

②系统的损失越少越好

按这一目标实施,系统应当选择一个最后进入系统的进程,将其撤销,因为这种进程在 CPU 上运行的时间可能最短。如果令其前期运行作废,等下次进入系统后,再重新从开始处运行也没有太大损失。

③满足截止时间的要求

该方法是选择最不紧迫的进程,将其撤销。

系统如果能够制定一种算法,使上述两个目标达到高度的和谐统一是最理想的,但是往往难以两全其美。

4.1.5　存储管理

存储管理是操作系统的重要组成部分,它负责管理计算机系统的重要资源——主存储器。由于任何程序及数据必须占用主存空间后才能执行,因此,存储管理的优劣直接影响系统的性能。主存储空间一般分为两部分:一部分是系统区,存放操作系统核心程序、标准子程序、例行程序等;另一部分是用户区,存放用户的程序和数据等,供当前正在执行的应用程序使用。存储管理主要是对主存储器中的用户区域进行管理,当然也包括对辅存储器的管理。尽管现代计算机中主存的容量不断增大,已达到 GB 级的范围,但仍然不能保证有足够的空间来支持大型应用和系统程序及数据的使用,因此,操作系统的任务之一是要尽可能地方便用户使用和提高主存储器的利用效率。此外,有效的存储管理也是多道程序设计系统的关键支撑。具体地说,存储管理有下面几个方面的功能:

(1)主存储空间的分配和去配;

(2)地址转换和存储保护;

(3)主存储空间的共享;

(4)主存储空间的扩充。

1. 主存储器

目前,计算机系统均采用层次结构的存储子系统,以便在容量大小、速度快慢、价格高低等因素中取得平衡点,获得较好的性价比。计算机系统的存储器可以分为寄存器、高速缓存、主存储器、磁盘缓存、固定磁盘、可移动存储介质六层来组成层次结构。如图 4.3 所示,越往上,存储介质的访问速度越快,价格也越高。其中,寄存器、高速缓存、主存储器和磁盘缓存均属于操作系统存储管理的管辖范畴,掉电后它们存储的信息不再存在。固定磁盘和可移动存储介质属于设备管理的管辖范畴,它们存储的信息将被长期保存。而磁盘缓存本身并不是一种实际存在的存储介质,它依托于固定磁盘,为主存储器存储空间提供扩充。

图 4.3 存储层次结构

快速缓存(Caching)是现代计算机结构中的一个重要部件。通常,运算的信息存放在主存中,每当使用它时,被临时复制到一个速度较快的 Cache 中。当 CPU 访问一组特定信息时,首先检查它是否在 Cache 中,如果已存在,可直接从中取出使用;否则,要从主存中读出信息,通常认为这批信息被再次用到的概率很高,所以同时还把主存中读出的信息复制到 Cache 中。在 CPU 的内部寄存器和主存之间建立了一个 Cache,而由程序员或编译系统实现寄存器的分配或替换算法,以决定信息是保存在寄存器还是保存在主存。有一些 Cache 是硬件实现的,如大多数计算机有指令 Cache,用来暂存下一条将执行的指令,如果没有指令 Cache,CPU 将会空等若干个周期,直到下一条指令从主存中取出。同样道理,多数计算机系统的存储层次中设置了一个或多个高速数据 Cache。因此 Cache 是解决主存速度与

CPU 速度不相匹配的一种部件。

用户作业的程序通常用高级语言编写,称为源程序。但源程序是不能被计算机直接执行的,需要通过编译程序或汇编程序编译或汇编获得目标程序。目标程序的地址不是内存的实际地址,用户目标程序使用的地址单元称为逻辑地址(相对地址),一个用户作业的目标程序的逻辑地址集合称为该作业的逻辑地址空间。作业的逻辑地址空间可以是一维的,这时逻辑地址限制在从 0 开始顺序排列的地址空间内;也可以是二维的,这时整个用户作业被分为若干段,每段有不同的段号,段内地址从 0 开始。当程序运行时,它将被装入主存储器地址空间的某些部分,此时程序和数据的实际地址一般不可能同原来的逻辑地址一致,把主存中的实际存储单元称为物理地址(绝对地址),物理地址的总体相应构成了用户程序实际运行的物理地址空间。

为了保证程序的正确运行,必须把程序和数据的逻辑地址转换为物理地址,这一工作称为地址转换或重定位。地址转换有两种方式:一种方式是在作业装入时由作业装入程序(装配程序)实现地址转换,称为静态重定位,这种方式要求目标程序使用相对地址,地址变换在作业执行前一次完成;另一种方式是在程序执行过程中,CPU 访问程序和数据之前实现地址转换,称为动态重定位。在多道程序系统中,可用的主存空间常常被许多进程共享,程序员编程时事先不可能知道程序执行时的驻留位置,而且必须允许进程执行期间因对换或空闲区拼接而被移动,这些现象都需要程序的动态重定位,动态重定位的实现必须借助于硬件的地址转换机构。

在计算机系统中可能同时存在操作系统程序和多道用户程序,操作系统程序和各个用户程序在主存储器中各有自己的存储区域,各道程序只能访问自己的工作区而不能互相干扰,因此,操作系统必须对主存中的程序和数据进行保护,以免其他程序有意或无意地破坏,这一工作称为存储保护。

2. 分页式存储管理

用分区方式管理的存储器,每道程序总是要求占用主存的一个或几个连续存储区域,主存中会产生许多碎片,因此,有时为了接纳一个新的作业而往往要移动已在主存的信息,这不但不方便,而且开销不小。采用分页式存储器允许把一个作业存放到若干不相邻的分区中,既可免去移动信息的工作,又可充分利用主存空间,尽量减少主存内的碎片。分页式存储管理的基本原理如下:

(1)页框

物理地址分成大小相等的许多区,每个区称为一块(又称页框 Page Frame)。

(2)页面

逻辑地址分成大小相等的区,区的大小与块的大小相等,每个区称一个页面(Page)。

(3)逻辑地址形式

与此对应,分页存储器的逻辑地址由两部分组成:页号和单元号。逻辑地址格式如下:

页号	单元号

采用分页式存储管理时,逻辑地址是连续的,所以用户在编制程序时仍只需使用顺序的地址,而不必考虑如何去分页。由地址转换机构和操作系统管理的需要来决定页面的大

小,从而也就确定了主存分块的大小。用户进程在主存空间中每个页框内的地址是连续的,但页框和页框之间的地址可以不连续。存储地址由连续到离散的变化,为以后实现程序的"部分装入、部分对换"奠定了基础。

(4)页表和地址转换

在进行存储分配时,总是以块(页框)为单位,一个作业的信息有多少页,那么在把它装入主存时就给它分配多少块。

重定位寄存器的集合称页表(Page Table)。页表是操作系统为每个用户作业建立的,用来记录程序页面和主存对应页框的对照表,页表中的每一栏指明了程序中的一个页面和分得的页框的对应关系。所以,页表的目的是把页面映射为页框,从数学的角度来说,页表是一个函数,它的变量是页面号,函数值为页框号,通过这个函数可把逻辑地址中的逻辑页面域替换成物理页框域。通常为了减少开销,不是用硬件,而是在主存中开辟存储区存放页表,系统中另设一个页表主存起始地址和长度控制寄存器(Page Table Control Register),存放当前运行作业的页表起始地和页表长,以加快地址转换速度。每当选中作业运行时,应进行存储分配,为进入主存的每个用户作业建立一张页表,指出逻辑地址中页号与主存中块号的对应关系,页表的长度随作业的大小而定。同时分页式存储管理系统还建立一张作业表,将这些作业的页表地址进行登记,每个作业在作业表中有一个登记项。

3.分段式存储管理

分段式存储管理以段为单位进行存储分配,为此提供如下形式的两维逻辑地址:

段号	段内地址

在分页式存储管理中,页的划分(即逻辑地址划分为页号和单元号)是用户不可见的,连续的用户地址空间将根据页框(块)的大小自动分页;而在分段式存储管理中,地址结构是用户可见的,即用户知道逻辑地址如何划分为段号和单元号,用户在程序设计时,每个段的最大长度受到地址结构的限制,进一步、每一个程序中允许的最多段数也可能受到限制。分段式存储管理的实现可以基于可变分区存储管理的原理,可变分区以整个作业为单位划分和连续存放,也就是说,一个分区内作业是连续存放的,但独立的作业之间不一定连续存放。而分段方法是以段为单位划分和连续存放的,为作业的每一段分配一个连续的主存空间,而各段之间不一定连续。在进行存储分配时,应为进入主存的每个用户作业建立一张段表,各段在主存的情况可用一张段表来记录,它指出主存储器中每个分段的起始地址和长度。同时段式存储管理系统包括一张作业表,将这些作业的段表进行登记,每个作业在作业表中有一个登记项。

4.虚拟存储管理

当一个进程访问的程序和数据在主存中,执行就可以顺利进行。如果处理器访问了不在主存的程序或数据,为了继续执行下去,需要由系统自动将这部分信息装入主存储器,这叫部分装入;如若主存中没有足够空闲的空间,便需要把主存中暂时不用的信息从主存移到辅存上去,这叫部分对换。如果"部分装入、部分对换"这个问题能解决的话,那么当主存空间小于作业需要量时,这个作业也能执行;更进一步,多个作业存储总量超出主存总容量时,也可以把它们全部装入主存,实现多道程序运行。这样,不仅使主存空间能充分地被利用,而且用户编制程序时可以不必考虑主存储器的实际容量的大小,允许用户的逻辑地址空间大于主存储器的绝对地址空间。对于用户来说,好像计算机系统具有一个容量硕大的主存储器,把它称作"虚拟存储器"。现在给出虚拟存储器的定义如下:在具有层次结构存储器的计算机系统中,采用自动实现部分装入和部分对换功能,为用户提供一个比物理主存容量大得多的可寻址的一种"主存储器"。实际上虚拟存储器是为扩大主存而采用的一种设计技巧,虚拟存储器的容量与主存大小无直接关系,而受限于计算机的地址结构及可用的辅助存储器的容量,如果地址线是 20 位,那么程序可寻址范围是 1 MB,Intelpentium 的地址线是 32 位,则程序可寻址范围是 4 GB,Windows 2000/XP 便为应用程序提供了一个4 GB 的逻辑主存。

4.1.6　I/O 设备管理

现代计算机系统中配置了大量外围设备。设备管理是操作系统中最庞杂和琐碎的部分,普遍使用 I/O 中断、缓冲器管理、通道、设备驱动调度等多种技术,这些措施较好地克服了由于外部设备和 CPU 速度的不匹配所引起的问题,使主机和外设并行工作,提高了使用效率。但是,在另一方面却给用户的使用带来极大的困难,它必须掌握 I/O 系统的原理,对接口和控制器及设备的物理特性要有深入了解,这就使计算机推广应用受到很大限制。设备管理的基本功能是:首先,有专门手段的全部设备状态监视。普遍采用的一种手段是使例如设备控制块(UCB)之类的数据基同每个设备相关联。其次,决定一种确定谁取得一台设备、取得多长时间及何时取得的策略。实施这些策略有多种方法。例如,有一种充分利用设备的策略,力图把进程的非均匀的请求同许多 I/O 设备的均匀速度相匹配。有三种实现设备管理策略的基本技术:

(1)独占——把一台设备分配一个进程的技术。

(2)共享——由多个进程共享一台设备的技术。

(3)虚拟——在另一台物理设备上模拟一台物理设备的技术。

接下来分配,即把物理设备分给进程,而且还必须分配相应的控制器和通道。最后解除分配策略与技术。解除分配可以在进程级进行,也可在作业级进行。在作业级,只要这个作业存在于系统或进程级,只要进程需要它,就可以分配设备。

计算机上的外部设备种类繁多,有高速设备也有低速设备。高速设备每秒能够传送几兆字节,低速设备每秒只能传送一到两个字节。从操作系统的管理方式上说,外部设备大体可以分为两种:独享设备和共享设备。

独享设备:这是一类输入/输出速度比较低,在使用的某个环节中大多需要人工进行干预的设备。在多进程并行运行的系统中,独享设备一般由一个作业独占,直到该作业使用完为止,其间不允许多用户穿插使用。常见的独享设备有终端机、打印机、绘图仪和光电阅读机等。大部分独享设备都是以字符为单位进行传送的所谓"字符设备"。

共享设备:共享设备是一类操作速度较快的设备。它允许多个作业以"穿插访问"的方式使用,也就是说,一个用户刚刚访问完一部分数据,就允许其他用户穿插进来使用。从逻辑上讲,一台共享设备可以看成是多台独享设备的联合体。

1.询问方式

询问方式又称程序直接控制方式。在这种方式下,输入输出指令或询问指令测试一台设备的忙闲标志位,决定主存储器和外围设备是否交换一个字符或一个字。下面来看一下数据输入的过程,如图4.4所示,假如CPU上运行的现行程序需要从I/O设备读入一批数据,CPU程序设置交换字节数和数据读入主存的起始地址,然后向I/O设备发送读指令或查询标志指令,I/O设备便把状态返给CPU。如果I/O忙或未就绪,则重复上述测试过程,继续进行查询;如果I/O设备就绪,数据传送便开始,CPU从I/O接口读一个字,再向主存写一个字。如果传送还未结束,再次向设备发出读指令,直到全部数据传输完成再返回现行程序执行。为了正确完成这种查询,通常要使用三条指令:

(1)查询指令,用来查询设备是否就绪;

(2)传送指令,当设备就绪时,执行数据交换;

(3)转移指令,当设备未就绪时,执行转移指令转向查询指令继续查询。

需要注意,这种数据传输方式,需要用到CPU的寄存器,由于传送的往往是一批数据,需要设置交换数据的计数值,以及数据在主存缓冲区的首址。数据输出的过程类似,不再重复讨论。

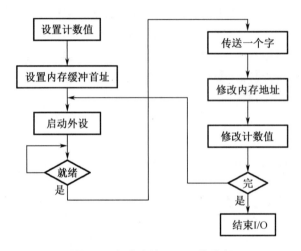

图4.4 程序查询I/O工作流程

由上述过程可见,一旦CPU启动I/O设备,便不断查询I/O的准备情况,终止原程序的执行。CPU在反复查询过程中,浪费了宝贵的CPU时间;另一方面,I/O准备就绪后,CPU参与数据的传送工作,此时CPU也不能执行原程序,可见CPU和I/O设备串行工作,使主机不能充分发挥效率,外围设备也不能得到合理使用,整个系统的效率很低。

2. 中断方式

中断机构引入后,外围设备有了反映其状态的能力,仅当操作正常或异常结束时才中断中央处理机,实现了一定程度的并行操作,这叫作程序中断方式。仍用上述例子来说明,假如CPU在启动I/O设备后,不必查询I/O设备是否就绪,而是继续执行现行程序,对设备是否就绪不加过问。直到在启动指令之后的某条指令(如第K条)执行完毕,CPU响应了I/O中断请求,才中断现行程序转至I/O中断处理程序执行。在中断处理程序中,CPU全程参与数据传输操作,它从I/O接口读一个字(字节)并写入主存,如果I/O设备上的数据尚未传送完成,则转向现行程序再次启动I/O设备,于是命令I/O设备再次做准备并重复上述过程;否则,中断处理程序结束后,继续从$K+1$条指令开始执行。图4.5为程序中断方式I/O工作流程。

但是由于输入输出操作直接由中央处理器控制,每传送一个字符或一个字,都要发生一次中断,因而仍然大量消耗中央处理器时间。例如,输入机每秒传送 1 000 个字符,若每次中断处理平均花 100 μs,为了传输 1 000 个字符,要发生 1 000 次中断,所以每秒内中断处理要花去约 100 ms。但是程序中断方式 I/O,由于不必忙于查询 I/O 准备情况,CPU 和 I/O 设备可实现部分并行,与程序查询的串行工作方式相比,CPU 资源得到较充分利用。

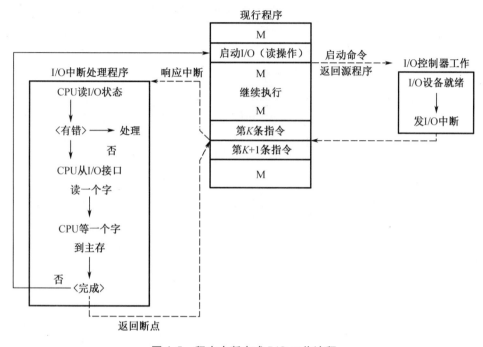

图 4.5　程序中断方式 I/O 工作流程

3. DMA 方式

虽然程序中断方式消除了程序查询方式的测试,提高了 CPU 资源的利用率,但是在响应中断请求后,必须停止现行程序转入中断处理程序并参与数据传输操作。如果 I/O 设备能直接与主存交换数据而不占用 CPU,那么 CPU 资源的利用率还可提高,这就出现了直接主存存取 DMA(Direct Memory Access)方式。在 DMA 方式中,主存和 I/O 设备之间有一条数据通路,在主存和 I/O 设备之间成块传送数据的过程中,不需 CPU 干预,实际操作由 DMA 直接执行完成。图 4.6 为 DMA 方式 I/O 工作流程,为此 DMA 至少需要以下逻辑部件:

(1)主存地址寄存器

用于存放主存中需要交换数据的地址。DMA 传送前,由程序送入首地址,在 DMA 传送中,每交换一次数据,地址寄存器内容加 1。

(2)字计数器

用于记录传送数据的总字数,每传送一个字,字计数器减 1。

(3)数据缓冲寄存器或数据缓冲区

暂存每次传送的数据。DMA 与主存间采用字传送,DMA 与设备间可能是字位或字节传送,所以 DMA 中还可能包括数据移位寄存器、字节计数器等硬件逻辑。

可能有人会提出疑问:为什么控制器从设备读到数据后不立即将其送入主存,而是需要一个内部缓冲区呢? 原因是一旦磁盘开始读数据,不论控制器是否做好接收这些比特的准备,从磁盘读出比特流的速率是恒定的。若此时控制器要将数据直接拷贝到主存中,则它必须在每个字传送完毕后获得系统总线的控制权。如果其他设备也在争用总线,则有可能出现暂时等待的情况。当上一个字还未送入主存前而另一个字到达时,控制器只能另找一个地方暂存。如果总线非常忙,则控制器可能需要大量的信息暂存,而且要做大量的管理工作。从另一方面来看,如果采用内部缓冲区,则在 DMA 操作启动前不需要使用总线,这样控制器的设计就比较简单,因为从 DMA 到主存的传输对时间的要求并不严格。

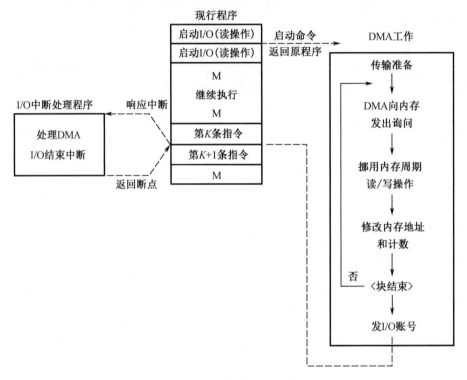

图 4.6 DMA 方式 I/O 工作流程

(4)设备地址寄存器

用于存放 I/O 设备信息,如磁盘的柱面号、磁道号、块号。

(5)中断机制和控制逻辑

用于向 CPU 提出 I/O 中断请求和保存 CPU 发来的 I/O 命令及管理 DMA 的传送过程。DMA 不仅设有中断机构,而且增加了 DMA 传输控制机构。若 DMA 与 CPU 同时经总线访问主存,CPU 总把总线占有权让给 DMA,DMA 的这种占有称"周期窃取"。窃取的时间一般为一个存取周期,使设备和主存之间交换数据,而且在 DMA 周期窃取期间,非但不要 CPU 干预,CPU 尚能做运算操作。这样可减轻 CPU 的负担,每次传送数据时,不必进入中断系统,进一步提高了 CPU 的资源利用率。

与程序中断方式相比,DMA 方式减少了 CPU 对 I/O 的干预,已经从以字(字节)为单位的干预减少到以数据块为单位的干预,而且每次 CPU 干预时,并不需要做数据拷贝,仅仅需要发一条启动 I/O 指令,以及完成 I/O 结束中断处理。但是每发出一次 I/O 指令,只能读写一个数据块,如果用户希望一次读写多个离散的数据块,并能把它们传送到不同的主存区域或相反时,则需要由 CPU 分别发出多条启动 I/O 指令及进行多次 I/O 中断处理才能完成。

4. 通道方式

通道方式是 DMA 方式的发展,它又进一步减少了 CPU 对 I/O 操作的干预,减少为对多个不连续的数据块,而不是仅仅一个数据块及有关管理和控制的干预。同时,为了获得中央处理器和外围设备之间更高的并行工作能力,也为了让种类繁多、物理特性各异的外围设备能以标准的接口连接到系统中,计算机系统引入了自成独立体系的通道结构。通道的出现是现代计算机系统功能不断完善、性能不断提高的结果,是计算机技术的重要进步之一。

通道又称输入输出处理器。它能完成主存储器和外围设备之间的信息传送,与中央处理器并行地执行操作。

采用通道技术主要解决了输入输出操作的独立性和各部件工作的并行性。由通道管理和控制输入输出操作,大大减少了外围设备和中央处理器的逻辑联系,从而把中央处理器从琐碎的输入输出操作中解放出来。此外,外围设备和中央处理器能实现并行操作;通道和通道之间能实现并行操作;各通道上的外围设备也能实现并行操作,以达到提高整个系统效率这一根本目的。在一般大型计算机系统中,主机对外部设备的控制可以分成三个层次来实现,即通道、控制器和设备。这四部分之间采用四级连接,实施三级控制。通常,一个中央处理器可以连接若干通道,一个通道可以连接若干控制器,一个控制器可以连接若干台设备。中央处理器执行输入输出指令对通道实施控制,通道执行通道命令(CCW)对控制器实施控制,控制器发出动作序列对设备实施控制,设备执行相应的输入输出操作。采用输入输出通道设计后,输入输出操作过程如下:中央处理机在执行主程序时遇到输入输出请求,则它启动指定通道上选址的外围设备,一旦启动成功,通道开始控制外围设备操作。这时中央处理器就可执行其他任务并与通道并行工作,直到输入输出操作完成。通道发出操作结束中断时,中央处理器才停止当前工作,转向处理输入输出操作结束事件。

按照信息交换方式和加接设备种类不同,通道可分为三种类型:

(1)字节多路通道

用于连接大量慢速外围设备,如软盘输入输出机、纸带输入输出机、卡片输入输出机、控制台打字机等。以字节为单位交叉地工作,当为一台设备传送一个字节后,立即转去为另一台设备传送一个字节。在 IBM370 系统中,这样的通道可接 256 台设备。

(2)选择通道

用于连接磁带和磁盘快速设备。以成组方式工作,每次传送一批数据,故传送速度很快,但在这段时间只能为一台设备服务。每当一个输入输出操作请求完成后,再选择与通道相连接的另一台设备。

(3)数组多路通道

对于磁盘这样的外围设备,虽然传输信息很快,但是移臂定位时间很长。如果接在字节多路通道上,通道很难承受这样高的传输率;如果接在选择通道上,在磁盘臂移动所花费的较长时间内,通道只能空等。数组多路通道可以解决这个矛盾,它先为一台设备执行一条通道命令,然后自动转换,为另一台设备执行一条通道命令。对于连接在数组多路通道上的若干台磁盘机,可以启动它们同时进行移臂,查找欲访问的柱面,然后按次序交叉传输一批批信息,这样就避免了移臂操作过长地占用通道。由于它在任一时刻只能为一台设备做数据传送服务,这类似于选择通道;但它不等整个通道程序执行结束就能执行另一设备的通道程序命令,这类似于字节多路通道。数组多路通道的实质是,对通道程序采用多道程序设计技术的硬件实现。

4.2 程序设计语言

4.2.1 程序设计语言概述

程序设计本质上是一个问题求解过程。针对给定的问题,通过一系列的方法、手段,如分析、设计、编码、测试等,制造出可以解决该问题的软件制品。然而现实的问题往往过于复杂,直接求解会比较困难。

程序设计语言是用于书写计算机程序的语言。语言的基础是一组记号和一组规则。根据规则由记号构成的记号串的总体就是语言。在程序设计语言中,这些记号串就是程序。有许多用于特殊用途的语言只在特殊情况下使用。例如,PHP 专门用来显示网页;Perl 更适合文本处理;C 语言被广泛用于操作系统和编译器(所谓的系统编程)的开发。语义表示程序的含义,亦即表示按照各种方法所表示的各个记号的特定含义,但不涉及使用者。

高级程序设计语言(也称高级语言)的出现使得计算机程序设计语言不再过度依赖某种特定的机器或环境。这是因为高级语言在不同的平台上会被编译成不同的机器语言,而不是直接被机器执行。最早出现的编程语言之一 FORTRAN 的主要目标,就包括实现平台独立。

自 20 世纪 60 年代以来,世界上公布的程序设计语言已有上千种之多,但是只有很小一部分得到了广泛的应用。从发展历程来看,程序设计语言可以分为四代。

1. 第一代机器语言

机器语言是由二进制 0,1 代码指令构成的,不同的 CPU 具有不同的指令系统。机器语言程序难编写、难修改、难维护,需要用户直接对存储空间进行分配,编程效率极低。这种语言已经被渐渐淘汰了。

2. 第二代汇编语言

汇编语言指令是机器指令的符号化,与机器指令存在着直接的对应关系,所以汇编语言同样存在着难学难用、容易出错、维护困难等缺点。但是汇编语言也有自己的优点:可直接访问系统接口,由汇编程序翻译成的机器语言程序执行效率高。从软件工程角度来看,只有在高级语言不能满足设计要求或不具备支持某种特定功能的技术性能(如特殊的输入输出)时,汇编语言才被使用。

3. 第三代高级语言

高级语言是面向用户的、基本上独立于计算机种类和结构的语言。其最大的优点是,形式上接近于算术语言和自然语言,概念上接近于人们通常使用的概念。高级语言的一个命令可以代替几条、几十条甚至几百条汇编语言的指令,因此高级语言易学易用,通用性强,应用广泛。高级语言种类繁多,可以从应用特点和对客观系统的描述两个方面对其进一步分类。

（1）应用角度

从应用角度来看，高级语言可分为基础语言、结构化语言和专用语言。

①基础语言

基础语言也称通用语言。它历史悠久，流传很广，有大量的已开发的软件库，拥有众多的用户，为人们所熟悉和接受。属于这类语言的有 FORTRAN、COBOL、BASIC、ALGOL 等。BASIC 语言是在 20 世纪 60 年代初为适应分时系统而研制的一种交互式语言，可用于一般的数值计算与事务处理。BASIC 语言结构简单，易学易用，并且具有交互能力，是许多初学者学习程序设计的入门语言。FORTRAN 语言是目前国际上广为流行，也是使用得最早的一种高级语言，从 20 世纪 90 年代起，在工程与科学计算中一直占有重要地位，备受科技人员的欢迎。

②结构化语言

结构化语言用于专门描述一个功能单元的逻辑要求。它不同于自然语言，也区别于任何特定的程序语言（如 VB、VC 等），是一种介于两者之间的语言。结构化描述语言一般采用英语，这与一般编程语言很相似。它既有自然语言灵活性强、表达丰富的特点，又有结构化程序的清晰易读和逻辑严密的特点，也是一种用于数据库查询和编程的语言，已经成为关系型数据库普遍使用的标准，使用这种标准数据库语言为程序设计和数据库的维护都带来了极大的方便，广泛地应用于各种数据查询。VB 和其他应用程序（包括 Access、Foxpro、Oracle、SQL Server 等）都支持 SQL 语言。

③专用语言

专用语言是为某种特殊应用而专门设计的语言，通常具有特殊的语法形式。一般来说，这种语言的应用范围狭窄，移植性和可维护性不如结构化程序设计语言。随着时间的推移，被使用的专业语言已有数百种，应用比较广泛的有 APL 语言、Forth 语言和 LISP 语言。

（2）客观系统的描述

从客观系统的描述来看，程序设计语言可以分为面向过程语言和面向对象语言。

①面向过程语言

以"数据结构＋算法"程序设计范式构成的程序设计语言，称为面向过程语言。前面介绍的程序设计语言大多为面向过程语言。

②面向对象语言

以"对象＋消息"程序设计范式构成的程序设计语言，称为面向对象语言。比较流行的面向对象语言有 Delphi、Visual Basic、、C++等。Quantification 是指编程人员可以用量化的语句去定义程序的行为。具体来说，编程人员只需编写独立、一致的语句，就可以作用在基础程序的非局部的多处地方。如"每次调用方法 void fresh（　　）之前，记录日志"。而 obliviousness 则是指基础程序并不需要为这些额外的行为做任何准备。基础程序并不知道也不需要知道这些额外行为的存在，也就不知道这些额外的行为在什么时候执行，更不可能知道这些额外的行为的具体内容或效果。Delphi 语言具有可视化开发环境，提供面向对象的编程方法，可以设计各种具有 Windows 风格的应用程序（如数据库应用系统、通信软件和三维虚拟现实等），也可以开发多媒体应用系统。Visual Basic 语言简称 VB，是为开发应用程序而提供的开发环境与工具。它具有很好的图形用户界面，采用面向对象和事件驱动的新机制，把过程化和结构化编程集合在一起。它在应用程序开发中的图形化构思，无须编写任何程序，就可以方便地创建应用程序界面，且与 Windows 界面非常相似，甚至是一致的。语言是一种面向对象的、不依赖于特定平台的程序设计语言,简单、可靠、可编译、可扩展、多线程、结构中立、类型显示说明、动态存储管理、易于理解,是一种理想的用于开发Internet 应用软件的程序设计语言。

4. 第四代非过程化语言

4GL 是非过程化语言,编码时只需说明"做什么",不需描述算法细节。主要语言有 C 语言、PASCAL 语言、Python 语言等。

(1)C 语言

C 语言是一门通用计算机编程语言,应用广泛。C 语言的设计目标是提供一种能以简易的方式编译、处理低级存储器,产生少量的机器码,以及不需要任何运行环境支持便能运行的编程语言。尽管 C 语言提供了许多低级处理的功能,但仍然保持着良好的跨平台特性,以标准规格写出的 C 语言程序可在许多电脑平台上进行编译,甚至包含一些嵌入式处理器(单片机)及超级电脑等作业平台。20 世纪 80 年代,为了避免各开发厂商用的 C 语言语法产生差异,由美国国家标准局为 C 语言制定了一套完整的美国国家标准语法,作为 C 语言最初的标准。C 语言特点如下:

①高级语言

它是把高级语言的基本结构和语句与低级语言的实用性结合起来的工作单元。

②结构式语言

结构式语言的显著特点是代码及数据的分隔化,即程序的各个部分除了必要的信息交流外彼此独立。这种结构化方式可使程序层次清晰,便于使用、维护和调试。C 语言是以函数形式提供给用户的,这些函数可方便地调用,并具有多种循环、条件语句控制程序流向,从而使程序完全结构化。

③代码级别的跨平台

由于标准的存在,几乎同样的 C 代码可用于多种操作系统,如 Windows、DOS、UNIX 等;也适用于多种机型。C 语言对需要进行硬件操作场合的编写,优于其他高级语言。

④使用指针

可以直接进行靠近硬件的操作,但是 C 的指针操作不做保护,也给它带来了很多不安全的因素。C++在这方面做了改进,在保留了指针操作的同时又增强了安全性,受到了一些用户的支持,但是由于这些改进增加了语言的复杂度,也为另一部分所诟病。JAVA 则吸取了 C++的教训,取消了指针操作,也取消了 C++改进中一些备受争议的地方,在安全性和适用性方面均取得良好的效果,但其本身在虚拟机中运行,运行效率低于 C++/C。一般而言,C、C++、JAVA 被视为同一系的语言,它们长期占据着程序使用榜的前三名。

(2)PASCAL 语言

PASCAL 由瑞士苏黎世联邦工业大学的 Niklaus Wirth 教授于 20 世纪 60 年代末设计并创立。1971 年,以电脑先驱帕斯卡 PASCAL 的名字为之命名。PASCAL 语言语法严谨,一经面世就受到广泛欢迎,迅速地从欧洲传到美国。它是最早出现的结构化编程语言,具有丰富的数据类型和简洁灵活的操作语句。PASCAL 基于 ALGOL 编程语言,最初在很大程度上并不完全是为了教授学生结构化编程。很多代学生已使用 PASCAL 作为本科课程的入门语言。PASCAL 的变种也逐渐地应用于从研究项目到 PC 游戏和嵌入式系统的所有领域。更新的 PASCAL 编译器存在于其广泛使用的领域。

（3）Python 语言

Python 是一种面向对象的解释型计算机程序设计语言，由荷兰人 Guido van Rossum 于 1989 年发明，第一个公开发行版于 1991 年发行。Python 是纯粹的自由软件，源代码和解释器 CPython 遵循 GPL（GNU General Public License）协议。Python 语法简洁清晰，特色之一是强制用空白符作为语句缩进。Python 具有丰富和强大的库。它常被称为胶水语言，能够把用其他语言制作的各种模块（尤其是 C/C++）很轻松地连接在一起。常见的一种应用情形是，使用 Python 快速生成程序的原型（有时甚至是程序的最终界面），然后对其中有特别要求的部分，用更合适的语言改写，比如 3D 游戏中的图形渲染模块，性能要求特别高，就可以用 C/C++重写，而后封装为 Python 可以调用的扩展类库。需要注意的是，使用扩展类库时可能需要考虑平台问题，某些可能不提供跨平台的实现。Python 在设计上坚持了清晰划一的风格，这使得 Python 成为一门易读、易维护，并且被大量用户所欢迎的、用途广泛的语言。设计者开发时总的指导思想是，对于一个特定的问题，只要有一种最好的方法来解决就可以了。Python 的作者有意地设计限制性很强的语法，使得不好的编程习惯都不能通过编译。其中很重要的一项就是 Python 的缩进规则。和大多数语言的区别是，模块的界限完全是由每行的首字符在这一行的位置来决定的。这一点曾饱受争议，因为自从 C 这类的语言诞生后，语言的语法含义与字符的排列方式分离开来，曾经被认为是一种程序语言的进步。不过不可否认的是，通过强制程序员们缩进（包括 if、for 和函数定义等所有需要使用模块的地方），Python 确实使得程序更加清晰和美观。

（4）C++语言

C++是 C 语言的继承，它既可以进行 C 语言的过程化程序设计，又可以进行以抽象数据类型为特点的基于对象的程序设计，还可以进行以继承和多态为特点的面向对象的程序设计。C++擅长面向对象程序设计的同时，还可以进行基于过程的程序设计，因而 C++就适应的问题规模而论，大小由之。C++不仅拥有计算机高效运行的实用性特征，同时还致力于提高大规模程序的编程质量与程序设计语言的问题描述能力，支持数据封装和数据隐藏。在 C++中，类是支持数据封装的工具，对象则是数据封装的实现。C++通过建立用户定义类支持数据封装和数据隐藏。

在面向对象的程序设计中，将数据和对该数据进行合法操作的函数封装在一起作为一个类的定义。对象被说明为具有一个给定类的变量。每个给定类的对象包含这个类所规定的若干私有成员、公有成员及保护成员。完好定义的类一旦建立，就可看成完全封装的实体，可以作为一个整体单元使用。类的实际内部工作隐藏起来，使用完好定义的类的用户不需要知道类是如何工作的，只要知道如何使用它即可。

C++特点包括支持继承和重用、支持多态性等。在 C++现有类的基础上可以声明新类型，这就是继承和重用的思想。通过继承和重用可以更有效地组织程序结构，明确类间关系，并且充分利用已有的类来完成更复杂、更深入的开发。新定义的类为子类，成为派生类。它可以从父类那里继承所有非私有的属性和方法，作为自己的成员。同时 C++采用多态性为每个类指定表现行为。多态性形成由父类和它们的子类组成的一个树型结构。在这个树中的每个子类可以接收一个或多个具有相同名字的消息。当一个消息被这个树中一个类的一个对象接收时，这个对象动态地决定给予子类对象的消息的某种用法。多态性的这一特性允许使用高级抽象。继承性和多态性的组合，可以轻易地生成一系列虽然类似但独一无二的对象。由于继承性，这些对象共享许多相似的特征；由于多态性，一个对象可有独特的表现方式,而另一个对象则有另一种表现方式。

C++语言的程序因为要体现高性能,所以都是编译型的。但其开发环境,为了方便测试,将调试环境做成解释型的。即开发过程中,以解释型的逐条语句执行方式来进行调试,以编译型的脱离开发环境而启动运行的方式来生成程序最终的执行代码。生成程序是指将源码(C++语句)转换成一个可以运行的应用程序的过程。如果程序的编写是正确的,那么通常只需按一个功能键,即可搞定这个过程。该过程实际上分成两个步骤。第一步是对程序进行编译,这需要用到编译器(Compiler)。编译器将C++语句转换成机器码(也称为目标码);如果这个步骤成功,下一步就是对程序进行链接,这需要用到链接器(Linker)。链接器将编译获得机器码与C++库中的代码合并。C++库包含了执行某些常见任务的函数("函数"是子程序的另一种称呼)。例如,一个C++库中包含标准的平方根函数sqrt,所以不必亲自计算平方根。C++库中还包含一些子程序,它们把数据发送到显示器,并知道如何读写硬盘上的数据文件。

(5)JAVA语言

JAVA是一门面向对象的编程语言,不仅吸收了C++语言的各种优点,而且摒弃了C++里难以理解的多继承、指针等概念,因此JAVA语言具有功能强大和简单易用两个特征。JAVA语言作为静态面向对象编程语言的代表,极好地实现了面向对象理论,允许程序员以优雅的思维方式进行复杂的编程。JAVA具有简单性、面向对象、分布式、编译和解释性、稳健性、安全性、可移植性、高性能、多线索性、动态性等特点,并可以编写桌面应用程序、Web应用程序、分布式系统和嵌入式系统应用程序等。

JAVA语言的特点如下:

①简单性

JAVA看起来设计得很像C++,但是为了使语言小和容易熟悉,设计者们把C++语言中许多可用的特征去掉了,这些特征是一般程序员很少使用的。例如,JAVA不支持go to语句,代之以提供Break和Continue语句及异常处理。JAVA还剔除了C++的操作符过载(Overload)和多继承特征,并且不使用主文件,免去了预处理程序。因为JAVA没有结构,数组和串都是对象,所以不需要指针。JAVA能够自动处理对象的直接引用和间接引用,实现自动的无用单元收集,使用户不必为存储管理问题烦恼,能将更多的时间和精力花在研发上。

②面向对象

JAVA是一门面向对象的语言。对程序员来说,这意味着要注意数据和操纵数据的方法(Method),而不是严格地用过程来思考。在面向对象的系统中,类(Class)是数据和操作数据的方法的集合。数据和方法一起描述对象(Object)的状态和行为。每一对象是其状态和行为的封装。类是按一定体系和层次安排的,使得子类可以从超类继承行为。在这个类层次体系中有一个根类,它是具有一般行为的类。程序是用类来组织的。还包括一个类的扩展集合,分别组成各种程序包(Package),用户可以在自己的程序中使用。例如,提供产生图形用户接口部件的类(java. awt包),这里awt是抽象窗口工具集(Abstract Windowing Toolkit)的缩写,处理输入输出的类(java. io包)和支持网络功能的类(java. net包)。

③分布式

JAVA支持在网络上应用,它是分布式语言。JAVA既支持各种层次的网络连接,又以Socket类支持可靠的流(Stream)网络连接,所以用户可以产生分布式的客户机和服务器。

网络变成软件应用的分布运载工具。程序只要编写一次,就可以到处运行。

④编译和解释性

JAVA 编译程序生成字节码(Byte-code),而不是通常的机器码。JAVA 字节码提供体系结构中的目标文件格式,代码设计成可有效地传送程序到多个平台。JAVA 程序可以在任何实现了 JAVA 解释程序和运行系统(Run-time System)的系统上运行。在一个解释性的环境中,程序开发的标准"链接"阶段大大消失了。如果说 JAVA 还有一个链接阶段,它只是把新类装进环境的过程,它是增量式的、轻量级的过程。因此,JAVA 支持快速原型和容易试验,它将导致快速程序开发。这是一个与传统的、耗时的"编译、链接和测试"形成鲜明对比的精巧的开发过程。

⑤稳健性

JAVA 原来是用作编写消费类家用电子产品软件的语言,所以它是被设计成写高可靠和稳健软件的。JAVA 消除了某些编程错误,使得用它写可靠软件相当容易。JAVA 是一个强类型语言,它允许扩展编译时检查潜在类型不匹配问题的功能。JAVA 要求显式的方法声明,它不支持 C 风格的隐式声明。这些严格的要求保证编译程序能捕捉调用错误,这就导致更可靠的程序。可靠性方面最重要的增强之一是 JAVA 的存储模型。JAVA 不支持指针,它消除重写存储和讹误数据的可能性。类似地,JAVA 自动的"无用单元收集"预防存储泄露和其他有关动态存储分配和解除分配的有害错误。JAVA 解释程序也执行许多运行时的检查,诸如验证所有数组和串访问是否在界限之内。异常处理是 JAVA 中使得程序更稳健的另一个特征。异常是某种类似于错误的异常条件出现的信号。使用 try/catch/finally 语句,程序员可以找到出错的处理代码,这就简化了出错处理和恢复的任务。

⑥安全性

JAVA 的存储分配模型是它防御恶意代码的主要方法之一。JAVA 没有指针,所以程序员不能得到隐蔽起来的内幕和伪造指针去指向存储器。更重要的是,JAVA 编译程序不处理存储安排决策,所以程序员不能通过查看声明去猜测类的实际存储安排。编译的 JAVA 代码中的存储引用在运行时由 JAVA 解释程序决定实际存储地址。JAVA 运行系统使用字节码验证过程来保证装载到网络上的代码不违背任何 JAVA 语言限制。这个安全机制部分包括类如何从网上装载。例如,装载的类是放在分开的名字空间而不是局部类,预防恶意的小应用程序用它自己的版本来代替标准 JAVA 类。

⑦可移植性

JAVA 使得语言声明不依赖于实现的方面。例如,JAVA 显式说明每个基本数据类型的大小和它的运算行为(这些数据类型由 JAVA 语法描述)。JAVA 环境本身对新的硬件平台和操作系统是可移植的。JAVA 编译程序也用 JAVA 编写,而 JAVA 运行系统则用 ANSIC 语言编写。

⑧高性能

JAVA 是一种先编译后解释的语言,所以它不如全编译性语言快。但是在有些情况下性能是很要紧的,为了支持这些情况,JAVA 设计者制作了"及时"编译程序,它能在运行时把 JAVA 字节码翻译成特定 CPU(中央处理器)的机器代码,也就是实现了全编译,JAVA 字节码格式设计时考虑到这些"及时"编译程序的需要,所以生成机器代码的过程相当简单,它能产生相当好的代码。

⑨多线索性

JAVA 是多线索语言,它提供支持多线索的执行(也称为轻便过程),能处理不同任务,使具有线索的程序设计很容易。JAVA 的 Lang 包提供一个 Thread 类,它支持开始线索、运行线索、停止线索和检查线索状态的方法。JAVA 的线索支持也包括一组同步原语。这些原语是基于监督程序和条件变量方案的。程序员可以说明某些方法在一个类中不能并发地运行。这些方法在监督程序控制之下,确保变量维持在一致的状态。

⑩动态性

JAVA 语言设计成适应于变化的环境,它是一个动态的语言。例如,中的类是根据需要载入的,甚至有些是通过网络获取的。

4.2.2　程序设计语言的基本构成和处理系统

1. 基本构成

程序设计语言的定义涉及语法、语义和语用三个方面。

(1)语法

语法是指由程序语言的基本符号组成程序中的各个语法成分的一组规则。其包括词法规则和语法规则,由形式语言进行描述。

(2)语义

语义是程序语言中按语法规则构成的各个语法成分的含义,可分为静态语义和动态语义。程序运行的效果反映了该程序的语义。语义是模型论的基本概念之一,指语言表达式和表达式的意义之间的关系。研究语义的理论称为语义理论,又称语义学。语义学不像语法学那样只关心表达式的形式而不关心它们的意义,而是充分地考虑这些语言表达式在自然语言中的意义及它们之间的关系。语义学概念有真值、指派、可满足、有效模型等概念。语义学研究系统中公式的意义、系统的解释,且与模型论相关。语言表达式间的语义推论关系用符号 = 表示。例如,赋值语句 C = A + B 的语义是,把赋值号右边的表达式 A + B 的值作为赋值左边的变量 C 的值。在编译过程中不但要对源程序的语法检查其正确性,也要对语义进行检查,保证语义上的正确。在编译程序中,语义分析程序由许多加工处理子程序组成,其中很重要的一部分是对标识符的处理。四种语义的描述方法如下:

①操作语义

操作语义通过规定程序设计语言在抽象机器上的执行过程来描述程序设计语言的含义,即用语言的实现方式定义语言的语义,也就是将语言成分所对应的计算机操作作为语言成分的语义。操作语义一般指结构化操作语义(SOS),又称"小步语义",其显著特征有在程序运行过程中,程序短语不断地被替换成所计算的值。这种状态转换可用相应的公理和推导规则来描述。SOS 已被广泛用于程序分析和形式化验证等领域。与 SOS 对应的另一种操作语义为自然语义,亦称"大步语义",它较 SOS 隐藏了更多执行细节,只包含初始和最终状态,没有中间状态。自然语义也用公理和推导规则描述计算,只是它不能用于不确定的程序和交叉存取的表达式计算。自然语义已被用于定义 SML、Eiffel 和 JAVA 等语言的语义。

②指称语义

指称语义即 Scott Strachey 语义,通过执行语言成分所要得到的最终效果来定义该语言成分的语义。它由一些归纳定义的函数组成,这些函数将程序映射成代表其实际运行结果的抽象实体。语用表示了构成语言的各个记号与使用者的关系,涉及符号的来源、使用和影响。常见指称有环境、连续统(Continuations)和存储函数等。指称语义固有的、区别于其他语义形式的性质为:它是可合成的,即任何表达式含义由其子表达式含义决定。

③公理语义

公理语义通常指 Hoare 逻辑,它用逻辑断言方法来描述程序执行结果中的性质,给出程序片断执行前后有关变量值断言间的关系规则。即通过使用数学中的公理化方法,用公理系统定义程序设计语言的语义。典型的公理语义方法是 Hoare 公理系统。

④代数语义

代数语义用代数方法对形式语言系统进行语义解释,即用代数公理刻画语言成分的语义,且只研究抽象数据类型的代数规范。抽象数据类型的代数规范是通过构造算子和一组有关运算的代数公理刻画类型操作的行为。抽象数据类型的语法称为基调,基调由类子集(基本语法元素)和运算集(语法元素间的组合关系)两部分组成。在论证这种规范满足协调性和完全性的基础上,通过寻找适当的模型代数,可以定义一个抽象类型的不同层次的语义,如初始语义、终止语义等。然后就可以用普通的代数方法论证规范的正确性和实现的正确性。通过引入一组公理,可以为基调指定语义。不同的公理规定不同的语义,最基本的公理形式是等式。

2. 程序设计语言的种类和特点

(1)命令式程序设计语言

命令式程序设计语言是基于动作的语言,计算被看成动作的序列。如 Pascal、C 等。

(2)面向对象的程序设计语言

面向对象的程序设计语言的几个主要概念包括对象、类和继承。如 JAVA 等。

(3)函数式程序设计语言

函数式程序设计语言是一类以 λ – 演算为基础的语言。最显著的特点是语言中程序和数据的形式是等价的。其代表是 LISP 语言。

(4)数据成分

数据成分是程序语言的数据类型。数据是程序操作的对象,包括常量和变量、全局量和局部量。数据类型有基本类型(如整型、字符型)、特殊类型(如空类型)、构造类型(如数组、结构、联合)、指针类型等。

(5)运算成分

运算成分指明允许使用的运算符号及运算规则,一般包括算术运算、关系运算、逻辑运算。

(6)控制成分

控制成分指明语言允许表述的控制结构,包括顺序结构、选择结构和循环结构。

(7)函数

函数是程序模块的主要成分,是一段具有独立功能的程序。函数的使用涉及三个概念:函数定义、函数声明和函数调用。函数调用时实参与形参之间交换信息的方法有传值调用和引用调用两种。

3. 处理系统

除了机器语言外,其他用任何软件语言书写的程序都不能直接在计算机上执行,都需要对它们进行适当的处理。程序设计语言处理系统的作用是把用软件语言书写的各种程序处理成可在计算机上执行的程序,或最终的计算结果,或其他中间形式。

不同级别的软件语言有不同的处理方法和处理过程。关于需求级、功能级、设计级和文档级软件语言的处理方法和处理过程是软件语言、软件工具和软件开发环境的重要研究内容之一。关于实现级语言即程序设计语言的处理方法和处理过程发展较早,技术较为成熟,其处理系统是基本软件系统之一。这里,语言处理系统仅针对程序设计语言的处理而言。关于需求级、功能级、设计级和文档级语言的处理请参见需求定义语言、功能定义语言、设计性语言、软件过程和软件工具。

按照不同的源语言、目标语言和翻译处理方法,可把翻译程序分成若干种类。从汇编语言到机器语言的翻译程序称为汇编程序,从高级语言到机器语言或汇编语言的翻译程序称为编译程序。按源程序中指令或语句的动态执行顺序,逐条翻译并立即解释执行相应功能的处理程序称为解释程序。除了翻译程序外,语言处理系统通常还包括正文编辑程序、宏加工程序、连接编辑程序和装入程序等。

计算机的自然语言处理技术,按照研究内容和技术特性需要语言学和计算机科学这两种学科相结合来解决自然语言的处理问题。首先需要借助于语言学的分析研究自然语言的结构特点、语法组成和语义逻辑。自然语言处理经历了两个阶段:规则方法阶段和统计方法阶段。虽然规则方法出现的时间较早,但这种基于理性思维建立的处理方法仍然有其不可替代的优点:

①规则方法中的规则主要是语言学规则,这些规则的形式描述能力和形式生成能力都很强,在自然语言处理中有很好的应用价值。

②规则方法通常都是明白易懂的,表达得很清晰,描述得很明确,很多语言事实都可以使用语言模型的结构和组成成分直接、明显地表示出来。

③规则方法在设计之初主要是基于计算机处理流程的思维,因此它可以与计算机科学中提出的一些高效算法良好地结合。

然而正是这种基于理性思维的处理方法在处理自然语言这种天然蕴含感性思维的内容时表现出多种不适应问题。

①规则方法研制的语言模型一般都比较脆弱,健壮性很差,一些与语言模型稍微偏离的非本质性的错误往往会使得整个语言模型无法正常地工作,甚至导致严重的后果。不过,近来已经研制出一些健壮的、灵活的剖析技术,这些技术能够使基于规则的剖析系统在剖析失败中得到恢复。

②规则方法中研制自然语言处理系统的时候,往往需要语言学家、语音学家和各种专家的配合工作,进行知识密集的研究,研究工作的强度很大;基于规则的语言模型不能通过机器学习的方法自动获得,也无法使用计算机自动泛化。

③使用规则方法设计的自然语言处理系统的针对性都比较强,很难进行进一步的升级。对于具体系统的稍加改动会引起整个连续的"水波效应",以至于"牵一发而动全身",而这样的副作用是难以避免和消除的。虽然规则方法有多种不足,但是这种方法终究是自然语言处理中研究得最为深入的技术,它仍然是非常有价值和非常强有力的技术。事实证明,基于规则的理性主义方法的算法具有普适性,不会由于语种的不同而失去效应,这些算法不仅适用于英语、法语、德语等西方语言,也适用于汉语、日语、韩国语等东方语言。在一些领域针对性很强的应用中,在一些需要丰富的语言学知识支持的系统中,特别是在需要处理长距离依存关系的自然语言处理系统中,基于规则的理性主义方法是必不可少的。

如果说规则方法是基于计算机逻辑的理性思维,那么统计方法流程就是基于经验主义的处理方法。这种方法使用概率或随机的方法来研究语言,建立语言的概率模型。这种方法表现出强大的能力,特别是在语言知识不完全的一些应用领域中,基于统计的方法表现得很出色。基于统计的方法最早在文字识别领域中取得很大的成功,后来在语音合成和语音识别中大显身手,接着又扩充到自然语言处理的其他应用领域。

统计方法的显著优点是:

①统计方法的效果在很大程度上依赖于训练语言数据的规模,训练的语言数据越多,基于统计的经验主义方法的效果就越好。在统计机器翻译中,语料库的规模,特别是用来训练语言模型的目标语言语料库的规模,对系统性能的提高起着举足轻重的作用。因此,可以通过扩大语料库规模的办法来不断提高自然语言处理系统的性能。

②统计方法很适合用来模拟那些有细微差别的、不精确的、模糊的概念(如"很少、很多、若干"等),而这些概念,在传统语言学中需要使用模糊逻辑才能处理。

③统计方法很容易与规则方法结合起来,从而处理语言中形形色色的约束条件问题,使自然语言处理系统的效果不断地得到改善。

统计方法的基本处理方法是收集、分类和构筑模型。这种处理方法也有弱点:

①使用统计方法研制的自然语言处理系统,其运行时间是与统计模式中所包含的符号类别的多少成比例线性增长的,不论在训练模型的分类中还是在测试模型的分类中,情况都是如此。因此,如果统计模式中的符号类别数量增加,系统的运行效率会明显降低。

②在当前语料库技术的条件下,要使用统计方法为某个特殊的应用领域获取训练数据还是一件费时费力的工作,而且很难避免出错。统计方法的效果与语料库的规模、代表性、正确性及加工深度都有密切的关系,可以说,用来训练数据的语料库的质量在很大的程度上决定了统计方法的效果。

③统计方法很容易出现数据稀疏的问题,随着训练语料库规模的增大,数据稀疏的问题会越来越严重,这个问题需要通过各种平滑技术来解决。在20世纪90年代的最后五年,统计方法逐渐成为自然语言处理研究的主流。但单纯地依靠一种方法去解决复杂多变的问题是不现实的,强调一种方法反对另一种方法是片面的,两者都无助于提高解决问题的能力。自然语言中既有深层次的现象,也有浅层次的现象,既有远距离的蕴含逻辑,也有近距离的上下文关系。因此,目前自然语言处理的发展趋势是把理性主义和经验主义结合起来,把基于规则的方法和基于统计的方法结合起来。

4.2.3　程序设计过程

程序设计是给出解决特定问题程序的过程,是软件构造活动的重要组成部分。程序设计往往以某种程序设计语言为工具,给出这种语言下的程序。程序设计过程应当包括分析、设计、编码、测试、排错等不同阶段。专业的程序设计人员常被称为程序员。

任何设计活动都是在各种约束条件和相互矛盾的需求之间寻求平衡,程序设计也不例外。在计算机技术发展的早期,由于机器资源比较昂贵,程序的时间和空间代价往往是设计者关心的主要因素。随着硬件技术的飞速发展和软件规模的日益庞大,程序的结构、可维护性、复用性、可扩展性等因素日益重要。

软件程序设计过程程序设计过程要遵循软件工程的设计方法。软件生存周期一般分为七个阶段:

①可行性研究和项目开发计划阶段,问题是"系统要解决什么问题""是否可行";

②用户需求分析阶段,任务是"软件系统必须做什么";

③概要设计阶段,问题是设计软件的体系结构,该结构由哪些模块组成,这些模块的层次结构是怎样的,模块的调用关系是怎样的,每一个模块的功能是什么;

④详细设计阶段,对每个模块完成的功能进行具体描述,要把功能描述变为精确的、结构化的过程描述;

⑤编码阶段,具体地编写程序代码;

⑥测试阶段,检验软件的组成部分;

⑦运行维护阶段。

程学设计过程的一般步骤:

(1)分析问题

研究接受的任务所给定的条件并认真地分析,找出最后应达到的目标,找出解决问题的规律,选择解题的方法,完成实际问题。

(2)设计算法

设计解决的方法和具体步骤。

(3)编写程序

将算法翻译成计算机程序设计语言,对源程序进行编辑、编译和连接。

(4)运行程序并分析结果

运行可执行程序,得到运行结果。能得到运行结果并不意味着程序正确,要对结果进行分析,看它是否合理。不合理要对程序进行调试,即通过上机发现和排除程序中的故障的过程。

(5)编写程序文档

许多程序是提供给别人使用的,如同正式的产品应当提供产品说明书一样,正式提供给用户使用的程序,必须向用户提供程序说明书。内容应包括:程序名称、程序功能、运行环境、程序的装入和启动、需要输入的数据,以及使用注意事项等。

4.3 数据库原理

数据库原理是计算机科学与技术学科的重要学科这一,它应用领域广泛,几乎涉及所有程序设计开发领域。本节侧重应用领域,从数据库模型、数据库完整性、数据库恢复技术和数据库应用层等方面展开讲解。

4.3.1 数据库系统概述

1.基本概念

(1)数据

描述事务的符号记录。可用文字、图形等多种形式表示,经数字化处理后可存入计算机。

(2)数据库(DB)

按一定的数据模型组织、描述和存储在计算机内的、有组织的、可共享的数据集合。

（3）数据库管理系统（DBMS）

位于用户和操作系统之间的一层数据管理软件。主要功能包括：数据定义功能、DBMS提供 DDL，用户通过它定义数据对象。

（4）数据操纵功能

DBMS 提供 DML，用户通过它实现对数据库的查询、插入、删除和修改等操作。

（5）数据库的运行管理

DBMS 对数据库的建立、运用和维护进行统一管理、统一控制，以保证数据的安全性、完整性、并发控制及故障恢复。

（6）数据库的建立和维护功能

数据库初始数据的输入、转换，数据库的转储、恢复、重新组织及性能监视与分析等。

（7）数据库系统（DBS）

计算机中引入数据库后的系统，包括数据库（DB）、数据库管理系统（DBMS）、应用系统数据库管理员（DBA）和用户。

（8）数据类型

所允许的数据的类型。每个表列都有相应的数据类型，它限制（或允许）该列中存储的数据。数据类型限定了可存储在列中的数据种类（例如，防止在数值字段中录入字符值）。数据类型还帮助正确地分类数据，并在优化磁盘使用方面起重要的作用。因此，在创建表时必须特别关注所用的数据类型。

注意：数据类型兼容数据类型及其名称是 SQL 不兼容的一个主要原因。虽然大多数基本数据类型得到了一致的支持，但许多高级的数据类型却没有。更糟的是，偶尔会有相同的数据类型在不同的 DBMS 中具有不同的名称。对此用户毫无办法，重要的是在创建表结构时要记住这些差异。

（9）表

在向文件柜里放资料时，并不是随便将它们扔进某个抽屉就可以了，而是在文件柜中创建文件，然后将相关的资料放入特定的文件中。在数据库领域中，这种文件称为表。表是一种结构化的文件，可用来存储某种特定类型的数据。表可以保存顾客清单、产品目录，或者其他信息清单。表（table）是某种特定类型数据的结构化清单。

这里的关键一点在于，存储在表中的数据是同一种类型的数据或清单。决不应将顾客的清单与订单的清单存储在同一个数据库表中，否则以后的检索和访问会很困难。应该创建两个表，每个清单一个表。数据库中的每个表都有一个名字来标识自己。这个名字是唯一的，即数据库中没有其他表具有相同的名字。

说明：表名。使表名成为唯一的，实际上是数据库名和表名等的组合。有的数据库还使用数据库拥有者的名字作为唯一名的一部分。也就是说，虽然在相同数据库中不能两次使用相同的表名，但在不同的数据库中完全可以使用相同的表名。

表具有一些特性，这些特性定义了数据在表中如何存储，包含存储什么样的数据，数据如何分解，各部分信息如何命名等。描述表的这组信息就是所谓的模式（schema），模式可以用来描述数据库中特定的表，也可以用来描述整个数据库（和其中表的关系）。

（10）列（column）

表中的一个字段。所有表都是由一个或多个列组成的。理解列的最好办法是将数据库表想象为一个网格，就像个电子表格那样。网格中每一列存储着某种特定的信息。例如，在顾客表中，一列存储顾客编号，另一列存储顾客姓名，而地址、城市、州及邮政编码全都存储在各自的列中。提示：分解数据。正确地将数据分解为多个列极为重要。例如，城市、州、邮政编码应该总是彼此独立的列。通过分解这些数据，才有可能利用特定的列对数据进行分类和过滤（如找出特定州或特定城市的所有顾客）。如果城市和州组合在一个列中，则按州进行分类或过滤就会很困难。你可以根据自己的具体需求来决定把数据分解到何种程度。例如，一般可以把门牌号和街道名一起存储在地址里。这没有问题，除非你哪天想用街道名来排序，这时，最好将门牌号和街道名分开。数据库中每个列都有相应的数据类型。数据类型（datatype）定义了列可以存储哪些数据种类。例如，如果列中存储的是数字（或许是订单中的物品数），则相应的数据类型应该为数值类型。如果列中存储的是日期、文本、注释、金额等，则应该规定好恰当的数据类型。

2. 信息、数据及数据的特征

信息，指音讯、消息、通信系统传输和处理的对象，泛指人类社会传播的一切内容。数据是指用于表达信息的物理符号。信息的表达形式多种多样，但数据是其最精准的表达形式。虽然很多情况下人们容易将"信息"和"数据"混淆，但严格来讲，数据是可以书写记录与储存的，而信息不能，所以两者不能混为一谈。数据作为信息世界独立出的概念具有以下几点特点：

（1）型与值

数据的型是指数据的属性，类似一张表格的表头，而数据的值类似表格中的具体取值，数据结构则是指数据的型、值及数据内部之间的联系。例如："教师职工"的数据由"职工号""姓名""性别""年龄""所属院系"等属性构成，其中"教师职工"为数据，"职工号""姓名""性别""年龄""所属院系"为属性名；"课程"作为数据，由"课程标号""课程名称""课时"等属性组成；"教师职工"与"课程"之间有授课的联系。"教师职工"与"课程"两个数据的内部构成及其之间的联系就是教师职工课程数据的类型，而如"062139，李四，女，30，计算机科学与技术系"就为教师职工的一个数据值。

（2）数据的类型约束和取值约束

数据类型适用于区分运用不同场合时所使用数据的类型分类，也是数据必备的属性之一，选用数据类型存储数据是数据库存储中非常重要的一项工作，称为数据的类型约束。常用的数据类型有字符串型、数值型、逻辑型、日期型等。最常用的为字符串型数据类型可以用于表达名称、地点、电话等一切人们日常用自然语言表达的信息，字符串类型数据可以对子串进行查询、链接，以及取子串等操作。数据类型指算术数据，对其可进行的操纵有加、减、乘、除及取余等。逻辑型数据是用于表达逻辑运算的数据，基本的包括与、或、非算数逻辑运算。日期类型用于表达生活日期数据。

数据的取值范围称为取值约束，如年龄的取值范围一般为 0 至 150。设置数据取值范围是保证数据出错的一项重要手段。

（3）数据的定性与定量

数据的定性分析用来描述数据所对应数据类型的程度，如大小、多少、长短等，具有含糊、抽象的特点，一般不被计算机数据存储所使用。数据的定量分析则是对数据项的精准描述，在程序设计数据库时，多用数据的定量描述。

（4）数据的多种载体性

数据具有各种各样的表现形式，例如对于记录在计算机存储器中的数据，计算机的内外存便是它的载体;对于一本参考文献,纸张便是它的载体;综上,数据的载体具有多种多样性,即数据的表现形式多种多样。

3.数据库系统的体系结构组成

数据库系统大体上可分为硬件、软件和数据管理员三部分,硬件包括计算机硬件系统;软件包括数据库和相关操作软件,如数据库管理系统和应用程序系统。下面我们就从这三部分入手,逐一讲解数据库系统体系结构。

(1)数据库系统的硬件设备

由于数据库系统所涉及数据量庞大,数据结构复杂,所以我们要求硬件设备必须可以及时并迅速地对数据进行相应处理,那么在进行硬件设计时就应注意以下几个问题:

首先,计算机应有足够大的内存。数据库系统对于计算机内存的要求都有其限制,数据库的软件构成如 DBMS、相关应用程序都需对一定的工作内存做支撑,大的内存可以建立大的工作项目或数据缓冲区,其运行效率也就越高,如果计算机的内存达不到数据库系统的下限,那将会影响数据库系统的正常工作,所以计算机硬件内存必须足够大。

其次,计算机也应有足够大的外存。由于较大计算机工程的数据文件或程序文件需要较大的外存空间存储,另一方面,从操作系统的角度而言,不经常用到的程序或数据都将存放在以硬盘为首的外存中,一个足够大的计算机外存也是一个性能优良的数据库系统的必要条件,而且大的硬盘容量会加快数据的存储速度,所以大容量硬盘也是硬件设备的一大关键。

最后,计算机的数据传输速度应尽可能地快。这就涉及计算机 CPU 的性能,由于数据库的数据传输量庞大却操作简单,那么性能优良的 CPU 则是高速 I/O 传输的基础,也是提升整体数据库系统效率的关键。

(2)数据库系统的软件组成

数据库系统软件包括操作系统、数据库管理系统、编译系统、应用程序软件和用户数据库。

下面对这几种软件系统进行简单描述。操作系统是所有计算机软件系统的基础,在数据库系统中也起着支撑 DBMS 及编译系统的作用。数据库管理系统,即 DBMS,是为定义、建立、维护、控制及使用数据库而提供的有关数据管理的系统软件。主语言系统也是搭配 DBMS 方便数据库操作员进行系统编译的软件系统,常用的包括 C、、COBOL 等,它的存在给数据库操作员带来了极大的便利,拓宽了数据库系统的应用领域,使其可以发挥更大的作用。应用工具软件则是 DBMS 为数据库操作员提供的方便高效开发数据库功能的软件工具。数据库应用系统则是包括为特定应用程序所建立的数据库及各种应用程序,数据库操作员通过对其操作可以实现对数据库中的数据进行查询、管理和维护操作。

(3)数据库系统的人员组成

数据库系统的人员组成包括软件编程人员、软件应用人员和软件管理员。负责开发设计软件的人员称为软件编程人员,其工作包括对软件系统的设计分析。软件应用员即实用软件的终端用户,他们利用已开发成的软件功能来对软件操作。DMA（Data Base Administrator）即数据库管理员,主要负责对系统及数据的全面管理和维护。

4.3.2 关系数据库、数据库完整性

1. 关系数据库

层次、网状数据库是面向专业人员的,使用很不方便。程序员必须经过良好的培训,对所使用的系统有深入的了解才能用好系统。关系数据库就是要解决这一问题,使它成为面向用户的系统。关系数据库是应用数学方法来处理数据的。它具有结构简单、理论基础坚实、数据独立性高和提供非过程性语言等优点。关系系统基于正规的关系基础或理论,即关系数据模型。

(1)关系的数学定义

①域(Domain)值的集合它们具有相同的数据类型,语义上通常指某一对象的取值范围。例如:全体整数,0 到 100 之间的整数,长度不超过 10 的字符串集合。

②笛卡尔积(Cartesian Product)

设 D1、D2、$\cdots$、Dn 是 n 个域,则它们的笛卡尔积为 D1,D2$\cdots$Dn = {(d1,d2,$\cdots$,dn) | di Di,i = 1,2,$\cdots$,n}。其中每一个元素称为一个 n 元组(n – tuple),简称元组;元组中的每个值 di 称为一个分量(component)。

③关系(Relation)

笛卡尔积 D1,D2,$\cdots$,Dn 的子集合记作 R(D1,D2,$\cdots$,Dn),其中 D1,D2,$\cdots$为关系,n 为关系的目或度。

说明:关系是一个二维表。每行对应一个元组。每列可起一个名字,称为属性。属性的取值范围为一个域,元组中的一个属性值是一个分量。

关系的性质:列是同质的,即每列中的数据必须来自同一个域,每一列必须是不可再分的数据项(不允许表中套表,即满足第一范式),不能有相同的行,行、列次序无关。

(2)关系系统

直观地说,关系系统是这样的系统:

①结构化方面

数据库中的数据对用户来说是表,并且只是表;

②完整性方面

数据库中的这些表满足一定的完整性约束;

③操纵性方面

用户可以使用用于表操作的操作符。例如,为了检索数据,需要使用从一个表导出另一个表的操作符。其中,选择、投影和连接这三种尤为重要。

图 4.7 显示的是简单的关系数据库,即部门和雇员数据库。正像你所看到的,数据库给人的感觉就是一张张的表(这些表的含义是不言而喻的)。

下面给出操作的定义:

①选择操作是从表中提取特定的几行。

②投影操作是从表中提取特定的几列。

③连接操作是根据某一列的值将两个表连接起来。

以上三个例子中,最后一个关于连接的例子需要进一步解释。先观察到 DEPT 和 EMP 两个表都有一个共同的列 DEPT#,因此它们可以根据这一列的相同值连接起来。当且仅当两个表中对应行的 DEPT#值相同时,DEPT 的一行才能连接 EMP 表中对应的一行(产生结

Restrict:		Result:	DEPT#	DANME	BUDGET
DEPTS where BUDGET >8M			D1	Marketing	10M
			D2	Development	12M

Project:		Result:	DEPT#	BUDGET
			D1	10M
			D2	12M
			D3	5M

Join:
DEPTs   and   EMPS   over   DEPT#

Result:

DEPT#	DNAME	BUDGET	EMP#	ENAME	SALARY
D1	Marketing	10M	E1	Lopez	40K
D1	Marketing	10M	E2	Cheng	42K
D2	Development	12M	E3	Finzi	30K
D2	Development	12M	E4	Saito	35K

图 4.7 简单的关系数据库

果表的一行)。

现在,图 4.8 中清楚地显示出三种操作的每个结果都是一个表(如前所述,实际上是从一个表导出另一个表的操作)。这是关系系统的闭包特性,这一特性非常重要。基本上,因为任何操作的输出和其输入的对象种类相同——它们都是表——所以一个操作的输出能变成另一个操作的输入。因此,可以采取如连接的投影、两个选择后的连接或一个投影的选择等操作。即我们可以编写嵌套的表达式来处理数据——操作数本身也是由一个表达式来表示的,而不仅仅是一个表名。顺便提一下,当提到一个操作的输出是另一个表时,要知道这是从概念视图的角度来说的,这一点非常重要。这并不意味着系统实际上必须将每个单独操作的结果实例化。例如,假设要计算一个连接的选择,那么,连接后的行一形成,系统就立即检查该行是否满足指定的条件以判定是否属于最终结果,如果不是就立即抛弃。也就是说,连接操作的中间结果根本不会以完整的实例表的形式存在。在实际操作中,通常为了提高效率,系统尽可能不将中间结果生成完整的表。注意:如果中间结果全部实例化,整个表达式的计算策略就是实例化的计算;如果中间结果分块地提供给下一步操作,就称作流水线计算。

操作是一次一集合,而不是一次一行;也就是说,操作数和结果是完整的表,而不只是单行,是包含行集的表(当然,只包含一行的表是合法的;空表,即根本不包含任何行的表,也是合法的)。例如,分别对两个表对应的 3 行和 4 行的连接操作,就返回一个 4 行的结果表。相应地,非关系系统中典型的操作是一次一行或一次一记录;因此,集合处理能力是关系系统区别于其他系统的重要特征之一。结合图中的样本数据库,还可以得出以下两点:

Restrict:		Result:	DEPT#	DANME	BUDGET
DEPTS where BUDGET >8M			D1	Marketing	10M
			D2	Development	12M

Project:		Result:	DEPT#	BUDGET
			D1	10M
			D2	12M
			D3	5M

Join:
DEPTs and EMPS over DEPT#

Result:

DEPT#	DNAME	BUDGET	EMP#	ENAME	SALARY
D1	Marketing	10M	E1	Lopez	40K
D1	Marketing	10M	E2	Cheng	42K
D2	Development	12M	E3	Finzi	30K
D2	Development	12M	E4	Saito	35K

图 4.8　三种操作结果表

首先,关系系统要求只让用户所感觉的数据库是一张张表。在关系系统中,表是逻辑结构而不是物理结构。实际上,系统在物理层可以使用喜欢的方式来存储数据——使用有序文件,索引,哈希,指针链,压缩等——只要能将存储表示映射到逻辑模式的表。换句话说,表是对物理存储数据的一种抽象表示——对许多存储细节的抽象,如存储记录的位置,存储记录顺序,存储数据值的表示,存储记录的前缀,存储的访问结构如索引等,对用户来说都是不可见的。

此外,在 ANSI/SPRARC 中,前述的逻辑结构一词意味着包含概念模式和外模式。关键是概念模式和外模式都是有关系的,而物理模式和内模式不是。关系理论与内模式毫无关系,它只是考虑怎样数据库呈现给用户。关系系统唯一的要求是无论选择什么物理结构,一定要全部实现其逻辑结构。

其次,关系数据库遵守一条非常好的原则,即信息原则。数据库全部的信息内容有一种表示方式而且只有一种,也就是表中的行列位置有明确的值。这种表示是关系系统中唯一可行的方式(当然,在逻辑层)。特别地,没有连接一个表到另一个表的指针。例如,表 DEPT 中的 D1 行和表 EMP 的 E1 行有联系,因为雇员 E1 在部门 D1 工作;但是这种联系不是通过指针来表示的,而是通过表 EMP 的 E1 行中 DEPT#列位置的值为 D1 来联系的。相反地,在非关系系统中,这些信息典型地由指针来表示,这种指针对用户来说是可见的。注意:当指出关系数据库中没有指针时,并不是指在物理层没有指针——正好相反,关系数据库在物理层使用指针,但在关系系统中所有物理存储的细节对用户来说都是不可见的。对关系模型的结构和操纵方面就提这些;现在来看完整性方面。事实上,可以要求数据库满足任何条件的完整性约束——如,雇员工资必须在 25～95 K 的范围,部门预算在 1～15 M,

等等。某些约束在应用上非常重要,它们喜欢用特定的术语。如:

①DEPT 表中每一行的 DEPT#必须是唯一的;同时,EMP 表中每一行 EMP#的值必须唯一。DEPT 表中的 DEPT#列和 EMP 表中的 EMP#列都是它们各自表的主码。

②EMP 表中的每个 DEPT#的值必须在 DEPT 表中有相同的 DEPT#值,以反映每个雇员必须安排在现有的部门中。即 EMP 表中的 DEPT#列是外码,参照了 DEPT 表的主码。现在定义关系模型,以便后面参照(尽管该定义十分抽象,且此时非常难理解)。简而言之,关系模型包括下列五部分:

①一个可扩展的标量类型的集合(尤其包括布尔型或真值型);

②关系类型生成器和对应这些关系类型的解释器;

遗憾的是,目前大多数的 SQL 产品不能恰当地支持这方面的理论。更准确地说,只支持相当有限的概念模式/内模式之间的映象(典型地,将一个逻辑表直接映射到一个存储文件)。结果,几乎不能提供关系技术理论上所能达到的数据物理独立性。

③实用程序,用于定义生成关系类型的关系变量;

④向关系变量赋关系值的关系赋值操作;

⑤从其他关系值中产生关系值的、可扩充的关系操作符集合。关系模型要比"表加上选择、投影和连接"多得多,尽管关系模型常常以此为特征。注意:你可能会惊讶于没有对完整性约束进行明确的定义。事实上这些约束表示的只是关系操作符的应用之一;即这些约束是由操作符来表达的。

2. 数据模型的三要素

数据模型的三要素分别为数据结构、数据操作和数据完整性约束条件。

(1)数据结构

数据对象类型的集合成为数据结构,这些对象包含数据内容和数据关系两类。数据库系统根据数据模型分别将其命名为层次模型、网状模型和关系模型。单一的数据结构:关系(二维表)不论是实体还是实体间的联系都用关系表示。

实体值是关系的元组,在关系数据库中通常称为记录。

属性值是元组的分量,在关系数据库中通常称为字段。

关键字(码):唯一标识一个元组的属性组。关键字可以有多个,统称候选关键字。在使用时,通常选定一个作为主关键字。主关键字的主属性称为主属性,其他为非主属性。

(2)数据操作

数据操作是指数据库系统对其数据进行的一系列例如增删改查的数据操作。数据库将这些操作分为数据检索和数据更新两大类。这些操作必须现在数据库中进行定义才可使用,并指明每类数据操作的用途、意义和操作对象。

数据操作的种类:选择、投影、连接、除、并、交、差、增加、删除、修改。

非过程化语言:用户只需告诉做什么(What),不需告诉怎么做(How),数据定义、数据操纵、数据控制语言集成在一起。

(3)数据约束条件

数据约束条件是为了保证数据库数据的完整性和一致性而人为规定的数据库定义规则的集合,其主要是指数据库模型中数据及数据操作的制约和已存规则。不同的数据模型具有不同的数据约束条件,以满足应用程序要求。

在数据库应用科学领域中,数据模型种类最常用到的数据模型有三种,分别是层次模型、网状模型和关系模型。前两者与关系模型对应成为非关系模型,而非关系模型主要流行应用于20世纪,当前,数据库大多使用关系模型。

3. 关系模型

关系模型是三种数据模型中最常用也最重要的一种数据模型。关系数据库系统采用关系模型作为数据的组织方式,成了现在数据库开发模式的主流。

(1)关系模型的数据结构

首先我们来掌握些关系模型中的术语。关系,一个关系对用一张二维表。

元祖,即二维表中的一行。属性,即二维表中的一列。主码,即表中的某个可以唯一确定一个元祖的属性。域,即属性的取值范围。分量,即元祖中的一个属性值。关系模式,对关系的描述,其一般格式是:关系名(属性1,属性2,…)。

(2)关系模型中的关系操作

关系模型中的操作主要包含数据查询、数据插入、数据修改和数据删除。值得注意的是,在数据操作中形成的原始数据、中间数据还有结果数据都是由若干元祖的集合组成的,而不是单个记录。数据库管理员在对数据进行操作时,只需要使用目的性数据操作语句即可实现数据操作,由此可以看出关系数据库的操作语言是非过程语言。如此,就可以大大提高数据操作员的工作效率。

4. 关系模型的存储结构

对于存储结构的物理层面而言,关系模型中的关系是以文件形式存储的。小型关系数据库系统采用利用操作系统文件的方式实现关系存储,即一个关系对应一个文件。为了提高效率,他们还采用自己独立设计的文件结构进行存储,更有效地保证了数据的安全性和有效性。

5. 数据库完整性

数据库的完整性是指数据的正确性和相容性,其约束条件包含实体完整性、参照完整性和用户定义完整性三种。

(1)实体完整性

关系数据模型的实体完整性约束的规定为:若属性1是基本属性2的主属性,则属性1的值不能为空。在运用实体完整性约束数据库定义条件时应注意以下几点:首先,实体完整性应保证实体的唯一性。实体完整性是对基本表而言的,所以主属性必须不能为空来保证实体的唯一性;其次,实体完整性需保证实体的可区分性,属性值可以为空值但不能为空,也就是可以用NULL表示,空值说明此属性值未知,而空格值表示此属性为空,不可区分实体,不符合现实实际情况。

关系模型的实体完整性在SQL语言CREATE TABLE中用RRIMARY KEY定义。对单属性构成的码有两种说明方法,一种是定义为列级约束条件,另一种是定义为表级约束条件。对多个属性构成的码只有一种说明方法,即定义为表级约束条件。

当用RRIMARY KEY短语定义了关系的主码后,每当用户对数据库进行基本数据操作时,RDBMS就会进行检查,主要包括检查主码值是否唯一和主码的各个属性是否为空,如果不唯一则拒绝进行插入和修改操作,或只要有一个为空则拒绝插入和修改操作。

(2)参照完整性

参照完整性的规则是:若属性F是基本关系R的外码,它也与基本关系S的主码K相对应,则对于关系R中每个元组在F上的值必须去空值或者等于S中某个元组的主码值。

关系模型中的参照完整性在 SQL 语言 CREATE TABLE 中用 FOREIGN KEY 定义哪些列为外码,用 REFERENCES 短语指明这些外码参照哪些表的主码。

当用户对数据库进行插入元组或修改属性等数据操作时,RDBMS 就会检查属性上的约束条件是否被满足,如果不满足则拒绝执行数据操作。

如:学生关系(SNO,SNAME,AGE,SEX)

课程关系(CNO,CNAME)

选课关系(SNO,CNO,G)

(3)用户定义完整性

用户定义完整性就是针对某一具体应用的数据必须满足的语义要求。目前 RDBMS 都提供了定义和检测这类完整性的机制,使用和实体完整性和参照完整性相同的技术处理它们,而不必用应用程序来处理。

6. 数据独立性

数据独立性包括两个方面:物理独立性和逻辑独立性。首先讨论数据的物理独立性。在未进一步说明之前,"数据独立性"应该理解为数据的物理独立性。要理解数据独立性的含义,最好的方法是搞清什么是非数据独立性。在旧的系统中关系系统之前的和数据库系统之前的系统,实现的应用程序常常是数据依赖的。这也就意味着,在二级存储中,数据的物理表示方式和有关的存取技术都是应用设计中要考虑的,而且,有关物理表示的知识和访问技术直接体现在应用程序的代码中。

例子:假定有一个应用程序使用了的雇员文件,还假定文件在雇员姓名字段进行索引。在旧的系统中,该应用程序肯定知道存在索引,也知道记录顺序是根据索引定的,应用程序的内部结构是基于这些知识而设计的。特别地,各种数据访问的准确形式和应用程序的异常检验程序都在很大程度上依赖于数据管理软件提供给应用程序的接口细节。

我们称这个例子中的应用程序是数据依赖的,因为一旦改变数据的物理表示就会对应用程序产生非常强的影响。例如,用哈希算法来对例子重建索引后,对应用程序不做大的修改是不可能的。而且,这种情况下应用程序修改的部分恰恰是与数据管理软件密切联系的部分。这其中的困难与应用程序最初所要解决的问题毫不相关,而是由数据管理接口的特点所引起的。下载数据库系统,应尽可能避免应用程序依赖于数据的情况。这至少有以下两条原因:

(1)不同的应用程序对相同的数据会从不同角度来看

例如,假定在企业建立统一的数据库之前有两个应用程序 A 和 B。每一个都拥有包括客户余额的专有文件。假定 A 是以十进制存储的,而 B 是以二进制存储的。这时有可能要消除冗余,并把两文件统一起来。条件是 DBMS 可以而且能够执行以下必要的转换,即存储格式(可能是十进制或二进制或者其他的)和每个应用程序所采用的格式之间的转换。例如,如果决定以十进制存储数据,每次对 B 的访问都要转换成二进制。这是个非常细小的例子,数据库系统中应用程序所看到的数据和物理存储的数据之间可能是不同类型的。

(2)DBA 必须有权改变物理表示和访问技术以适应变化的需要,而不必改变现有的应用程序

例如,新类型的数据可能加入数据库中;有可能采纳新的标准;应用程序的优先级(因此相关的执行需求)可能改变;系统要添加新的存储设备,等等。如果应用程序是数据依赖的,这些改变会要求程序做相应的改变,这种维护的代价无异于创建一个新的应用。类似

的情况甚至在今天都并不少见,如典型的 Y2K 问题,这对充分利用稀缺宝贵的资源是极其不利的。

总之,数据独立性的提出主要是数据库系统的客观要求。数据独立性可以定义成应用程序不会因物理表示和访问技术的改变而改变。当然,这意味着应用程序不应依赖于任何特定的物理表示和访问技术。我们先讨论一下发生改变的具体情况,即 DBA 通常都有哪些改变上的要求,进而使应用程序尽量免受这方面的影响。首先给出三个术语:存储字段、存储记录和存储文件。

存储字段就是存储数据的最小单位。数据库中对每一种类型的存储字段都包含许多具体值(或实例)。例如,包含不同类型零件信息的数据库可能包括称为零件数目的存储字段类型,那么对每种零件(如螺丝钉、铰链、盖子等),即有一个该存储字段的具体值。注意:实际中,通常不再明确指出是类型还是值,而是依据上下文来确定其含义。尽管有可能带来一些混淆,但实际中是方便的。

存储记录是相关的存储字段的集合。我们仍区分类型与值。一条存储记录的值由一组相关的存储字段的值组成。

存储文件是由现存的一种类型的存储记录的值组成。注意:为简单起见,假定任一存储文件值包含一种类型的存储记录。这种简化并不影响下面的论述。

现在,在非数据库系统中,常常是应用程序所处理的任一逻辑记录都是和相应的存储记录相同的。然而,我们已经看到,在数据库系统中这种情况是不必要的,因为 DBA 可能需要对存储的数据表示进行改变——即对存储字段、存储记录和存储文件——可是从应用程序的角度看数据还是不变的。在一次访问中出现某字段的数据类型变化的情况相对较少。但是,应用程序中的数据和实际所存储的数据之间的差异会相当大。为明确说明这一点,我们给出下列可能要改变的各种存储表示。每种情况都应该考虑 DBMS 应怎么做才能使应用程序保持不变(即是否可以达到数据独立性)。

(3)数字数据的表示

一个数字字段可能存成内部算术形式,或作为一个字符串。对每一种方式,DBA 必须选择恰当的数制(例如,二进制或十进制)、范围(固定的或浮点)、方式(实数或复数),以及精度(小数的位数)。其中任一方面都可能需要改变以提高执行效率或符合某一新标准,或因其他原因而改变。

(4)字符数据的表示

一个字符串字段可能使用了几个不同编码的字符集中的一种——如 ASCII、EBCDIC 和 Unicode。

(5)数字数据的单位

数字字段的单位会改变——例如,在实施公制度量的处理中从英寸转成厘米。

(6)数据编码

有时以编码的形式来表示物理存储的数据是非常好的。例如,零件颜色字段,在应用程序中看作字符串("红""蓝"或"绿"),存储时可以存成单个十进制数字,可根据 1 = "红",2 = "蓝",这样的编码模式来解释。

(7)数据具体化

实际中由应用程序所看到的逻辑字段经常与特定的存储字段相联系(尽管它们会在数据类型、编码等方面都不相同)。在这种情况下,数据实例化的处理——也就是,从相应的存储字段的值构建逻辑字段的值,并提供应用程序——可以说是直截了当的。但是,有时,一个逻辑字段可能没有对应的存储值,它的值可以通过根据一些存储字段的值进行计算来具体化。例如,逻辑字段"总量"的值可以通过对各个单个存储数量汇总而得到。这里的总量是个虚字段的例子,具体化的过程是间接的。注意,用户也会看到实字段与虚字段的不同,因为虚字段的值是不能更新的(至少,不能直接地更新)。

(8)存储记录的结构

两个存储记录可以合成一个。例如,存储记录的形式。当把现有的应用程序集成到数据库系统时会经常发生这种改变。这也暗示应用程序的逻辑记录由相应存储记录的恰当子集组成——也就是说,存储记录中某些字段对应用程序来说是不可见的。另一种情况是单个的存储记录被分成两个。

(9)存储文件的结构

指定的存储文件可以以各种方式实现其存储。例如,它可以完全存储在单个的存储设备上(如单个磁盘),或者存储在几个设备(可能在几个不同设备类型)上;可能根据一些存储字段的值按一定物理顺序来存储,或无序存储;存储顺序可能按某一种或某几种方式进行,例如,通过一个或多个索引,一个或多个嵌入的指针链,或者两者兼有;通过哈希算法可能访问到也可能访问不到;存储记录可能物理上被分块,也可能没有;如此等等。但是上述任何考虑都不会以任何方式影响应用程序(当然性能除外)。

以上所列基本概括了可能的存储数据形式的改变。这意味着数据库应该能够增长而并不削弱现存的应用程序的功能;的确,在保证数据库增长的同时而不削弱应用程序的功能,是提出数据独立性的重要原因之一。例如,必须有办法通过增加新的存储字段来扩展现有的存储记录,如对现存的实体类型的进一步追加信息(如,"单价"字段可能会加入零件的存储记录中)。这样新的字段对原应用程序来说应是不可见的。同时,还可能增加全新的存储记录类型(这样就有新的存储文件),而这不会引起应用程序的改变。这样的记录代表新的实体类型(如,一个"供应商"记录类型可以加到"零件"的数据库中)。而且这些增加对应用程序来说也应是不可见的。至此,大家应清楚把数据模型从其实现中分离出来的原因之一就是数据独立性的要求。在某种程度上,不做这种分离,就得不到数据的独立性。在目前不能正确做到这种分离的情况很严重,尤其是当今的 SQL 系统都做不到这一点,实在让人沮丧。注意,这并不意味着当今的 SQL 系统根本不支持数据的独立性,只是它们提供的要远远少于关系系统理论上要求达到的。换句话说,数据独立性不是绝对的(不同系统可提供不同程度的数据独立性,很少有系统根本不提供的)。

4.3.3 数据恢复技术

数据库系统中的恢复(recovery)主要指恢复数据库本身,即在故障引起数据库当前状态不一致后将数据库恢复到某个正确状态或一致状态。恢复的原理很简单,可以用一个词来概括,即冗余(redundancy)。换句话说,确定数据库是否可恢复的方法就是确定其包含的每一条信息是否都可利用冗余地存储在系统别处的信息重构。实际上整个事务处理的思想,与系统是关系型还是层次、网状或其他模型无关,因此有关事务处理的理论研究都基于关系型系统。

1. 事务

首先我们给出事务的基本定义。事务是一个逻辑工作单元(logical uniTof work)。举个例子,假设零件变量 P 包含一个附加属性 TOTQTY,表示指定零件的发货总量。换句话说,任何一个指定零件的 TOTQTY 的值都等于该零件的所有发货量即所有 QTY 值的总和,这是一个数据库约束。现考虑图 4.9 所描述的伪过程,该过程用于向数据库增加一条新的发货记录,表示供应商 S5 提供了发货数量为 1 000 的零件 P1(INSERT 语句插入这条新的记录,UPDATE 更新相应零件 P1 的 TOTQTY 值)。

```
BEGIN   TRANSACTION ;

INSERT   INTO   SP
        RELATION  {  TUPLE  {  S#    S#   ( 'S5'   ),
                               P#    P#   ( 'P1'   ),
                               QTY   QTY  ( 1000  ) } };
IF  any  error  occurred  THEN  GO  TO  UNGO ;   END  IF ;

UPDATE  P  WHERE  P#  =  P#  ( 'P1'  )
        TOTQTY  :=  TOTQTY  +QTY  ( 1000  ) ;
IF  any  error  occurred  THEN  GO  TO  UNGO ;   END  IF ;

COMMIT  ;
GO  TO  FINIFH ;

UNDO :
    ROLLBACK ;
FINISH :
    RETURN  ;
```

图 4.9 伪过程示例

上述例子本意是一个原子操作增加一条新的发货记录,但事实上对数据库进行了两个更新操作——INSERT 和 UPDATE。而且在这两个操作之间数据库甚至是不一致的,它临时违背了零件 P1 的 TOTQTY 值应该等于所有 QTY 值总和的约束。由此可见,一个逻辑工作单元(即一个事务)不一定只是一个简单的数据库操作,而可能是这样的几个操作的序列,该操作序列将数据库从一个一致状态转换到另一个一致状态,中间无须保证一致性。

显然,上例的两个更新操作中一个执行而另一个未执行的情况是不允许发生的,否则会使数据库处于不一致的状态。理想的办法是可靠地保证这两个操作都被执行,很不幸不可能提供这样的保证——错误不可避免,且可能在最坏的情况下发生。如系统崩溃可能发生在 INSERT 与 UPDATE 之间;UPDATE 时发生运算溢出,等等。支持事务管理(transaction management)的系统提供了另一种相当可靠的保证方式。它保证如果事务执行了几个更新操作,并在事务结束前发生了故障,这些更新操作将被撤销。也就是说,事务或者完全执行,或者全部取消(就像根本没执行过)。尽管操作序列本质上不是原子的,但从外部的角度看就像是原子的。提供原子性保证的系统组成部分是事务管理器(transaction manager)，亦称为事务处理监控器(transaction processing monitor 或 TP monitor)，COMMIT(提交)和 ROLLBACK(回滚)操作是其中的关键。

(1)COMMIT 操作表明事务成功地结束

它告诉事务管理器一个逻辑工作单元已成功完成，数据库又处于或应该又处于一致性状态，该工作单元的所有更新操作现在可被提交或永久保留。

(2)ROLLBACK 操作表明事务不成功地结束

它告诉事务管理器出故障了，数据库可能处于不一致的状态，该逻辑工作单元已做的所有更新操作必须回滚或撤销。

因此，对上例，在两个更新操作成功执行后，可发出 COMMIT 命令提交数据库所发生的变化并使结果永久保存。如果发生了错误，也就是说，若任何一个更新操作产生了错误，必须发出 ROLLBACK 命令撤销已发生的变化。注：即使我们发出了 COMMIT 命令，原则上系统应检查数据库的完整性约束，检测出数据库不一致的情况，并强行 ROLLBACK。但实际上我们假定系统并不知道相关的约束，因此由用户发出 ROLLBACK 命令就非常必要。商用 DBMS 在 COMMIT 时并不做太多的完整性检查。顺便提一下，实际应用中我们不仅更新数据库，而且要向用户返回提示信息。如上例，当事务成功提交时，可返回消息"发货量增加"；否则，返回"错误——发货量未增加"。

日志由两部分组成，活动(active)或称联机部分，以及归档(archive)或称脱机部分。联机部分用于通常的系统操作，记录系统执行更新时的具体细节，通常保存在磁盘上。当联机部分写满了，将其转移到脱机部分，由于其是顺序处理的，因此可保存在磁带上。系统还必须保证单个语句自身的原子性，这在关系系统中尤其重要，因为关系系统的语句是基于集合的，通常一次操作基于多个元组。这样的语句完全可能在执行过程中发生故障使数据库处于不一致的状态(即某些元组更新，而另一些没有)。如果错误发生，数据库必须保证所有的元组都未改变。如果语句引起了内部另外的操作，也应有类似的处理，典型的如指定 CASCADE 参照处理的外码 DELETE 规则。

2. 故障的种类

数据库系统在其运行中可能出现各式各样的错误，但归结起来可大致分为以下几类：

(1)事务内部的故障

事务内部故障有一些是可以通过事务程序来自发地处理，但大多数的故障是不可以预期的，这就不能由事务处理程序，例如运算溢出、不遵守完整性约束或者在并发事务处理中发生死锁故障等。

事务处理没有达到预期的目的即发生了故障，这很容易导致数据库处于不正常状态。在不影响其他事务运行的情形下强行回滚该事务成为恢复程序，即对该事务对数据库已经做出的动作进行修改，时期好像没有对数据库进行过操作一样。这类恢复操作称为事务撤销。

(2)系统故障

任何事务造成了系统的故障都必须对系统进行重启。例如，类似 CPU 故障的硬件错误、操作系统层面的错误、数据库编程语言错误及其他一些引起故障的错误等。这类故障虽然影响事务的运行但是并不对数据库造成永久性的破坏，即这些错误是可修复的。发生这些系统故障主要由以下两大原因，一是发生故障时一些尚未处理完的事务有一些结果已经送入数据库,从而使数据库处于不正确的状态,这种情况发生时一般为保证数据的有效性,我们通常采用删除已传输的数据来对数据库进行修改;另一种情况是当故障发生时,有一些已经完成的事务有一部分或者全部存留在缓冲区,还未写到数据库的物理层面,因此这类系统故障会使事务对数据的修改造成部分或者全部的丢失,所以在这种情况下我们应对系统进行除撤销未完成的事务外还应对已经提交的事务进行重做,以将数据库恢复到真正的一直状态。

（3）介质故障

如果将上面的系统故障称为软故障,那介质故障则可以称为硬故障。介质故障只是硬件介质发生故障,例如磁盘磁头损坏,磁场干扰等。这类故障会永久性地对存储数据库的硬件设备造成不可修复的破坏,并影响正在处理的事务。不过,类似介质故障的硬件故障发生的频率要远远小于软件故障,但破坏性也是最大的。

（4）计算机病毒

计算机病毒是一种使用人为手段进行编写的恶意破坏计算机程序的故障。它也是一种程序,只不过它和正常的程序不同,它可以像生物病毒一般在计算机设备中进行繁殖和传播,并对计算机造成不同程度的损伤和破坏。

（5）用户操作错误

用户操作错误是指用户在知情或不知情的情况下由于对数据库系统的操作不当而造成的错误,一般伤害性小,可恢复性高。

3. 数据库恢复的现实技术

如何建立备份数据和如何利用数据实施数据库恢复是数据库恢复技术的两个关键问题。

（1）数据转存

数据转存是数据库恢复技术的基本问题,其主要通过数据库管理员对数据库库进行周期性的复制和粘贴到另一个存储介质的过程,当数据库遭到破坏时可以利用备份数据进行重新写入,并更新事务。

数据转存是一项费时费力的工作,管理员必须根据数据库的使用情况设定适当的存储周期。数据转存分为静态转存和动态转存两种,静态转存是指事务不进行工作,而是专门地进行转存工作,即在转存过程中不允许其他事务对数据库进行任何增删改查等工作。静态转存虽然简单,但其运行必须等待正常运行的事务结束后才可以进行,这样就降低了数据库的使用效率。动态转存是指在存储期间允许其他事务对数据库进行存取和修改操作的转存操作,即可理解为转存和事务可以并发执行。

（2）海量存储和增量存储

根据数据库的转存数量可以将主句转存分为海量存储和增量存储两种方式。海量存储是指每次存储是转存全部数据库,而增量存储是指每次只存储上一次更新过的数据。根据静态和动态存储于海量与增量存储相结合,可以将数据存储方法按排列组合的方式分为动态海量存储、静态海量存储、动态增量存储和静态增量存储四类。

4. 数据恢复策略

数据库恢复策略可大致分为事务故障恢复、系统故障恢复和介质故障恢复。

（1）事务故障的恢复

一个事务以 BEGIN TRANSACTION 语句的成功执行开始,以 COMMIT 或 ROLLBACK 语

句的成功执行结束。COMMIT 建立了一个提交点(commit point),在商用数据库产品中亦称同步点(syncpoint)。提交点标志着逻辑工作单元的结束,亦标志着数据库处于或应处于一致状态。相反,ROLLBACK 将数据库回滚到 BEGIN TRANSACTION 的状态,实际上就是回滚到前一个提交点(这里"前一个提交点"的表述是正确的,即使该事务是程序的第一个事务,可将程序的第一个 BEGIN TRANSACTION 默认为建立了初始的"提交点")。

注意:这里的术语"数据库"实际指事务所存取的那部分数据库,其他事务可能与该事务并行地执行,对自己的那部分数据库进行更新,因此,整个"数据库"在提交点不可能处于完全一致的状态。在此,我们将不考虑并发事务,这种简化并不影响讨论。当设置提交点时:

执行程序中从上一个提交点以来的所有更新操作都被提交,即结果永久保存。在提交点之前所有的更新操作都应看作是不确定(tentative)的,不确定意味着它们接下来可能被取消(即回滚)。一旦提交,将保证任一个更新操作都不被撤销(这就是"提交"的定义)。

所有的数据库定位(database positioning)将消失,所有的元组锁(tuple lock)都将被释放。这里"数据库定位"指在任意时间点,一个执行程序将具有对某些特定元组的寻址能力,在提交点该寻址能力将消失。

注意:有些系统提供可选项使程序实际在从一个事务转向另一事务时仍保持对元组的寻址能力(因此也保持元组锁)。不包括可能保持一定的寻址能力及元组锁的说明对以 ROLLBACK 结束而不是以 COMMIT 结束的事务也适用,而所有更新都被提交显然不适用。注意 COMMIT 和 ROLLBACK 只是结束了事务,而不是程序。通常一个程序的简单执行过程由接连运行的事务序列组成。

对错误进行显式的检查,如果检测到错误,则显式地执行 ROLLBACK。但是,系统不可能假设应用程序将对所有可能的错误都进行显式的检查,因此,如果事务没有到达预期的终点(显式的 COMMIT 或 ROLLBACK),系统将隐式地执行 ROLLBACK。现在我们可以看出,事务不仅是工作单元,而且是恢复单元。因为一旦事务成功提交,系统将保证其更新永久作用到数据库上,即使系统在紧接下来的时刻就崩溃了。举个例子,在 COMMIT 刚被确认,而更新在物理上写入数据库之前,系统是可能崩溃的,数据可能仍在主存,并在系统崩溃时全部丢失。即使这种情况发生,系统的重启过程应将这些更新重新作用到数据库上,通过检查日志中的相关入口点,系统可找到那些已经被写入的值。这说明 COMMIT 过程完成之前,日志必须物理地写出,此即日志先写原则(write – ahead log rule)。

因此,重启过程将对那些成功提交但在系统崩溃前物理上未对数据库更新的事务进行恢复,由此可见事务实际上也是恢复单元。

ACID 性质

事务有四个重要性质——原子性(atomicity)、一致性(consistency)、隔离性(isolation)及持久性(durability),通常称作"ACID 性质"。

①原子性

事务是原子的,要么都做,要么都不做。

②一致性

事务保证了数据库的一致性。事务将数据库从一个一致性状态转变为另一个一致性状态,但在事务内无须保证一致性。

③隔离性

事务相互隔离。也就是说,即使通常多个事务并发执行,任一事务的更新操作直到其成功提交对其他事务都是不可见的。另一种说法为,对任意两个不同的事务 T1 和 T2,T1 可在 T2 提交后看到其更新,或 T2 可在 T1 提交后看到其更新,但是两者不可能同时发生。

④持久性

一旦事务成功提交,即使系统崩溃,其对数据库的更新也将永久有效。

（2）系统故障的恢复

系统必须不仅能从单个事务由于溢出发生的局部故障恢复,而且能从断电引起的全局(global)故障恢复。顾名思义,局部故障只影响发生故障的事务;而全局故障影响正在运行的所有事务,具有系统范围的含义。全局故障涉及两类:

①系统故障(如断电)

影响正在运行的所有事务,但不破坏数据库,有时也称作软故障;

②介质故障(如磁盘的磁头碰撞)

将破坏数据库或部分数据库,并影响正存取这部分数据的所有事务,有时也称作硬故障。

发生系统故障时,主存内容,尤其是数据库缓冲区中的内容都被丢失。此时正在运行的事务的状态都不得而知,这样的事务将不可能成功结束,因此必须在系统重启时撤销(undo),即回滚。而且,在重启时重做(redo)那些在系统崩溃前成功结束但未将更新从缓冲区写入物理数据库的事务也是非常必要的。那么系统在重启时怎么知道事务该撤销还是该重做呢? 在一定的预定时间间隔(通常在预定数量的登记项写入日志时)内,系统自动设置检查点(take a checkpoint)。设置检查点涉及:

①将数据库缓冲区的内容强制写入("force – writing")物理数据库;

②将一特殊的检查点记录(checkpoin Trecord)写入物理日志。检查点记录包含设置检查点时正在运行的事务列表,该信息如何被使用,可看图4－10。

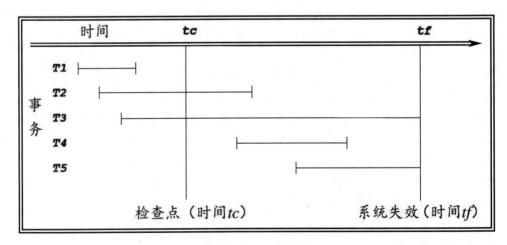

图4.10 五类事务

①系统故障在 tf 时发生;

②之前最近的检查点在 tc 时设置;

③类的事务在 tc 前成功结束;

④类的事务在 tc 前开始,在 tc 后 tf 前成功结束;时间检查点(时间 tc)系统失效(时间 tf);

⑤类的事务在 tc 前开始,但直到 tf 时尚未结束;

⑥类的事务在 tc 后开始,在 tf 前成功结束;

⑦类的事务在 tc 后开始,但直到 tf 时尚未结束。

显然系统重启时,T3 和 T5 类的事务必须撤销,T2 和 T4 类的事务必须重做。但重启过程并不涉及 T1 类的事务,因为它们的更新在 tc 设置检查点时已强制写入数据库中。对于那些在 tf 之前未成功完成(即已 ROLLBACK)的事务,重启过程也不涉及。因此,在重启时系统首先按照如下的步骤标识 T2 ~ T5 类的事务:

①首先设置两个事务列表:UNDO 列表和 REDO 列表。UNDO 列表设置为最近一个检查点记录所包含的所有事务的列表,REDO 列表设置为空。

②从检查点记录开始,对日志进行正向扫描;

③如果遇到事务 T 的 BEGIN TRANSACTION 日志登记项,则将 T 加入 UNDO 列表;

④如果遇到事务 T 的 COMMIT 日志登记项,则将 T 从 UNDO 列表移到 REDO 列表;

⑤当日志扫描结束时,UNDO 列表和 REDO 列表分别标识了 T3 和 T5 类的事务及 T2 和 T4 类的事务。

现在系统将反向扫描日志,撤销 UNDO 列表中的事务;接着再正向扫描,重做 REDO 列表中的事务。注意:通过撤销操作将数据库恢复到一致性状态有时称作反向恢复(backward recovery);通过重做操作将数据库恢复到一致性状态有时称作正向恢复(forward recovery)。最后,当所有的恢复工作都完成时,系统就可以接受新的处理请求了。

(3)介质故障的恢复

对于破坏性最高的介质故障,对其恢复只有将数据库备份进行重装并重做已完成的事务。大致流程为:重装最新的数据库备份,使数据库恢复到最近一次的存储状态。装入相应的日志文件备份并重做已完成的事务,找出故障发生时已经提交的事务标识并重做队列,对重做的队列进行所有事务的重做处理。对于检查所有日志记录,一般会产生两个问题:搜索文件时的耗时问题,另一个是重做处理的事务时免不了对已经完成的事务进行重做,这样就又一步的增加了系统运行时的时间复杂度,所以面临这两个问题,现代数据库恢复技术又发展了具有检查点的数据库恢复技术。

4.3.4　应用软件

SQL(发音为字母 S – Q – L 或 sequel)是结构化查询语言(Structured Query Language)的缩写。SQL 是一种专门用来与数据库沟通的语言。SQL 是处理关系数据库的标准语言,并且市场上的任何数据库产品都支持 SQL。SQL 是 20 世纪 70 年代早期在 IBM 公司的研究所开发的,其大部分标准首先在 IBM 的 System R 中实现,随后又在 IBM 公司的一些其他商品和其他公司的一些商品中实现。在本节中,将主要介绍 SQL 语言。

SQL 不是某个特定数据库供应商专有的语言。几乎所有重要的 DBMS 都支持 SQL,所以学习此语言使你几乎能与所有的数据库打交道。

SQL 简单易学。它的语句全都是由有很强描述性的英语单词组成,而且这些单词的数目不多。

SQL 虽然看上去很简单,但实际上是一种强有力的语言,灵活使用其语言元素,可以进行非常复杂和高级的数据库操作。

SQL 兼有数据定义和数据操纵的功能。首先考虑定义操作。图 4.11 为供应商和零件数据库给出了 SQL 的定义。三类基表在数据定义语言中都有 CREATE TABLE 语句。CREATE TABLE 语句可定义出每个基表的名字,该表中的列名,各列的数据类型,该表的主码,以及该表的任何外码。如果还有其他的对该表的描述信息,也可以进行定义,下面说明惯用的几个写法:

```
CREATE  TABLE  S
  ( S#          CHAR ( 5 ),
    SNAME       CHAR ( 20 ),
    STATUS      NUMERIC ( 5 ),
    CITY        CHAR ( 15 ),
  PRIMARY  KEY  ( S# )  );
CREATE  TABLE  P
  ( P#          CHAR ( 6 ),
    PNAME       CHAR ( 20 ),
    COLOR       CHAR ( 6 ),
    WEIGHT      NUMERIC ( 5 , 1 ),
    CITY        CHAR ( 15 ),
  PRIMARY  KEY  ( P# )  );
CREATE  TABLE  SP
  ( S#          CHAR ( 5 ),
    P#          CHAR ( 6 ),
    QTY         NUMERIC ( 9 ),
  PRIMARY  KEY  ( S# , P# ),
  PRIMARY  KEY  ( S# )  REFERENCES  S,
  PRIMARY  KEY  ( P# )  REFERENCES  P;
```

图 4.11 供应商定义 SQL 语句

(1)举例时,经常在列名中使用"#",但是该字符在 SQL/92 中是不合法的。

(2)使用分号";"作为语句的结束符。但是 SQL/92 中是不是使用该符号作为结束符要依情况而定。具体的细节问题已超出了本书的范围。

SQL 还支持缺省值、缩写词和一些替换的拼写,如:HARACTER 可以简写为 CHAR,此处省略一些具体的细节。另外,在一些字母和数字上加注方括号"[""]",表示括号中的内容是可选的。最后,SQL 还需要对一定的数据类型(如 CHAR)声明其长度和精度。实际上,SQL 是将长度和精度作为数据类型的一部分来看的,这就表示 CHAR(3)和 CHAR(4)不是一种数据类型。本书认为将其看成是完整性约束会更好一些。定义了数据库之后,就可以通过 SQL 的数据操纵运算对数据进行操纵,数据操纵运算包括 SELECT、INSERT、UPDATE 和 DELETE。使用 SELECT 语句可以完成关系的选择、投影和连接操作。注意:连接操作的例子中用到了有限定的列名(如 S. S#,SP. S#),使用有限定的列名的目的是为了避免引用列的歧义。在 SQL 中可以随时使用有限定的列名,但是当使用列名不会造成歧义时,也可以使用无限定的列名。如下例所示,SQL 还支持 SELECT 子句的简记方式。结果就是 S 表的整个拷贝；星号表示列出 FROM 子句中参考的表的所有列，并且按照在表中定义的从左往右的顺序列出。注意这个例子中的注释（用两个连字符开始，用换行符结束）。注意：SELECT ＊ FROM T 中的 T 是一个表的名字，在 SQL 句子中是 TABLE T 的简写。

　　SQL 标准还包括一个被称为信息模式（Information Schema）的标准目录的详细说明。实际上，惯用的两个名词"目录"和"模式"都在 SQL 中使用，但是各具有 SQL 的特定含义。笼统地说，一个 SQL 的目录包括的是对某一单个数据库的描述，而一个 SQL 模式包括的则是某一用户数据库的某一部分的描述。换句话说，目录可以有很多（每个数据库一个），每个目录可以由很多模式组成。然而每一个目录必须要包括一个叫作信息模式的模式，而从用户的观点来看，正是该模式起到了目录的作用。信息模式由一系列的 SQL 表组成，这些表的内容以一种非常精确的方式定义，因此可以非常有效地显示该目录中其他模式的定义。更精确地说，信息模式包含一些假定的"定义模式"。实现中不需要支持所有的"定义模式"，但是必须得①支持某些类型的"定义模式"；②支持跟信息模式类似的"定义模式"的视图。下面说明几点注意事项：

　　（1）之所以提出如上所说的（a）和（b）两个概念，是基于以下的考虑。首先，现在的很多产品支持同"定义模式"类似的内容。然而，那些"定义模式"在各种产品中的定义有很大的差别，即使是同类的，但是属于不同厂家的产品，其差别也很大。因此，就需要有对这些"定义模式"的视图的支持。

　　（2）因为在每一个目录中都有一个信息模式，所以提到信息模式时，不应该理解成是特定的某个。因此，一般来说，对一个用户有用的所有数据不可能由一个信息模式来描述。然而，为了简单起见，仍假定只有一个信息模式。这里没有必要详细讨论信息模式的内容。下面仅列出一些重要的信息模式中的视图，读者可以很容易地依据这些模式的名字看出该模式中包含的内容。然而，需要说明的是，TABLES 视图包含了所有的视图和基本表的信息，而 VIEWS 视图则只包含了视图的信息。

习题 4

1. 选择题

（1）以下（　　）不是分时系统的特征。

A. 交互性　　　　　B. 多路性　　　　　C. 及时性　　　　　D. 同时性

（2）用户通过（　　）来调用操作系统。

A. 跳转指令　　　　B. 子程序调用指令

C. 系统调用指令　　D. 以上 3 种方式都可

（3）操作系统是对（　　）进行管理的软件。

A. 硬件　　　　　　B. 软件　　　　　　C. 计算机资源　　　D. 应用程序

（4）（　　）是指将一个以上的作业放到主存，这些作业共享计算机资源，且同时处于运行开始与运行结束之间。

A. 多道　　　　　　B. 批处理　　　　　C. 分时　　　　　　D. 实时

（5）计算机操作系统的功能是（　　）。

A. 把源代码转换成目标代码

B. 提供硬件与软件之间的转换

C. 提供各种中断处理程序

D. 管理计算机资源并提供用户接口

(6)汇编语言源程序须经( )翻译成目标程序。

A. 监控程序　　　　B. 汇编程序　　　　C. 机器语言程序　　D. 诊断程序

(7)( )是长期储存在计算机内、有组织的、可共享的大量数据的集合。

A. 数据库系统　　　B. 数据库

C. 关系数据库　　　D. 数据库管理系统

(8)①在数据库的三级模式中,内模式有( )。

A. 1 个　　　　　　B. 2 个　　　　　　C. 3 个　　　　　　D. 任意多个

②在数据库的三级模式中,外模式有( )。

A. 1 个　　　　　　B. 2 个　　　　　　C. 3 个　　　　　　D. 任意多个

③在数据库的三级模式中,模式有( )。

A. 1 个　　　　　　B. 2 个　　　　　　C. 3 个　　　　　　D. 任意多个

④在数据库的三级模式体系结构中,内模式、模式和外模式个数的比例是( )。

A. 1:1:1　　　　　B. 1:1:N　　　　　C. 1:M:N　　　　D. M:N:P

(9)数据模型的三个要素分别是( )。

A. 实体完整性、参照完整性、用户自定义完整性

B. 数据结构、关系操作、完整性约束

(10)数据库(DB),数据库系统(DBS)和数据库管理系统(DBMS)之间的关系是( )。

A. DBS 包括 DB 和 DBMS　　　　　　B. DBMS 包括 DB 和 DBS

(11)在关系模式 R 中,Y 函数依赖于 X 的语义是( )。

A. 在 R 的某一关系中,若两个元组的 X 值相等,则 Y 值也相等。

B. 在 R 的每一关系中,若两个元组的 X 值相等,则 Y 值也相等。

(12)若对于实体集 A 中的每一个实体,实体集 B 中有 n 个实体($n \geqslant 0$)与之联系,而对于实体集 B 中的每一个实体,实体集 A 中只有 1 个实体与之联系,则实体集 A 和实体集 B 之间的联系类型为( )。

A. 1:1　　　　　　B. 1:N　　　　　　C. M:N　　　　　D. N:1

(13)若对于实体集 A 中的每一个实体,实体集 B 中有 1 个实体($n \geqslant 0$)与之联系,而对于实体集 B 中的每一个实体,实体集 A 中只有 1 个实体与之联系,则实体集 A 和实体集 B 之间的联系类型为( )。

A. 1:1　　　　　　B. 1:N　　　　　　C. M:N　　　　　D. N:1

2. 填空题

(1)操作系统提供( )和( )两种用户接口。

(2)负责解释操作系统命令的程序叫( )。

(3)系统调用是通过( )来实现的。当发生系统调用,处理器的状态会从( )态变为( )态。

(4)输出重定向的符号是( )。

(5)后台执行命令是指( )。

(6)关系数据库中,二维表中的列称为关系的( ),二维表中的行称为关系的( )。

(7)DBMS 的主要功能有:( )、数据组织存储和管理功能、( )、数据库的事务管理和

运行功能、数据库的建立和维护功能。

(8)关系代数运算中,专门的关系运算有( )、( )和连接。

(9)关系的实体完整性规则定义了( )不能取空值。

(10)关系的参照完整性规则定义了( )和( )之间的引用规则。

(11)事务的 ACID 特性包括:( )、一致性、( )和持续性。

(12)事务并发控制机制中,避免活锁产生的方法是采用( )的策略。

(13)( )是并发控制的基本单位。

(14)事务并发控制机制中,预防死锁的方法是( )和( );

3. 简答题

字符常量和字符串常量有什么区别?

答案

1. 选择题

(1)D (2)C (3)C (4)A (5)D (6)B (7)B (8)①A②D③A④B (9)B
(10)A (11)B (12)B (13)A

2. 填空题

(1)编程接口 命令接口

(2)命令解释程序

(3)中断 用户 核

(4)">"

(5)完成命令的进程在低优先级上运行

(6)属性或字段 元组或记录

(7)数据定义功能 数据操作功能

(8)选择 投影

(9)主键字段

(10)外部关键字 主关键字

(11)原子性独立性

(12)先来先服务

(13)事务

(14)一次封锁法 顺序封锁法

3. 简答题

答:一般有以下区别:

形式上:字符常量是单引号引起的一个字符;字符串常量是双引号引起的若干个字符。

含义上:字符常量相当于一个整型值,可以参加表达式的运算;字符串常量代表一个地址值(该字符串在内存中存放的位置)。

内存大小上:字符常量只占一个字节;字符串常量占若干个字节,(至少一个字符结束标志)。

第5章 计算机网络及应用

5.1 计算机网络

5.1.1 计算机网络概述

世界上第一台电子计算机的诞生在当时是很大的创举,但是任何人都没有预测到七十年后的今天,计算机在社会各个领域的应用和影响是如此的广泛和深远。当1969年12月世界上第一个数据包交换计算机网络 ARPANET 出现时,也不会有人预测到时隔四十多年,计算机网络在现代信息社会中扮演了如此重要的角色。ARPANET 网络已从最初的四个节点发展为横跨全世界一百多个国家和地区、挂接有几万个网络、几百万台计算机、几亿用户的因特网(Internet)。Internet 是当前世界上最大的国际性计算机互联网络,而且还在发展之中。回顾计算机网络的发展历史,对预测这个行业的未来,会得到一些有益的启示。在电气时代到来之前,还不具备发展远程通信的先决条件,所以通信事业的发展十分缓慢。从19世纪40年代到20世纪30年代,电磁技术被广泛应用于通信。1844年电报的发明及1876年电话的出现,开始了近代电信事业,为人们迅速传递信息提供了方便。从20世纪30年代到60年代,电子技术被广泛应用于通信领域。微波传输、大西洋电话电缆及1960年美国海军首次使用命名为"月亮"的卫星进行远距离通信,标志着远程通信事业的开始。纵观计算机网络的发展历史可以发现,它和其他事物的发展一样,也经历了从简单到复杂,从低级到高级的过程。在这一过程中,计算机技术与通信技术紧密结合,相互促进,共同发展,最终产生了计算机网络。1946年,世界上第一台数字计算机问世,但当时计算机的数量非常少,且非常昂贵。由于当时的计算机大都采用批处理方式,用户使用计算机首先要将程序和数据制成带或卡片,再送到计算中心进行处理。1954年,出现了一种被称作收发器(transceiver)的终端,人们使用这种终端首次实现了将穿孔卡片上的数据通过电话线路发送到远地的计算机。此后,电传打字机也作为远程终端和计算机相连,用户可以在远地的电传打字机上输入自己的程序,而计算机计算出来的结果也可以传送到远地的电传打字机上并打印出来,计算机网络的基本原型就这样诞生了。

由于当初的计算机是为批处理而设计的,因此当计算机和远程终端相连时,必须在计算机上增加一个接口。显然,这个接口应当对计算机原来软件和硬件的影响尽可能小。这样就出现了如图5.1所示的线路控制器(line controller)。图中的调制解调器 M 是必须的,因为电话线路本来是为传送模拟话音而设计的。

随着远程终端数量的增加,为了避免一台计算机使用多个线路控制器,在20世纪60年代初期,出现了多重线路控制器(multiple Line controlLev)。它可以和多个远程终端相连接,构成面向终端的计算机通信网,如图 5.2 所示。有人将这种最简单的通信网称为第一代计算机网络。这里,计算机是网络的控制中心,终端围绕着中心分布在各处,而计算机的主要任务是进行批处理。同时考虑到为一个用户架设直达的通信线路是一种极大的浪费,因此在用户终端和计算机之间通过公用电话网进行通信。

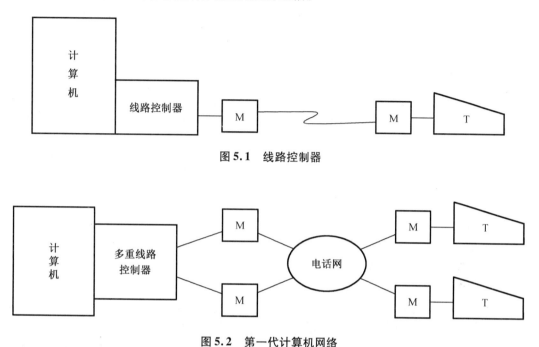

图 5.1　线路控制器

图 5.2　第一代计算机网络

在第一代计算机网络中,人们利用通信线路、集中器、多路复用器及公用电话网等设备,将一台计算机与多台用户终端相连接,用户通过终端命令以交互的方式使用计算机系统,从而将单一计算机系统的各种资源分散到每个用户手中。面向终端的计算机网络系统(分时系统)的成功,极大地刺激了用户使用计算机的热情,使计算机用户的数量迅速增加。但这种网络系统也存在着一些缺点:如果计算机的负荷较重,会导致系统响应时间过长;而且单机系统的可靠性一般较低,一旦计算机发生故障,将导致整个网络系统的瘫痪。

为了克服第一代计算机网络的缺点,提高网络的可靠性和可用性,人们开始研究将多台计算机相互连接的方法。人们首先想到能否借鉴电话系统中所采用的电路交换(circuit switching)思想。多年来,虽然电话交换机经过多次更新换代,从人工接续、步进制、纵横制直到现代的计算机程序控制,但是其本质始终未变,都是采用电路交换技术。从资源分配角度来看,电路交换是预先分配线路带宽的。用户在开始通话之前,先要通过拨号申请建立一条从发送端到接收端的物理通路。只有在此物理通路建立之后,双方才能通话。在通话过程中,用户始终占有从发送端到接收端的固定传输带宽。电路交换本来是为电话通信而设计的,对于计算机网络来说,建立通路的呼叫过程太长,必须寻找新的适合于计算机通信的交换技术。1964 年 8 月,巴兰(Baran)在美国兰德(Rand)公司"论分布式通信"的研究报告中提出了存储转发的概念。1962—1965 年,美国国防部高级研究计划署(Advanced Research Projects Agency, ARPA)和英国的国家物理实验室(National Physics Laboratory, NPL)都在对新型的计算机通信技术进行研究。英国 NPL 的戴维德了(David)于 1966 年首次提出了"分组"(packet)这一概念。到 1969 年 12 月，DARPA 的计算机分组交换网 ARPANET 投入运行。ARPANET 连接了美国加州大学洛杉矶分校、加州大学圣巴巴拉分校、斯坦福大学和犹他大学四个节点的计算机。ARPANET 的成功，标志着计算机网络的发展进入了新纪元。ARPANET 的成功运行使计算机网络的概念发生了根本性的变化。早期的面向终端的计算机网络是以单个主机为中心的星型网，各终端通过电话网共享主机的硬件和软件资源。但分组交换网则以通信子网为中心，主机和终端都处在网络的边缘。主机和终端构成了用户资源子网。用户不仅共享通信子网的资源，而且还可共享用户资源子网的丰富的硬件和软件资源。这种以资源子网为中心的计算机网络通常被称为第二代计算机网络。在第二代计算机网络中，多台计算机通过通信子网构成一个有机的整体，既分散又统一，从而使整个系统性能大大提高；原来单一主机的负载可以分散到全网的各个机器上，使得网络系统的响应速度加快；而且在这种系统中，单机故障也不会导致整个网络系统的全面瘫痪。

在网络中，相互通信的计算机必须高度协调工作，而这种"协调"是相当复杂的。为了降低网络设计的复杂性，早在当初设计 ARPANET 时就有专家提出了层次模型。分层设计方法可以将庞大而复杂的问题转化为若干较小且易于处理的子问题。1974 年 IBM 公司宣布了它研制的系统网络体系结构 SNA(System Network Architecture)，它是按照分层的方法制定的。DEC 公司也在 20 世纪 70 年代末开发了自己的网络体系结构——数字网络体系结构(Digital Network Architecture，DNA)。有了网络体系结构，一个公司所生产的各种机器和网络设备可以非常容易地被连接起来。但由于各个公司的网络体系结构是各不相同的，所以不同公司之间的网络不能互连互通。针对上述情况，国际标准化组织(International Standard Organization，ISO)于 1977 年设立专门的机构研究解决上述问题，并于不久后提出了一个使各种计算机能够互连的标准框架——开放式系统互联参考模型(Open System Interconnection/Reference Model，OSI/RM)，简称 OSI。OSI 模型是一个开放体系结构，它规定将网络分为 7 层，并规定每层的功能，如图 5.3 所示。OSI 参考模型的出现，意味着计算机网络发展到第三代。在 OSI 参考模型推出后，网络的发展一直走标准化道路，而网络标准化的最大体现就是 Internet 的飞速发展。现在 Internet 已成为世界上最大的国际性计算机互联网。Internet 遵循 TCP/IP 参考模型，由于 TCP/IP 仍然使用分层模型，因此 Internet 仍属于第三代计算机网络。

计算机网络经过第一代、第二代和第三代的发展，表现出其巨大的使用价值和良好的应用前景。进入 20 世纪 90 年代以来，微电子技术、大规模集成电路技术、光通信技术和计算机技术不断发展，为网络技术的发展提供了有力的支持；而网络应用正迅速朝着高速化、实时化、智能化、集成化和多媒体化的方向不断深入，新型应用向计算机网络提出了挑战，新一代网络的出现已成必然。计算机网络的发展既受到计算机科学技术和通信科学技术的支撑，又受到网络应用需求的推动。如今，计算机网络从体系结构到实用技术已逐步走向系统化、科学化和工程化。作为一门年轻的学科，它具有极强的理论性、综合性和依赖性，又具有自身特有的研究内容。它必须在一定的约

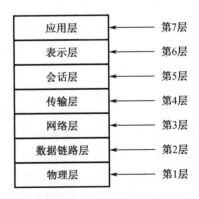

图 5.3　第三代计算机网络

束条件下研究如何合理、有效地管理和调度网络资源(如链路、带宽、信息等),提供适应不同应用需求的网络服务和拓展新的网络应用。

1. 网络技术的发展历程

现阶段计算机网络的主要模式有局域网、广域网、城域网。然而更早之前计算机的网络连接模式是十分复杂的,是通过终端开始架设通信线路最后再抵达终端的模式,这种模式建设起来十分困难,成本高,信号差,传输数据慢。经过人们长时间的探索与研究,新的模式逐渐代替这种古老的网络模式。不仅如此,在网络连接的方式方法上也不断地创新,从最开始的电话线拨号上网到宽带端口再到光纤,网络技术的发展突飞猛进,网络的速度也在不断提升。与此同时,计算机网络的应用也从单纯的信息交流和数据传输发展到网络购物、系统办公等多个方面,在辐射范围上也在逐渐扩大,最初的网络技术多用于军事国防,现今则应用于地产、食品、工业、旅游等多个领域。计算机网络技术的应用与普及大大地提高了人们生活生产的效率,促进了社会的发展。

2. 计算机网络技术在日常生活中的应用原则

计算机网络在日常生活中实践应用时一定要遵循的原则便是规范性原则,这一原则要求计算机网络的使用者要具有合理合规的网络使用习惯,使得计算机网络能在日常生活中发挥重要的作用,但在实际的生活中,多数的计算机网络的使用者在日常的操作中没有遵守网络使用规范,常常会出现一些违规的操作,造成了计算机网络的一些使用安全问题,严重的时候甚至阻碍了计算机网络技术的革新及创新发展。为了提高网络用户的行为规范性,在进行日常计算机网络管理时应该注意结合实际情况为网络用户提出一些需要遵守的准则及日常规范,尤其是通过服务约束用户的行为,使得计算机网络用户能够充分发挥计算机技术的功能。

其次,还应当遵循便捷性原则。计算机网络设备的复杂性及软件设备的构造都是十分复杂的,在应用计算机网络的时候用户无法全面地了解计算机网络的全面结构,但是所设置的计算机网络配置都是符合一定的原则,不仅考虑了用户的实际需求,还给计算机网络用户带来了使用便利性。并且,便捷的网络结构给计算机网络技术的日后维护带来了很大的便利,为之后的计算机网络产品维修检修等奠定了良好的基础。在便捷性使用原则的基础上,计算机网络的使用给网络用户带来了更多实践操作意义,一旦在应用的过程中遇到使用的问题,在便捷性原则的指导下,给维修者及使用者都带来了很大的帮助,技术问题的解决效率被大大地调高。

5.1.2　物理层与数据链路层

1. 物理层

物理层的主要任务:确定与传输媒体接口有关的一些特性,即:①机械特性:指明接口所用接线器的形状和尺寸、引线数目和排列、固定、锁定装置等;②电气特性:指明在接口电缆的各条线上出现的电压的范围;③功能特性:指明某条线上出现的某一电平的电压表示何种意义;④过程特性:指明对于不同功能的各种可能事件的出现顺序。

(1)常用术语

数据(data):运送消息的实体。

消息(message):话音、文字、图像等都是消息;

信号(signal):数据的物理表现,如电气或电磁。

①模拟信号(analogous)——消息的参数的取值是连续的,如时间、温度。

②数字信号(digital)——消息的参数的取值是离散的,二进制数、电脉冲。

码元(code):使用时间域的波形表示数字信号时,代表不同离散数值的基本波形就称为码元,使用二进制编码时,只有两种不同的码元:0、1。

波特率(Baud):码元传输速率的单位,1波特为每秒传送1个码元。

比特率(bps):每秒传输的二进制位数。

(2)信道

信道:向某一个方向传送信息的媒体。

单向通信(单工通信):只有一个方向的通信,而没有反方向的交互。如:电视广播。

双向交替通信(半双工通信):通信的双方都可以发送信息,但不能同时发送(当然也不能同时接收)。

双向同时通信(全双工通信):通信的双方可以同时发送和接收信息。

(3)基带(baseband)信号和带通(bandpass)信号

基带信号(基本频带信号):来自信源的信号。基带信号往往包含较多的低频成分,甚至有直流成分,而许多信道并不能传输这种低频分量或直流分量,因此必须对基带信号进行调制(modulation)。

基带调制:仅仅对基带信号的波形进行变换,调制后的信号仍是基带信号。

带通调制:使用载波进行调制,把基带信号的频率范围搬到较高的频段以便在信道中传输。

带通信号:基带信号经过载波调制后的信号。带通调制的方法可分为调幅、调频和调相。

调幅(AM):载波的振幅随基带数字信号而变化。

调频(FM):载波的频率随基带数字信号而变化。

调相(PM):载波的初始相位随基带数字信号而变化。

(4)编码

曼彻斯特编码(Manchester Code):用电压的变化表示0和1,规定在每个码元的中间发生跳变:高→低的跳变代表0,低→高的跳变代表1。

差分曼彻斯特编码(Differential Manchester encoding):每个码元的中间仍要发生跳变,用码元开始处有无跳变来表示0和1,有跳变代表0,无跳变代表1。

(5)信道的极限容量

任何实际的信道都不是理想的,在传输信号时会产生各种失真及带来多种干扰。码元传输的速率越高,传输距离越远,噪声干扰越大,传输媒体质量越差在信道输出端的波形的失真就越严重。

信道能够通过的频率范围:1924年,奈奎斯特(Nyquist)就推导出了著名的奈氏准则。在任何信道中,码元传输的速率是有上限的,否则就会出现码间串扰的问题。如果信道的频带越宽,也就是能够通过的信号高频分量越多,那么就可以用更高的速率传送码元而不出现码间串扰。

奈奎斯特公式:在无噪声情况下码元速率的极限值与信道带宽的关系:

$$C = B \log_2 N$$
$$B = 2 * H$$

其中　C——信道最大的数据传输速率；

$\qquad$ B——码元速率的极限值；

$\qquad$ H——信道的带宽；

$\qquad$ N——一个码元所取的有效离散值个数，也称之为调制电平数，N 一般取 2 的整数次方。如果一个码元可以取 N 个离散值，那它能表示 $\log_2 N$ 位二进制信息。

香农公式：用信息论的理论推导出了带宽受限且有高斯白噪声干扰的信道的极限传输速率 C：

$$C = W\log_2(1 + S/N)$$

其中　W——信道的带宽（以 Hz 为单位）；

$\qquad$ S——信道内所传信号的平均功率；

$\qquad$ N——信道内部的高斯噪声功率。

信噪比：信号的平均功率和噪声的平均功率之比。

$$信噪比 = 10\lg_{10}(S/N)$$

其中　S——信道内所传信号的平均功率；

$\qquad$ N——信道内部的高斯噪声功率；

$\qquad$ dB——分贝。

奈奎斯特定理与香农定理的区别：香农公式用信息论的理论推导出了带宽受限且有高斯白噪声干扰的信道的极限、无差错的信息传输速率。而奈奎斯特公式在无噪声的情况下码元速率的极限值与信道带宽的关系。

（6）物理层下面的传输媒体

传输媒体又称传输介质，是指数据传输系统中发送器和接收器之间的物理通路。常用的导向传输媒体有：

①双绞线：屏蔽双绞线 STP（Shielded Twisted Pair）、无屏蔽双绞线 UTP（Unshielded Twisted Pair）

②同轴电缆：50 Ω同轴电缆、75 Ω同轴电缆

③光缆：单模、多模

常用的非导向传输媒体有：

无线传输：所使用的频段很广；

短波通信：主要是靠电离层的反射，但短波信道的通信质量较差；

微波：在空间主要是直线传播。主要包括地面微波接力通信和卫星通信。

（7）信道复用技术

信道是指向某一个方向传送信息的媒体。复用（multiplexing）是两个或多个用户共享公用信道的一种机制。信道复用技术如图 5.4 所示。

①频分复用

频分多路复用是利用频率变换或调制的方法，将若干路信号搬移到频谱的不同位置，相邻两路的频谱之间留有一定的频率间隔，这样排列起来的信号就形成了一个频分多路复用信号。它将被发送设备发送出去，传输到接收端以后，利用接收滤波器再把各路信号区分开来。这种方法起源于电话系统，我们就利用电话系统这个例子来说明频分多路复用的原理。现在一路电话的标准频带是 0.3 KHz 至 3.4 KHz，高于 3.4 KHz 和低于 0.3 KHz 的频率分量都将被衰减掉（这对于语音清晰度和自然度的影响都很小，不会令人不满意）。所

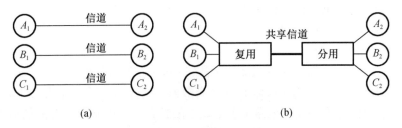

图5.4　信道复用技术

有电话信号的频带本来都是一样的,即0.3~3.4 KHz。若在一对导线上传输若干路这样的电话信号,接收端将无法把它们分开。信道的带宽越大,容纳的电话路数就会越多。随着通信信道质量的提高,在一个信道上同时传送的电话路数会越来越多。目前,在一根同轴电缆上已实现了上千路电话信号的传输。多路频分复用系统又称为多路载波系统。按照CCITT的建议,每12个电话话路构成一个基群(Group),占用60~108 KHz的频带;每5个基群在一起构成一个60路的超群(Super-Group),占用312~552 KHz的频带;5个超群构成一个300路的主群(Master-Group),占用812~2 044 KHz的频带;3个主群构成一个900路的超主群(Super-Master group),占用8 516~12 388 KHz的频带;4个超主群构成一个3 600路的巨群(Giant-Group),占用4 2612~59 684 KHz的频带。在实现多路载波系统时,需逐级实现频率升高,由低次群组成高次群。在目前的有线或无线模拟通信网中,使用了大量频分多路复用载波系统,因此频分模拟话路也是当前主要的长距离数据传输信道,每个话路最高数据传输率可达56Kbps。

②时分复用

我们知道,对于一个带宽为B的模拟信号,只需每秒等间隔地传输2B个采样点,接收方就可以根据接收到的数字信号完全恢复出原始的模拟信号。当传输某路模拟信号的采样数据时,整个信道的频带都将被该路信号所占用。如果信道的带宽很宽,则该信道所能支持的数据传输率就可以很高。在采样间隔时间里,传输一个采样数据的时间仅占采样间隔时间的一部分。则其他时间可以被用来传输其他模拟信号的采样数据,或传输其他低速数据。这就是时分多路复用的基本原理。时分复用是利用时间分隔方式来实现多路复用的,对于数字通信系统主干网的复用都采用时分多路复用技术。我们以电话系统作为例子来说明时分多路复用的工作原理。对于带宽为4 kHz的电话信号,每秒采样8 000次就可以完全不失真地恢复出话音信号。这种技术被称为脉冲编码调制(Pulse Code Modulation,PCM)。时分多路复用允许多个T1线路复用到更高级的线路上。在T2及更高级的线路上的多路复用是按比特进行的,而不是构成T1帧的24个话音信道的字节。4个1.544Mbps的T1信道按理应复用成6.176Mbps的速率,而T2线路的实际速率是6.312Mbps。额外的比特主要是用于帧定界和时钟同步。同理,6个T2流按比特复用成T3线路;而7个T3流复用成T4线路。每一次向上的复用都要附带一些开销用于帧定界和时钟同步。正如美国和其他国家在基本传输线路上不一致一样,在美国使用的时分多路复用标准是E1,即30路电话复用一条2.048Mbps的E1线路。在E1标准中,以30路PCM电话为一个基群(即E1,数据传输率为2.048Mbps),4个基群组成120路的二次群(即E2,数据传输率为8.448Mbps),4个二次群汇成480路的三次群(即E3,数据传输率为34.368Mbps),4个三次群又组成1920路的四次群(即E4,数据传输率为139.246Mbps)。时分复用数字通信系统和频分复用多路载波系统相比,存在着许多优越性,这些优越性都是由数字通信的特点所带来的。时分复用技术如图 5.5 所示。

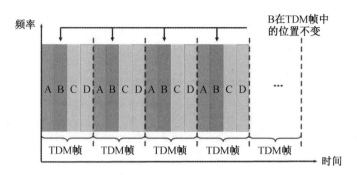

图 5.5　时分复用技术

③波分复用 WDM(Wavelength Division Multiplexing)

在光纤信道上使用的频分多路复用的变种就是波分多路复用(Wave – length Division Multiplexing,WDM)。即是一种在光纤上获得 WDM 的简单方法。在这种方法中,两根光纤连到一个棱柱或衍射光栅,每根光纤里的光波处于不同的波段上,这样两束光通过棱柱或衍射光栅合到一根共享的光纤上,到达目的地后,再将两束光分解开来。由于受到目前电/光和光/电转换速度的限制,对于带宽可达 25 000GHz 的光纤来说,目前一般可以利用的数据传输率可达 10Gbps。如采用波分多路复用技术,在一根光纤上可以发送 8 个波长的光波,假设每个波长可以支持 10Gbps 的数据传输率,则一根光纤所能支持的最大数据传输率将达到 80Gbps。目前,这样的波分复用系统已经在实际组网中得到应用。

④码分多址 CDMA(Code Division Multiple Access)

码分多址使每一个用户可以在同样的时间使用同样的频带进行通信。各用户使用经过特殊挑选的不同码型,因此彼此不会造成干扰。每一个比特时间被划分为 m 个短的间隔,称为码片(chip)。每个站被指派一个唯一的 mbit 码片序列。(如发送比特 1,则发送自己的 mbit 码片序列;如发送比特 0,则发送该码片序列的二进制反码。例如:S 站的 8bit 码片序列是:00011011,发送比特 1 时,就发送序列 00011011;发送比特 0 时,就发送序列 11100100。)

CDMA 工作原理:

①拨号

当您拨一个电话号码后,这个号码将与您的电话 ID 号一起以无线电广播的形式发射出去。

②分组传递

电话对语音进行数字化,并把它划分为数据位包,然后使用扩频(利用与信息无关的伪随机码,以调制方法将已调制信号的频谱宽度扩展得比原调制信号的带宽宽得多的过程。例如:跳频、混合扩频、直接序列扩频。)技术,广播这些数据包。

③接收与连接

距离最近的 CDMA 无线捕捉到您电话的无线电广播,并将它传递到中央交换计算机,这个计算机识别您的电话 ID。这样,蜂窝服务电话提供商可以跟踪您的通话并根据空中占用时间进行计费。

④识别

语音信号以数据包的形式到达您的话机。您的电话机首先通过一个通话传来,然后识别标识着您的对话的特殊代码并将相应的数据包还原成语音信号。特点:每个站分配的码片序列不仅必须各不相同,并且还必须互相正交(orthogonal)。在实用的系统中使用的是伪随机码序列。

(8)宽带接入技术

数字用户线 DSL(Digital Subscriber Line)技术用数字技术对现有的模拟电话线进行改造,使它能够承载宽带业务。xDSL 技术把 0～4 kHz 低端频谱留给传统电话使用,而利用原来没有被利用的高端频谱上网。

ADSL(Asymmetric Digital Subscriber Line):非对称数字用户线。它的特点有:上行和下行带宽不对称(上行指从用户到 ISP,而下行是从 ISP 到用户)ADSL 在用户线(铜线)的两端各安装一个 ADSL 调制解调器;

(9)FTTx 技术

FTTx(光纤到…)也是一种实现宽带居民接入网的方案。这里字母 x 可代表不同意思。

光纤到家 FTTH(Fiber To The Home):光纤一直铺设到用户家庭可能是居民接入网最后的解决方法。

光纤到大楼 FTTB(Fiber To The Building):光纤进入大楼后就转换为电信号,然后用电缆或双绞线分配到各用户。

光纤到路边 FTTC(Fiber To The Curb):从路边到各用户可使用星型结构双绞线作为传输媒体。

2. 数据链路层

对于数据链路层来说,"链路"和"数据链路"并不是一回事。所谓链路(link)就是一条无源的点到点的物理线路段,中间没有任何其他的交换节点。在进行数据通信时,两个计算机之间的通路往往是由许多的链路串接而成的。可见一条链路只是一条通路的一个组成部分。数据链路(data link)则是另一个概念。这是因为当需要在一条线路上传送数据时,除了必须有一条物理线路外,还必须有一些必要的通信协议来控制这些数据的传输。若把实现这些协议的硬件和软件加到链路上,就构成了数据链路。现在最常用的方法是使用适配器(在许多情况下适配器就是网卡)来实现这些协议的硬件和软件。一般的适配器都包括了数据链路层和物理层这两层的功能。

在讨论数据链路层的功能时,常常在两个对等的数据链路层之间画出一个数字管道,在这条数字管道上传输的数据单位是帧。虽然我们知道在物理层之间传送的是比特流,而在物理传输媒体上传送的是信号(电信号或光信号),但有时为了方便我们也常说,"在某条链路(而没有说数据链路)上传送数据帧"。其实这已经隐含地假定了我们是在数据链路层上来观察问题。如果没有数据链路层的协议,我们在物理层上就只能看见链路上传送的比特串,根本不能找出一个帧的起止比特,当然更无法识别帧的结构。有时我们也会不太严格地说,"在某条链路上传送分组或比特流",但这显然是在网络层或物理层上讨论问题。

在 TCP/IP 协议族中,链路层主要有三个目的:

(1)为 IP 模块发送和接收 IP 数据报;

(2)为 ARP 模块发送 ARP 请求和接收 ARP 应答;

（3）为 RARP 发送 RARP 请求和接收 RARP 应答。

TCP/IP 支持多种不同的链路层协议,这取决于网络所使用的硬件,如以太网、令牌环网、FDDI(光纤分布式数据接口)及 RS － 232 串行线路等。

（1）以太网

以太网这个术语一般是指数字设备公司(Digital Equipment Corporation.)、英特尔公司(Intel Corporation.)和 Xerox 公司在 1982 年联合公布的一个标准。它是当今 TCP/IP 采用的主要的局域网技术。它采用一种称作 CSMA/CD 的媒体接入方法,其意思是带冲突检测的载波侦听多路接入(Carrier Sense, Multiple Access with Collision Detection)。它的速率为10Mb/s,地址为 48bit。几年后,IEEE(电子电气工程师协会)802 委员会公布了一个稍有不同的标准集,其中 802.3 针对整个 CSMA/CD 网络,802.4 针对令牌总线网络,802.5 针对令牌环网络。这三者的共同特性由 802.2 标准来定义,那就是 802 网络共有的逻辑链路控制(LLC)。不幸的是,802.2 和 802.3 定义了一个与以太网不同的帧格式。

在 TCP/IP 世界中,以太网 IP 数据报的封装是在 RFC 894[Hornig 1984]中定义的,IEEE 802 网络的 IP 数据报封装是在 RFC 1042[Postel and Reynolds 1988]中定义的。主机需求 RFC 要求每台 Internet 主机都与一个 10Mb/s 的以太网电缆相连接:

①必须能发送和接收采用 RFC 894(以太网)封装格式的分组。

②应该能接收与 RFC 894 混合的 RFC 1042(IEEE 802)封装格式的分组。

③也许能够发送采用 RFC 1042 格式封装的分组。

如果主机能同时发送两种类型的分组数据,那么发送的分组必须是可以设置的,而且默认条件下必须是 RFC 894 分组。最常使用的封装格式是 RFC 894 定义的格式。图中每个方框下面的数字是它们的字节长度。两种帧格式都采用 48bit(6 字节)的目的地址和源地址(802.3 允许使用 16bit 的地址,但一般是 48bit 地址)。ARP 和 RARP 协议对 32bit 的 IP 地址和 48bit 的硬件地址进行映射。接下来的 2 个字节在两种帧格式中互不相同。在 802 标准定义的帧格式中,长度字段是指它后续数据的字节长度,但不包括 CRC 检验码。以太网的类型字段定义了后续数据的类型。802 标准定义的帧格式中,类型字段则由后续的子网接入协议(Sub － network Access Protocol, SNAP)的首部给出。幸运的是,802 定义的有效长度值与以太网的有效类型值无一相同,这样就可以对两种帧格式进行区分。在以太网帧格式中,类型字段之后就是数据;而在 802 帧格式中,跟随在后面的是 3 字节的802.2 LLC 和 5 字节的 802.2SNAP。目的服务访问点(Destination Service Access Point, DSAP)和源服务访问点(Source Service Access Point, SSAP)的值都设为 0xaa。Ctrl 字段的值设为 3。随后的 3 个字节 org code 都置为 0。再接下来的 2 个字节类型字段和以太网帧格式一样。CRC 字段用于帧内后续字节差错的循环冗余码检验(它也被称为 FCS 或帧检验序列)。802.3 标准定义的帧和以太网的帧都有最小长度要求。802.3 规定数据部分必须至少为 38字节,而对于以太网,则要求最少要有 46 字节。为了保证这一点,必须在不足的空间插入填充(pad)字节。在开始观察线路上的分组时将遇到这种最小长度的情况。

（2）PPP 点对点协议

PPP 包括以下三个部分:

①在串行链路上封装 IP 数据报的方法。PPP 既支持数据为 8 位和无奇偶检验的异步模式(如大多数计算机上都普遍存在的串行接口),也支持面向比特的同步链接。

②建立、配置及测试数据链路的链路控制协议(LCP:Link Control Protocol)。它允许通

信双方进行协商,以确定不同的选项。

③针对不同网络层协议的网络控制协议(NCP:Network Control Protocol)体系。当前RFC 定义的网络层有 IP、OSI 网络层、DECnet 及 Apple Talk。例如,IP NCP 允许双方商定是否对报文首部进行压缩,类似于 CSLIP(缩写词 NCP 也可用在 TCP 的前面)。RFC 1548 描述了报文封装的方法和链路控制协议。RFC 1332 描述了针对 IP 的网络控制协议。PPP 数据帧的格式看上去很像 ISO 的 HDLC(高层数据链路控制)标准。每一帧都以标志字符 0x7e 开始和结束。紧接着是一个地址字节,值始终是 0xff,然后是一个值为 0x03 的控制字节。

接下来是协议字段,类似于以太网中类型字段的功能。当它的值为 0x0021 时,表示信息字段是一个 IP 数据报;值为 0xc021 时,表示信息字段是链路控制数据;值为 0x8021 时,表示信息字段是网络控制数据。CRC 字段(或 FCS,帧检验序列)是一个循环冗余检验码,以检测数据帧中的错误。由于标志字符的值是 0x7e,因此当该字符出现在信息字段中时,PPP 需要对它进行转义。在同步链路中,该过程是通过一种称作比特填充(bit stuffing)的硬件技术来完成的。在异步链路中,特殊字符 0x7d 用作转义字符。当它出现在 PPP 数据帧中时,那么紧接着的字符的第 6 个比特要取其补码,具体实现过程如下:

①当遇到字符 0x7e 时,需连续传送两个字符:0x7d 和 0x5e,以实现标志字符的转义。

②当遇到转义字符 0x7d 时,需连续传送两个字符:0x7d 和 0x5d,以实现转义字符的转义。

③默认情况下,如果字符的值小于 0x20(比如,一个 ASCII 控制字符),一般都要进行转义。例如,遇到字符 0x01 时需连续传送 0x7d 和 0x21 两个字符(这时,第 6 个比特取补码后变为 1,而前面两种情况均把它变为 0)。这样做的原因是防止它们出现在双方主机的串行接口驱动程序或调制解调器中,因为有时它们会把这些控制字符解释成特殊的含义。另一种可能是用链路控制协议来指定是否需要对这 32 个字符中的某一些值进行转义。默认情况下是对所有的 32 个字符都进行转义。与 SLIP 类似,由于 PP 经常用于低速的串行链路,因此减少每一帧的字节数可以降低应用程序的交互时延。利用链路控制协议,大多数的产品通过协商可以省略标志符和地址字段,并且把协议字段由 2 个字节减少到 1 个字节。如果我们把 PPP 的帧格式与前面的 SLIP 的帧格式进行比较会发现,PPP 只增加了 3 个额外的字节:1 个字节留给协议字段,另 2 个给 CRC 字段使用。另外,使用 IP 网络控制协议,大多数的产品可以通过协商采用 Van Jacobson 报文首部压缩方法(对应于 CSLIP 压缩),减小 IP 和 TCP 首部长度。总的来说,PPP 比 SLIP 具有下面这些优点:

①PPP 支持在单根串行线路上运行多种协议,不只是 IP 协议;

②每一帧都有循环冗余检验;

③通信双方可以进行 IP 地址的动态协商(使用 IP 网络控制协议);

④与 CSLIP 类似,对 TCP 和 IP 报文首部进行压缩;

⑤链路控制协议可以对多个数据链路选项进行设置。

为这些优点付出的代价是在每一帧的首部增加 3 个字节,当建立链路时要发送几帧协商数据,以及更为复杂的实现。

(3)串行线路吞吐量计算

如果线路速率是 9 600 b/s,而一个字节有 8bit,加上一个起始比特和一个停止比特,那么线路的速率就是 960 B/s(字节/秒)。以这个速率传输一个 1 024 字节的分组需要 1 066 ms。如果用 SLIP 链接运行一个交互式应用程序,同时还运行另一个应用程序如 FTP 发送或接收

1 024 字节的数据,那么一般来说就必须等待一半的时间(533 ms)才能把交互式应用程序的分组数据发送出去。假定交互分组数据可以在其他"大块"分组数据发送之前被发送出去。大多数的 SLIP 实现确实提供这类服务排队方法,把交互数据放在大块的数据前面。交互通信一般有 Telnet、Rlogin 及 FTP 的控制部分(用户的命令,而不是数据)。这种服务排队方法是不完善的。它不能影响已经进入下游(如串行驱动程序)队列的非交互数据。同时,新型的调制解调器具有很大的缓冲区,因此非交互数据可能已经进入该缓冲区了。对于交互应用来说,等待 533 ms 是不能被接受的。关于人的有关研究表明,交互响应时间超过 100 ~ 200 ms 就被认为是不好的。这是发送一份交互报文出去后,直到接收到响应信息(通常是出现一个回显字符)为止的往返时间。把 SLIP 的 MTU 缩短到 256 就意味着链路传输一帧最长需要 266 ms,它的一半是 133 ms(这是一般需要等待的时间)。这样情况会好一些,但仍然不完美。我们选择它的原因(与 64 或 128 相比)是因为大块数据提供良好的线路利用率(如大文件传输)。假设 CSLIP 的报文首部是 5 个字节,数据帧总长为 261 个字节,256 个字节的数据使线路的利用率为 98.1%,帧头占了 1.9%,这样的利用率是很不错的。如果把 MTU 降到 256 以下,那么将降低传输大块数据的最大吞吐量。假设数据为 256 字节,TCP 和 IP 首部占 40 个字节。由于 MTU 是 IP 向链路层查询的结果,因此该值必须包括通常的 TCP 和 IP 首部。这样就会导致 IP 如何进行分片的决策。IP 对 CSLIP 的压缩情况一无所知。

我们对平均等待时间的计算(传输最大数据帧所需时间的一半)只适用于 SLIP 链路(或 PPP 链路)在交互通信和大块数据传输这两种情况。当只有交互通信时,如果线路速率是 9 600 b/s,那么任何方向上的 1 字节数据(假设有 5 个字节的压缩帧头)往返一次都大约需要 12.5 ms。它比前面提到的 100 ~ 200 ms 要小得多。需要注意的是,由于帧头从 40 个字节压缩到 5 个字节,使得 1 字节数据往返时间从 85 ms 减到 12.5 ms。

不幸的是,当使用新型的纠错和压缩调制解调器时,这样的计算就更难了。这些调制解调器所采用的压缩方法使得在线路上传输的字节数大大减少,但纠错机制又会增加传输的时间。不过,这些计算是我们进行合理决策的入口点。

5.1.3　网络互连

网络互联是指将各种不同的物理网络(如不同的局域网或广域网)连接在一起构成统一的网络,它在计算机网络中是一个非常重要的概念和技术。

TCP/IP 技术是实现网络互联的重要手段,该部分将要讨论的内容包括:TCP/IP 参考模型、IP、ARP 和 ICMP、IP 路由协议,以及 TCP 和 UDP。

1. 应用级互联

早期的异构网络互联是通过应用程序完成的。用协议转换的观点来说,在这种互联网中,除了应用层协议外,其他各层协议都不相同。应用程序必须了解本机与网络连接的所有内部细节,并直接通过网络与其他应用程序通信。换句话说,应用程序直接建立在物理网络上,无中间协议。例如,OSI 电子邮件系统中的每台机器都必须运行一个称为消息传输代理 MTA 的应用程序,由它负责邮件的收发,而且每台中转邮件的机器也必须完整接收邮件,然后根据邮件地址将其转发到下一站。这就是一个典型的应用级互联的例子。应用级互联是最容易想到也是最笨的办法。其缺点是:首先,在网络系统中增加新的功能意味着要为网络中的每台机器编写新的应用程序;第二,增加新的硬件意味着要修改旧的应用程序;第三,每个应用程序都必须处理本机与网络连接的细节,导致代码重复。上述这些问题的根源在于应用程序必须直接面对物理网络硬件。应用级互联还有以下弊端:第一,当互联网络达到一定规模时,要为所有机器编写应用程序几乎是不可能的;第二,由于采用点到点的存储转发通信方式,当网络中的某个中间节点的应用程序出错时,发送方和接收方既无法知道也无法控制。随着网络互联技术的发展,应用级互联技术已很少使用。

2. 网络级互联

网络级互联提供一种机制,实时地把用户数据分组从源端发送到目的端。在网络级互联中,用户(应用程序)直接感受到的是互联网所提供的分组交换服务,而不是网络连接。也就是说,网络级互联通过分组交换机制将底层物理网络硬件细节隐藏起来,避免了应用级互联的种种弊端。与应用级互联相比,网络级互联必须在系统中增加某些中间层次(主要是网络层),使应用程序不直接处理物理网络连接,这样物理网络技术的特性及其变化就不会影响到应用程序,并且不同的应用程序还可以共享网络级互联所提供的分组交换服务,而不再产生重复代码。网络级互联的优点在于:首先,这种互联技术直接映射到底层网络硬件,因此十分高效。第二,网络级互联把数据包传递功能从应用程序中分离出来,允许网络中的每台机器只需要处理与数据包传递有关的操作即可;第三,网络级互联使得整个互联网络的系统更加灵活;第四,网络互联模式允许网络管理人员通过修改或增加某些网络软件就能在互联网中加入新的网络技术,而对应用程序而言并不需要做任何改变。网络级互联的关键思想归纳起来就形成了 TCP/IP 网络的基本概念。它是对各种不同的物理网络的一种高度抽象,它将通信问题从网络细节中解放出来,通过提供通用网络服务,使底层网络技术对用户或应用程序透明。网络级互联的目标是建立一个统一、协作、提供统一服务的通信系统。具体方法就是在底层网络技术与应用程序之间增加一个中间层软件,以便抽象和屏蔽底层物理网络的硬件细节,向用户提供通用的网络服务。

5.1.4 传输层与应用层协议

1. 传输层协议

(1) TCP 协议

尽管 TCP 和 UDP 都使用相同的网络层(IP),TCP 却向应用层提供与 UDP 完全不同的服务。TCP 提供一种面向连接的、可靠的字节流服务。面向连接意味着两个使用 TCP 的应用(通常是一个客户和一个服务器)在彼此交换数据之前必须先建立一个 TCP 连接。这一过程与打电话很相似,先拨号振铃,等待对方摘机说"喂",然后才说明是谁。在一个 TCP 连接中,仅有两方进行彼此通信。

TCP 通过下列方式来提供可靠性:

①应用数据被分割成 TCP 认为最适合发送的数据块。这和 UDP 完全不同,应用程序产生的数据报长度将保持不变。由 TCP 传递给 IP 的信息单位称为报文段或段(segment)。

②当 TCP 发出一个段后,它启动一个定时器,等待目的端确认收到这个报文段。如果不能及时收到确认,将重发这个报文段。

③当 TCP 收到发自 TCP 连接另一端的数据,它将发送确认。这个确认不是立即发送,通常将推迟几分之一秒。

④TCP 将保持它首部和数据的检验和。这是端到端的检验和,目的是检测数据在传输过程中的任何变化。如果收到段的检验和有差错,TCP 将丢弃这个报文段和不确认收到此

报文段(希望发端超时并重发)。

　　⑤既然 TCP 报文段作为 IP 数据报来传输,而 IP 数据报的到达可能会失序,因此 TCP 报文段的到达也可能会失序。如果必要,TCP 将对收到的数据进行重新排序,将收到的数据以正确的顺序交给应用层。

　　⑥既然 IP 数据报会发生重复,TCP 的接收端必须丢弃重复的数据。

　　TCP 的首部

　　TCP 数据被封装在 IP 数据报中(如图 5.6)。如果不计任选字段,它通常是 20 个字节。

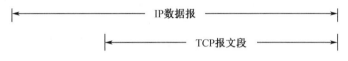

图 5.6　TCP 数据封装在 IP 数据报

　　每个 TCP 段都包含源端和目的端的端口号,用于寻找发端和收端应用进程。这两个值加上 IP 首部中的源端 IP 地址和目的端 IP 地址唯一确定一个 TCP 连接。有时,一个 IP 地址和一个端口号也称为一个插口(socket)。这个术语出现在最早的 TCP 规范(RFC793)中,后来它也作为表示伯克利版的编程接口。插口对(socket pair)(包含客户 IP 地址、客户端口号、服务器 IP 地址和服务器端口号的四元组)可唯一确定互联网中每个 TCP 连接的双方。序号用来标识从 TCP 发端向 TCP 收端发送的数据字节流,它表示在这个报文段中的第一个数据字节。如果将字节流看作在两个应用程序间的单向流动,则 TCP 用序号对每个字节进行计数。序号是 32bit 的无符号数,序号到达 $2^{32}-1$ 后又从 0 开始。当建立一个新的连接时,SYN 标志变 1。序号字段包含由这个主机选择的该连接的初始序号 ISN(Initial Sequence Number)。该主机要发送数据的第一个字节序号为这个 ISN 加 1,因为 SYN 标志消耗了一个序号。既然每个传输的字节都被计数,确认序号包含发送确认的一端所期望收到的下一个序号。因此,确认序号应当是上次已成功收到的数据字节序号加 1。只有 ACK 标志为 1 时确认序号字段才有效。发送 ACK 无须任何代价,因为 32bit 的确认序号字段和 ACK 标志一样,总是 TCP 首部的一部分。因此,我们看到一旦一个连接建立起来,这个字段总是被设置,ACK 标志也总是被设置为 1。TCP 为应用层提供全双工服务。这意味数据能在两个方向上独立地进行传输。因此,连接的每一端必须保持每个方向上的传输数据序号。TCP 可以表述为一个没有选择确认或否认的滑动窗口协议。我们说 TCP 缺少选择确认是因为 TCP 首部中的确认序号表示发方已成功收到字节,但还不包含确认序号所指的字节。当前还无法对数据流中选定的部分进行确认。例如,如果 1～1 024 字节已经成功收到,下一报文段中包含序号从 2 049～3 072 的字节,收端并不能确认这个新的报文段。它所能做的就是发回一个确认序号为 1 025 的 ACK。它也无法对一个报文段进行否认。例如,如果收到包含 1 025～2 048 字节的报文段,但它的检验出错,TCP 接收端所能做的就是发回一个确认序号为 1 025 的 ACK。首部长度给出首部中 32bit 字的数目。需要这个值是因为任选字段的长度是可变的。这个字段占 4bit,因此 TCP 最多有 60 字节的首部。然而,没有任选字段,正常的长度是 20 字节。在 TCP 首部中有 6 个标志比特。它们中的多个可同时被设置为 1。

　　URG 紧急指针(urgent pointer)有效。

　　ACK 确认序号有效。

　　PSH 接收方应该尽快将这个报文段交给应用层。

RST 重建连接。

SYN 同步序号用来发起一个连接。

FIN 发端完成发送任务。

TCP 的流量控制由连接的每一端通过声明的窗口大小来提供。窗口大小为字节数,起始于确认序号字段指明的值,这个值是接收端正期望接收的字节。窗口大小是一个 16bit 字段,因而窗口大小最大为 65 535 字节。检验和覆盖 TCP 首部和 TCP 数据,即 TCP 整个报文段。这是一个强制性的字段,一定是由发端计算和存储,并由收端进行验证。TCP 检验和的计算和 UDP 检验和的计算相似,使用伪首部,只有当 URG 标志置 1 时紧急指针才有效。紧急指针是一个正的偏移量,和序号字段中的值相加表示紧急数据最后一个字节的序号。TCP 的紧急方式是发送端向另一端发送紧急数据的一种方式。最常见的可选字段是最长报文大小,又称为 MSS(Maximum Segment Size)。每个连接方通常都在通信的第一个报文段(为建立连接而设置 SYN 标志的那个段)中指明这个选项。它指明本端所能接收的最大长度的报文段。TCP 报文段中的数据部分是可选的,在一个连接建立和一个连接终止时,双方交换的报文段仅有 TCP 首部。即使一方没有数据要发送,也使用没有任何数据的首部来确认收到的数据。在处理超时的许多情况中,也会发送不带任何数据的报文段。

(2)UDP 协议

①UDP 是一个简单的面向数据报的运输层协议

进程的每个输出操作都正好产生一个 UDP 数据报,并组装成一份待发送的 IP 数据报。这与面向流字符的协议不同,如 TCP,应用程序产生的全体数据与真正发送的单个 IP 数据报可能没有什么联系。RFC 768 是 UDP 的正式规范。

②UDP 不提供可靠性

它把应用程序传给 IP 层的数据发送出去,但是并不保证它们能到达目的地。由于缺乏可靠性,我们似乎觉得要避免使用 UDP 而使用一种可靠协议如 TCP。应用程序必须关心 IP 数据报的长度。如果它超过网络的 MTU,那么就要对 IP 数据报进行分片。如果需要,源端到目的端之间的每个网络都要进行分片,并不只是发送端主机连接第一个网络才这样做。UDP 首部的各字段如图 5.7 所示。

图 5.7　UDP 首部

③端口号表示发送进程和接收进程

由于 IP 层已经把 IP 数据报分配给 TCP 或 UDP(根据 IP 首部中协议字段值),因此 TCP 端口号由 TCP 来查看,而 UDP 端口号由 UDP 来查看。TCP 端口号与 UDP 端口号是相互独立的。尽管相互独立,如果 TCP 和 UDP 同时提供某种知名服务,两个协议通常选择相同的端口号。这纯粹是为了使用方便,而不是协议本身的要求。UDP 长度字段指的是 UDP 首部和 UDP 数据的字节长度。该字段的最小值为 8 字节(发送一份 0 字节的 UDP 数据报是 0

K）。这个 UDP 长度是有冗余的。IP 数据报长度指的是数据报全长,因此 UDP 数据报长度是全长减去 IP 首部的长度。

④UDP 检验和

UDP 检验和覆盖 UDP 首部和 UDP 数据。回想 IP 首部的检验和,它只覆盖 IP 的首部,并不覆盖 IP 数据报中的任何数据。UDP 和 TCP 在首部中都有覆盖它们首部和数据的检验和。UDP 的检验和是可选的,而 TCP 的检验和是必需的。尽管 UDP 检验和的基本计算方法与 IP 首部检验和计算方法相类似(16bit 字的二进制反码和),但是它们之间存在不同的地方。首先,UDP 数据报的长度可以为奇数字节,但是检验和算法是把若干个 16bit 字相加。解决方法是必要时在最后增加填充字节 0,这只是为了检验和的计算(也就是说,可能增加的填充字节不被传送)。其次,UDP 数据报和 TCP 段都包含一个 12 字节长的伪首部,它是为了计算检验和而设置的。伪首部包含 IP 首部一些字段。其目的是让 UDP 两次检查数据是否已经正确到达目的地(例如,IP 没有接受地址不是本主机的数据报,以及 IP 没有把应传给另一高层的数据报传给 UDP)。UDP 数据报中的伪首部格式如图 5.8 所示。在该图中,我们特地举了一个奇数长度的数据报例子,因而在计算检验和时需要加上填充字节。注意,UDP 数据报的长度在检验和计算过程中出现两次。如果检验和的计算结果为 0,则存入的值为全 1(65 535),这在二进制反码计算中是等效的。如果传送的检验和为 0,说明发送端没有计算检验和。如果发送端没有计算检验和而接收端检测到检验和有差错,那么 UDP 数据报就要被悄悄地丢弃。不产生任何差错报文(当 IP 层检测到 IP 首部检验和有差错时也这样做)。UDP 检验和是一个端到端的检验和。它由发送端计算,然后由接收端验证。其目的是为了发现 UDP 首部和数据在发送端到接收端之间发生的任何改动。尽管 UDP 检验和是可选的,但是它们应该总是在用。在 20 世纪 80 年代,一些计算机产商在默认条件下关闭 UDP 检验和的功能,以提高使用 UDP 协议的 NFS(Network File System)的速度。在单个局域网中这可能是可以接受的,但是在数据报通过路由器时,通过对链路层数据帧进行循环冗余检验(如以太网或令牌环数据帧)可以检测到大多数的差错,导致传输失败。不管相信与否,路由器中也存在软件和硬件差错,以至于修改数据报中的数据。如果关闭端到端的 UDP 检验和功能,那么这些差错在 UDP 数据报中就不能被检测出来。另外,一些数据链路层协议(如 SLIP)没有任何形式的数据链路检验和。

理论上,IP 数据报的最大长度是 65 535 字节,这是由 IP 首部 16 比特总长度字段所限制的。去除 20 字节的 IP 首部和 8 个字节的 UDP 首部,UDP 数据报中用户数据的最长长度为 65 507 字节。但是,大多数实现所提供的长度比这个最大值小。我们将遇到两个限制因素。第一,应用程序可能会受到其程序接口的限制。socket API 提供了一个可供应用程序调用的函数,以设置接收和发送缓存的长度。对于 UDP socket,这个长度与应用程序可以读写的最大 UDP 数据报的长度直接相关。现在的大部分系统都默认提供了可读写大于 8 192 字节的 UDP 数据报(使用这个默认值是因为 8 192 是 NFS 读写用户数据数的默认值)。第二个限制来自 TCP/IP 的内核实现。可能存在一些实现特性(或差错),使 IP 数据报长度小于 65 535 字节。数据报截断由于 IP 能够发送或接收特定长度的数据报并不意味着接收应用程序可以读取该长度的数据。因此,UDP 编程接口允许应用程序指定每次返回的最大字节数。如果接收到的数据报长度大于应用程序所能处理的长度,那么会发生什么情况呢?不幸的是,该问题的答案取决于编程接口和实现。典型的 Berkeley 版 socket API 对数据报进行截断,并丢弃任何多余的数据。应用程序何时能够知道,则与版本有关(4.3BSD Reno

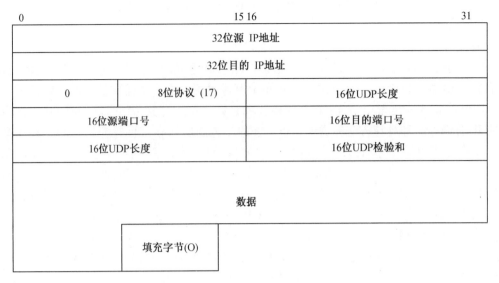

图 5.8 UDP 数据报中的伪首部格式

及其后的版本可以通知应用程序数据报被截断)。SVR4 下的 socket API 并不截断数据报。超出部分数据在后面的读取中返回。它也不通知应用程序从单个 UDP 数据报中多次进行读取操作。TLI API 不丢弃数据。相反,它返回一个标志表明可以获得更多的数据,而应用程序后面的读操作将返回数据报的其余部分。在讨论 TCP 时,我们发现它为应用程序提供连续的字节流,而没有任何信息边界。TCP 以应用程序读操作时所要求的长度来传送数据,因此,在这个接口下,不会发生数据丢失。

2. 应用层协议

(1)Telnet 协议

Telnet 协议可以在任何主机(例如,任何操作系统)或任何终端之间工作。RFC 854 定义了该协议的规范,其中还定义了一种通用字符终端叫作网络虚拟终端 NVT(Network Virtual Terminal)。NVT 是虚拟设备,连接的双方,即客户机和服务器,都必须把它们的物理终端和 NVT 进行相互转换。也就是说,不管客户进程终端是什么类型,操作系统必须把它转换为 NVT 格式。同时,不管服务器进程的终端是什么类型,操作系统必须能够把 NVT 格式转换为终端所能够支持的格式。NVT 是带有键盘和打印机的字符设备。用户击键产生的数据被发送到服务器进程,服务器进程回送的响应则输出到打印机上。默认情况下,用户击键产生的数据是发送到打印机上的,但是我们可以看到这个选项是可以改变的。NVT ASCII 术语 NVT ASCII 代表 7 比特的 ASCII 字符集,网间网协议族都使用 NVT ASCII。每个 7 比特的字符都以 8 比特格式发送,最高位比特为 0。行结束符以两个字符 CR(回车)和紧接着的 LF(换行)这样的序列表示。以 \r\n 来表示。单独的一个 CR 也是以两个字符序列来表示,它们是 CR 和紧接着的 NUL(字节 0),以 \r\0 表示。

Telnet 命令:Telnet 通信的两个方向都采用带内信令方式。字节 0xff(十进制的 255)叫作 IAC(interpret as command,意思是"作为命令来解释")。该字节后面的一个字节才是命令字节。如果要发送数据 255,就必须发送两个连续的字节。其实在 Telnet 中有一个二进制选项,在 RFC856 有定义,关于这点我们没有讨论,该选项允许数据以 8 bit 进行传输。

对于大多数 Telnet 的服务器进程和客户进程,共有 4 种操作方式。

①半双工

这是 Telnet 的默认方式,但现在却很少使用。NVT 默认是一个半双工设备,在接收用户输入之前,它必须从服务器进程获得 GO AHEAD(GA)命令。用户的输入在本地回显,方向是从 NVT 键盘到 NVT 打印机,所以客户进程到服务器进程只能发送整行的数据。虽然该方式适用于所有类型的终端设备,但是它不能充分发挥目前大量使用的支持全双工通信的终端功能。RFC 857 定义了 ECHO 选项,RFC 858 定义了 SUPPRESS GO AHEAD(抑制继续进行)选项。如果联合使用这两个选项,就可以支持下面将讨论的方式:带远程回显的一次一个字符的方式。

②一次一个字符方式

这和前面的 Rlogin 工作方式类似。我们所键入的每个字符都单独发送到服务器进程。服务器进程回显大多数的字符,除非服务器进程端的应用程序去掉了回显功能。该方式的缺点也是显而易见的。当网络速度很慢,而且网络流量比较大的时候,回显的速度也会很慢。虽然如此,但目前大多数 Telnet 实现都把这种方式作为默认方式。我们将看到,如果要进入这种方式,只要激活服务器进程的 SUPPRESS GO AHEAD 选项即可。这可以通过由客户进程发送 DO SUPPRESS GO AHEAD(请求激活服务器进程的选项)请求完成,也可以通过服务器进程给客户进程发送 WILL SUPPRESS GO AHEAD(服务器进程激活选项)请求来完成。服务器进程通常还会跟着发送 WILL ECHO,以使回显功能有效。

③一次一行方式

该方式通常叫作准行方式(kludge line mode),该方式的实现是遵照 RFC 858 的。该 RFC 规定:如果要实现带远程回显的一次一个字符方式,ECHO 选项和 SUPPRESS GO AHEAD 选项必须同时有效。准行方式采用这种方式来表示当两个选项的其中之一无效时,Telnet 就是工作在一次一行方式。

④行方式

我们用这个术语代表实行方式选项,这是在 RFC 1184 中定义的。这个选项也是通过客户进程和服务器进程进行协商而确定的,它纠正了准行方式的所有缺陷。目前比较新的 Telnet 实现支持这种方式。

(2)FTP 协议

FTP 与我们已描述的另一种应用不同,它采用两个 TCP 连接来传输一个文件。

控制连接以通常的客户服务器方式建立。服务器以被动方式打开众所周知的用于 FTP 的端口(21),等待客户的连接。客户则以主动方式打开 TCP 端口 21,来建立连接。控制连接始终等待客户与服务器之间的通信。该连接将命令从客户传给服务器,并传回服务器的应答。由于命令通常是由用户键入的,所以 IP 对控制连接的服务类型就是"最大限度地减小迟延"。

每当一个文件在客户与服务器之间传输时,就创建一个数据连接。(其他时间也可以创建,后面我们将说到)。由于该连接用于传输目的,所以 IP 对数据连接的服务特点就是"最大限度提高吞吐量"。交互式用户通常不处理在控制连接中转换的命令和应答。这些细节均由两个协议解释器来完成。标有"用户接口"的方框功能是按用户所需提供各种交互界面(全屏幕菜单选择,逐行输入命令等),并把它们转换成在控制连接上发送的 FTP 命令。

类似地,从控制连接上传回的服务器应答也被转换成用户所需的交互格式。从图中还可以看出,正是这两个协议解释器根据需要激活文件传送功能。

①数据表示:

FTP 协议规范提供了控制文件传送与存储的多种选择。在以下四个方面中每一个方面都必须做出一个选择。

a. 文件类型

·ASCII 码文件类型(默认选择)文本文件以 NVT ASCII 码形式在数据连接中传输。这要求发方将本地文本文件转换成 NVT ASCII 码形式,而收方则将 NVT ASCII 码再还原成本地文本文件。其中,用 NVT ASCII 码传输的每行都带有一个回车,而后是一个换行。这意味着收方必须扫描每个字节,查找 CR、LF 对。

·EBCDIC 文件类型,该文本文件传输方式要求两端都是 EBCDIC 系统。

·图像文件类型(也称为二进制文件类型),数据发送呈现为一个连续的比特流。通常用于传输二进制文件。

·本地文件类型,该方式在具有不同字节大小的主机间传输二进制文件。每一字节的比特数由发方规定。对使用 8bit 字节的系统来说,本地文件以 8bit 字节传输就等同于图像文件传输。

b. 格式控制

该选项只对 ASCII 和 EBCDIC 文件类型有效。

·非打印(默认选择)文件中不含垂直格式信息。

·远程登录格式控制,文件含有向打印机解释的远程登录垂直格式控制。

·Fortran 回车控制,每行首字符是 Fortran 格式控制符。

c. 结构

·文件结构:(默认选择)文件被认为是一个连续的字节流。不存在内部的文件结构。

·记录结构:该结构只用于文本文件(ASCII 或 EBCDIC)。

·页结构:每页都带有页号发送,以便收方能随机地存储各页。该结构由 TOPS - 20 操作系统提供(主机需求 RFC 不提倡采用该结构)。

d. 传输方式

它规定文件在数据连接中如何传输。

·流方式(默认选择)文件以字节流的形式传输。对于文件结构,发方在文件尾提示关闭数据连接。对于记录结构,有专用的两字节序列码标志记录结束和文件结束。

·块方式,文件以一系列块来传输,每块前面都带有一个或多个首部字节。

·压缩方式,一个简单的全长编码压缩方法,压缩连续出现的相同字节。在文本文件中常用来压缩空白串,在二进制文件中常用来压缩 0 字节(这种方式很少使用,也不受支持。现在有一些更好的文件压缩方法来支持 FTP)。如果算一下所有这些选择的排列组合数,那么对传输和存储一个文件来说就有 72 种不同的方式。幸运的是,其中很多选择不是废弃了,就是不为多数实现环境所支持,所以我们可以忽略掉它们。

通常由 Unix 实现的 FTP 客户和服务器限制如下:

·类型:ASCII 或图像。

·格式控制:只允许非打印。

·结构:只允许文件结构。

· 传输方式:只允许流方式。

这就限制我们只能取一、两种方式:ASCII 或图像(二进制)。该实现满足主机需求 RFC 的最小需求(该 RFC 也要求能支持记录结构,但只有操作系统支持它才行,而 Unix 不行)。很多非 Unix 的实现提供了处理它们自己文件格式的 FTP 功能。主机需求 RFC 指出"FTP 协议有很多特征,虽然其中一些通常不实现,但对 FTP 中的每一个特征来说,都存在着至少一种实现"。

②FTP 命令

命令和应答在客户和服务器的控制连接上以 NVT ASCII 码形式传送。这就要求在每行结尾都要返回 CR、LF 对(也就是每个命令或每个应答)。从客户发向服务器的 Telnet 命令(以 IAC 打头)只有中断进程(<IAC,IP>)和 Telnet 的同步信号(紧急方式下<IAC,DM>)。我们将看到这两条 Telnet 命令被用来中止正在进行的文件传输,或在传输过程中查询服务器。另外,如果服务器接受了客户端的一个带选项的 Telnet 命令(WILL,WONT,DO 或 DONT),它将以 DONT 或 WONT 响应。这些命令都是 3 或 4 个字节的大写 ASCII 字符,其中一些带选项参数。从客户向服务器发送的 FTP 命令超过 30 种。

③FTP 应答

应答都是 ASCII 码形式的 3 位数字,并跟有报文选项。其原因是软件系统需要根据数字代码来决定如何应答,而选项串是面向人工处理的。由于客户通常都要输出数字应答和报文串,一个可交互的用户可以通过阅读报文串(而不必记忆所有数字回答代码的含义)来确定应答的含义。应答 3 位码中每一位数字都有不同的含义。

④连接管理

数据连接有以下三大用途:

a. 从客户向服务器发送一个文件。

b. 从服务器向客户发送一个文件。

c. 从服务器向客户发送文件或目录列表。

FTP 服务器把文件列表从数据连接上发回,而不是控制连接上的多行应答。这就避免了行的有限性对目录大小的限制,而且更易于客户将目录列表以文件形式保存,而不是把列表显示在终端上。

我们已说过,控制连接一直保持于客户－服务器连接的全过程,但数据连接可以根据需要随时来,随时走。那么需要怎样为数据连接选端口号,以及谁来负责主动打开和被动打开? 首先,我们前面说过通用传输方式(Unix 环境下唯一的传输方式)是流方式,并且文件结尾是以关闭数据连接为标志。这意味着对每一个文件传输或目录列表来说都要建立一个全新的数据连接。其一般过程如下:

a. 正由于是客户发出命令要求建立数据连接,所以数据连接是在客户的控制下建立的。

b. 客户通常在客户端主机上为所在数据连接端选择一个临时端口号。客户从该端口发布一个被动的打开。

c. 客户使用 PORT 命令从控制连接上把端口号发向服务器。

d. 服务器在控制连接上接收端口号,并向客户端主机上的端口发布一个主动的打开。服务器的数据连接端一直使用端口 20。

（3）HTTP 协议

超文本传送协议（Hypertext Transfer Protocol，HTTP）是万维网（World Wide Web，WWW，也简称为 Web）的基础。Web 客户（通常称为浏览器）Web 服务器使用一个或多个 TCP 连接进行通信。知名的 Web 服务器端口是 TCP 的 80 号端口。Web 浏览时客户端与服务器在 TCP 连接上进行通信，所采用的协议就是 HTTP，即超文本传送协议。我们也可看出，一个 Web 服务器可以通过超文本链接"指向"另一 Web 服务器。Web 服务器上的这些链接并不是只可以指向 Web 服务器，还可以是其他类型的服务器，例如：一台 FTP 或是 Telnet 服务器。

尽管 HTTP 协议从 1990 年就开始使用，但第一个可用的文档出现在 1993 年，但是该 Internet 草案早就过期了。虽然有新的可用的文档出现，但是仍旧只是一个 Internet 草案。Berners - Lee 和 Connolly 描述了一种从 Web 服务器返回给客户进程的文档，称为 HTML（超文本标记语言）文档。Web 服务器还返回其他类型的文档（图像，PostScript 文件，无格式文本文件等）。HTTP 是一个简单的协议，客户进程建立一条同服务器进程的 TCP 连接，然后发出请求并读取服务器进程的响应。服务器进程关闭连接表示本次响应结束。服务器进程返回的文件通常含有指向其他服务器上文件的指针（超文本链接）。用户显然可以很轻松地沿着这些链接从一个服务器到下一个服务器。一个完整的 HTML 文档以 < HTML > 开始，以 </HTML > 结束。大部分的 HTML 命令都像这样成对出现。HTML 文档含有以 < HEAD > 开始、以 </HEAD > 结束的首部和以 < BODY > 开始、以 </BODY > 结束的主体部分。标题通常由客户程序显示在窗口的顶部。HTTP/1.0 报文有两种类型：请求和响应。

HTTP/1.0 请求的格式是：

request - line

headers（0 或有多个）

< blank line >

body（只对 POST 请求有效）

request - line 的格式是：

request request - URI HTTP 版本号

支持以下三种请求：

①GET 请求，返回 request - URI 所指出的任意信息。

②HEAD 请求，类似于 GET 请求，但服务器程序只返回指定文档的首部信息，而不包含实际的文档内容。该请求通常被用来测试超文本链接的正确性、可访问性和最近的修改。

③POST 请求用来发送电子邮件、新闻或发送能由交互用户填写的表格。这是唯一需要在请求中发送 body 的请求。使用 POST 请求时需要在报文首部 Content - Length 字段中指出 body 的长度。HTTP/1.0 响应的格式是：

status - line

headers（0 个或有多个）

< blank line >

body

status - line 的格式是：

HTTP 版本号 response - code response - phrase。

（4）SMTP 协议

电子邮件（e-mail）无疑是最流行的应用程序。Caceres 提出，所有 TCP 连接中大约一半是用于简单邮件传送协议 SMTP（Simple Mail Transfer Protocol）的（以比特计算为基础，FTP 连接传送更多的数据）。Paxson 发现，平均每个邮件中包含大约 1 500 字节的数据，但有的邮件中包含兆比特的数据，因为有时电子邮件也用于发送文件。图 5.9 显示了用 TCP/IP 交换电子邮件的示意图。

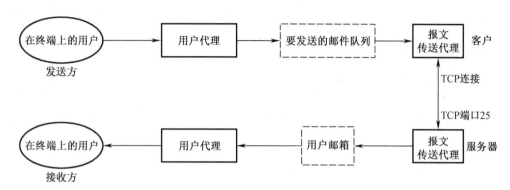

图 5.9　电子邮件示意图

用户与用户代理（user agent）打交道，可能会有多个用户代理可供选择。常用的 Unix 上的用户代理包括 NH，Berkeley Mail，Elm 和 Mush。用 TCP 进行的邮件交换是由报文传送代理 MTA（Message Transfer Agent）完成的。最普通的 Unix 系统中的 MTA 是 Send mail。用户通常不和 MTA 打交道，由系统管理员负责设置本地的 MTA。通常，用户可以自己选择用户代理，在此我们不考虑用户代理的运行或实现。RFC 821 规范了 SMTP 协议，指定了在一个简单的 TCP 连接上，两个 MTA 如何进行通信。RFC 822 指定了在两个 MTA 之间用 RFC 821 发送的电子邮件报文的格式。两个 MTA 之间用 NVT ASCII 进行通信。客户向服务器发出命令，服务器用数字应答码和可选的人可读字符串进行响应。客户只能向服务器发送很少的命令：不到 12 个（相比较而言，FTP 超过 40 个）。我们用简单的例子说明发送邮件的工作过程，并不仔细描述每个命令。我们键入 mail 启动用户代理，然后键入主题（subject）的提示；最后再键入报文的正文。在一行上键入一个句点结束报文，用户代理把邮件传给 MTA，由 MTA 进行交付。客户主动打开 TCP 端口 25。返回时，客户等待从服务器来的问候报文（应答代码为 220）。该服务器的应答必须以服务器的完全合格的域名开始：通常文字跟在数字应答后面，并且是可选的。这里需要域名。以 Send mail 打头的文字是可选的。下一步客户用 HELO 命令标识自己。参数必须是完全合格的客户主机名。MAIL 命令标识出报文的发起人。下一个命令，RCPT，标识接收方。如果有多个接收方，可以发多个 RCPT 命令。邮件报文的内容由客户通过 DATA 命令发送。报文的末尾由客户指定是只一个句点的一行。最后是命令 QUIT，用于结束邮件的交换。

电子邮件由信封、首部和正文三部分组成：

①信封（envelope）是 MTA 用来交付的

RFC 821 指明了信封的内容及其解释，以及在一个 TCP 连接上用于交换邮件的协议。

②首部由用户代理使用

每个首部字段都包含一个名，紧跟一个冒号，接着是字段值。RFC 822 指明了首部字段的格式的解释(以 X - 开始的首部字段是用户定义的字段,其他是由 RFC 822 定义的)。长首部字段,如 Received 被折在几行中,以空格开头。

③正文(body)是发送用户发给接收用户的报文内容

RFC 822 指定正文为 NVT ASCII 文字行。当用 DATA 命令发送时,先发送首部,紧跟一个空行,然后是正文。用 DATA 命令发送的各行都必须小于 1 000 字节。用户接收我们指定为正文的部分,加上一些首部字段,并把结果传到 MTA。MTA 加上一些首部字段,加上信封,并把结果发送到另一个 MTA。内容(content)通常用于描述首部和正文的结合。内容是客户用 DATA 命令发送的。

(5)中继代理

系统被配置成把所有非本地的向外的邮件发送到一台中继机上进行转发,这样做的原因有两个。首先,简化了除中继系统 MTA 外的其他所有 MTA 的配置。第二,它允许某个机构中的一个系统作为邮件集线器,从而可能把其他所有系统隐藏起来。

5.2 计算机网络应用

5.2.1 互联网通信

1. IP 电话

当 Internet 时代和多媒体时代刚到来时,有人已经开始了利用 Internet 在国际间实时传送话音。方法很简单,通话双方同时上网,双方的计算机都有多媒体功能,都有一个全双工的声卡和麦克风。当甲方对着麦克风说话时,专门的软件把声音记录下来并通过 Internet 迅速传给乙方。当乙方的计算机接收到这些声音数据时,就通过它的声卡把这些数据用专门的软件播放出来,这样乙方就能听到甲方说话的内容了。由于双方的声卡都是全双工的,他们彼此都可以同时说话、倾听对方的言语。如果声卡不是双工的,这样的话,就只能是一方说,另一方听,而不能同时说话、倾听。目前来讲,人们通过电话线拨号上 Internet,一个小时的市话费大概是 2.8 元,上网费约是 3 元,所以通过 Internet 与国外通话一个小时的开销不足 6 元,而通过国际长途的通话费为几百元甚至上千元。由此可见,人们通过 Internet 进行国际通话的费用远远低于国际长途电话费。正是这个差价的诱人之处,使得近几年来人们对这方面进行了不少的研究,开发出了很多成果。IP 电话就是其中的一个成果。

日前已有 IP 电话面市,它的外形像是一个普通电话,但工作机制不同于普通电话,它实际上是一个网络终端设备,其工作原理同前面介绍用计算机通过 Internet 通话一样,与利用多媒体计算机通话不同的是 IP 电话把有关的一些软件固化在它自身上了。之所以称为 IP 电话,是因为它利用了 TCP/IP 网络技术。当利用 IP 进行长途通话的技术刚出现时,对传统电信运营商产生的冲击是无比巨大的。全球各地的许多电信运营商都状告拥有 IP 语音技术的 IT 公司。但是,人们不会抹杀这前景无限的新兴技术。看到自己不能阻止历史的车轮,这些传统电信运营商开始慢慢地开通了 IP 电话的服务。在我国,中国电信和联通公司现在都准备或正在推出了 IP 电话服务,联通公司 130 的用户可以通过拨某个特别号码即可用手机拨打 IP 电话了。在看到 IP 电话使人们的长途通话费用急剧下降的同时,也要注意一个问题,就是由于现在 Internet 的带宽有限,即传输速度还不是很快以至于足以应付日前的各种用途,所以 IP 电话的音质一般都不好,听起来老是断断续续的,不是很清晰,音质比不上普通电话。不过相信在不久的将来,Internet 骨干网络的速度一定会得到大幅度的提高,到那时,也许只有 IP 电话的存在,而传统电话只有在博物馆才能见到。

2. NC/NetPC

Internet 进入 20 世纪 90 年后得到了飞速的发展,人们越来越重视资源的共享,也越来越感觉到网络资源的丰富和单机资源的缺乏,不少人使用计算机时越来越依赖网络。在种种原因下,NC(Network Computer,网络计算机)这个全新概念产生了。

NC 最早出现 1995 年 9 月,在那次国际研讨会上,美国 Oracle 公司总裁 Ellison 与 Microsoft 公司 Bill Gates 就 PC 未来的地位展开了激烈的辩论。Ellison 认为,网络技术将取代 PC 成为未来计算机产业发展的核心,并随之提出了一个全新的计算机模型—NC。他认为,多年来一直居于主流地位的 PC 机将让位给价格更加便宜的、具有电视与电话功能的终端计算机,各种软件和信息则通过像 Internet 那样的网络传递到这种联网的终端。NC 的出现是有它的背景的,一个是 Internet 和网络时代的到来,一个是许多企业每年为 PC 维护会花费不少的维护费用。所以,很多 PC 用户(如企业、公司)对 PC 是又爱又恨,他们希望有一种计算机能够完成日常各种 PC 处理的工作,同时又价格便宜、维护费用低,NC 理所当然地扮演了这个角色。NC 所需的计算机部件比一般的 PC 少,它只需 CPU、主板、内存条、上网设备(如网卡、调制解调器等)、显示设备、键盘、鼠标等,不需要硬盘、光驱等部件,所以它的开销比一般的 PC 少。其工作原理大概如下:启动计算机时,通过执行固化在计算机主板或上网设备里的上网程序登录到网络上(如 Internet),然后从网络上下载并执行计算机系统程序和种类应用程序,随后便能像一般的 PC 一样执行各种处理功能,用户的数据文件和应用程序都是驻留在网络上的。在 1995 年那次会议上 Bill Gates 对 NC 持反对意见,不过随后 Microsoft 联合了一些著名的 PC 机厂商推出了另一种类似于 NC 的网络计算机,Net PC(常被称为瘦型客户机)。Net PC 也不带软驱和光驱,不过允许配置一个内部硬盘(NC 一般连硬盘都没有),但是它的目的主要是用于作为本地计算机的高速缓存,用户的数据文件和应用程序像 NC 一样仍驻留在网络上。到目前为止,不论是 NC 还是 Net PC 都没有得到预期的发展。原因是多方面的,如:如果使用网络计算机(包括 NC 和 Net PC),那么用户资源和自己的数据都全部存放在网络上,如果网络出现故障,用户将不能上网或不能使用该计算机,最严重的是用户的数据可能会丢失掉,所以网络的安全性和稳定性是制约网络计算机发展的一个重要因素;对于需要强大本地处理功能(如 3D 图形功能)的用户,网络计算机硬件所提供的性能无法令人满意,等等。所以说,网络计算机很长一段时间内是不可能取代 PC 的。现在,已经有专门的台式 NC 和 Net PC 面市了,但效果不如预期的好。反倒是一些嵌入式的网络计算机得到了一定的发展。如:在家用电器(如电话、电视机)里,内置网络计算机,就可以实现 E-mail、视频会议、上网冲浪等网络服务。可以断言,网络计算机在未来一定会得到很好的发展和应用,至于产品做成什么模样和应用形式,想来模样和应用形式都会是多样化的,而且嵌入式的网络计算机应该比专用的台式网络计算机更有发展前途。

5.2.2　互联网应用新技术

现阶段,在网络的普及应用上,以太网是被使用最高的,其次是令牌网。以太网在架设时相较于其他网络具有明显的优势,首先,以太网的架设方式简单,各个网络站点间相互独立且不对其他网络站点产生影响,易于扩建网络站点。其次,在材料上,以太网使用的是双绞线,污染小、造价低、辐射低、速度快。再次,在管理上,以太网由于拓扑机构简单,管理上不易产生混乱。光纤网络是目前各大网络通信公司正在推广使用的网络模式,其速度更快,但是造价相对较高。无线局域网也被广泛应用于生活中。

1. 网络技术的应用

目前,网络技术涉及的最主要的应用领域是通信技术,主要使用的网络技术是数字、语音、多媒体三网合一技术和 IPv6 协议。三网合一的网络技术使的网络技术与通信技术的联系更加紧密,因为三网合一技术是基于计算机网络技术、有线电视网络技术及通信技术三者建立起来的。三网合一技术具有成本低、便携性高、使用方便的特点,为人们的生产生活减少了很多麻烦,更加便利。现阶段,许多企业依靠三网合一技术建立起了自己的电子商务平台,教育行业也开始运用三网合一技术进行远程教学,这些举措都大大促进了行业的发展,也促进了相关产业的发展。

IP 协议也是网络技术发展的一种主要英语提现模式,至今已有四十多年的历史了,伴随着网络技术的不断发展,IP 协议也在不断更新换代,例如 IPv4 曾经是被广泛应用于计算机系统的技术,但是随着人们对网络技术要求的提高,IPv4 也被新的 IP 协议所取代。目前,IPV6 协议使人们使用最广泛而且也是版本最新的 IP 协议。相较于以往的 IP 协议,它具有更加完整强大的功能。例如新增的网络地址自动配置、路由器信号探测等功能,完善了网络系统漏洞,提高了网络的安全性,有效避免病毒的侵害和黑客的入侵。

2. 虚拟网络技术的应用

虚拟网络技术是计算机网络比较传统且基础的应用体系,对于计算机网络的长远发展来说,网络虚拟技术是非常先进的技术,是促进计算机网络发展的比较技术基础。在使用虚拟网络技术的时候,企业与组织之间可以建立专用的交流平台,在专用的技术平台下,在企业内部的人员可以进行机密信息的传递,相互学习、交流与信息交换,从而使企业内部与特定的组织之间的交流效率大大提高,交流的安全性和机密性也大大提高。随着计算机技术的更新迭代,虚拟网络技术建立机密沟通的效率大大提高,安全性也得到了很大的保障,为了使计算机网络虚拟技术的信息传递效率提高,应当优化计算机网络虚拟技术的优化成本,降低企业的支出成本,借此提高企业的运行效率,在为企业创造更大的经济效益的同时为计算机网络技术的长远发展做出更大的贡献。

3. 网络技术的应用前景

未来的计算机网络的发展要与计算机网络的功能发掘及便捷性完善结合在一起,满足计算机网络用户的使用需求。当下,网络技术无处不在,网络发展及其前景不可估量,例如,网络技术在银行的电子信息系统,企业及政府单位的管理系统,学校的教务系统,医院的医疗系统等的应用,极大程度地提高了生产效率,便捷了人们的生活。如虚拟专用拨号技术在福利彩票销售上的使用。由于我国人口众多,彩票购买用户也非常多,以往的彩票销售过程比较混乱,不好管理,一个环节出错,整体都会无法运行。运用模拟专用拨号网络技术可以使数据传输不受外界因素及时间空间限制,保障彩票销售与开奖的正常运行,避免错误事件的发生。

5.2.3 互联网 +

"互联网 +"是创新 2.0 下的互联网发展的新业态,是知识社会创新 2.0 推动下的互联网形态演进及其催生的经济社会发展新形态。

"互联网＋"是互联网思维的进一步实践成果，推动经济形态不断地发生演变，从而带动社会经济实体的生命力，为改革、创新、发展提供广阔的网络平台。通俗地说，"互联网＋"就是"互联网＋各个传统行业"，但这并不是简单的两者相加，而是利用信息通信技术及互联网平台，让互联网与传统行业进行深度融合，创造新的发展生态。它代表一种新的社会形态，即充分发挥互联网在社会资源配置中的优化和集成作用，将互联网的创新成果深度融合于经济、社会各域之中，提升全社会的创新力和生产力，形成更广泛的以互联网为基础设施和实现工具的经济发展新形态。2015 年 7 月 4 日，国务院印发《国务院关于积极推进"互联网＋"行动的指导意见》。2016 年 5 月 31 日，教育部、国家语委在京发布《中国语言生活状况报告(2016)》。"互联网＋"入选十大新词和十个流行语。

1. 工业互联网

在全球新一轮产业和科技变革中，发达国家的一系列重大举措正在推动制造业升级转型。制造业发展的新型战略的核心都是通过重构新型生产方式与发展模式以推动传统制造业升级转型，重塑制造强国新优势。制造业的蓬勃兴起再次成为全球经济竞争的焦点。数字经济席卷全球的浪潮正在驱动传统产业变革发展。互联网构筑了全新的信息产业体系并极大地转变了人们的生活方式，在技术和模式创新的不断渗透下，传统领域不断被影响，为经济全球化增长注入全的新动力。实体经济与数字经济的加速融合将为互联网技术、模式和理念带来更多惊喜，为传统产业变革带来巨大机遇。物联网、云计算、大数据等信息技术与制造技术、工业知识的集成伴随制造业变革与数字经济浪潮交汇融合创新不断加剧，工业互联网平台应运而生。

随着制造领域与物联网的加速融合，数据与信息不断扩大采集范围，提升采集频率，工业系统驱动从物理空间向信息空间延伸，成为从可见世界向虚拟世界的扩展。对信息化软件的依赖程度越来越高，制造企业间协同业务往来日益频繁，如 ERP 系统、MES 系统、PLM 系统，以及各类设计软件。因此制造数据的类型、规模和速度呈指数级增长，制造业需要新型业务交互手段，需要全新的数据管理工具，高可靠的管理和存储、实现低成本大数据。由于高度复杂的工业场景，天差地别的行业知识，少数由传统大型企业驱动的创新应用模式难以满足海量精细化企业制造、转型需求的差异化，这一切需要协调管理好企业内部资源，并支撑不同企业间资源与业务的良好交互，开发实现不同系统、不同主体间的高效集成的新型交互工具，制造业需要开放创新载体。在工业系统高效积累、知识复用的基础上，构建一个开放共享的生态创新环境，实现创新应用的指数式增长。业务交互、海量数据集成、创新开放成为工业互联网平台快速发展的主要方向。

制造业数字化基础由新型信息技术完成重塑。物联网帮助制造企业有效收集生产现场、产线和设备中成千上万种不同类型的信息和数据，云计算为制造企业带来可靠、经济、灵活的软件数据和运行存储环境，人工智能增强了制造企业的数据洞察力，逐步实现智能化管控，开放互联网理念改变传统制造模式，这些都是推动制造企业数字化转型的新基础。通过网络化平台组织生产经营活动，低成本快速响应市场需求，制造企业能够实现资源快速整合利用，催生网络化协同、个性化定制、平台经济创新商业模式等新模式新业态。信息技术与制造技术的融合带动知识经济、信息经济、分享经济等新经济模式加速渗透至工业领域。互联网技术、理念和商业模式成为构建工业互联网平台的重要方式，培育增长新动能。

工业互联网平台是面向制造业网络化、智能化、数字化需求,构建基于海量数据采集、汇聚、分析的一体化服务体系,支撑制造资源泛在连接、高效配置、弹性供给的工业云平台,包括边缘、应用、平台(工业 PaaS)三大核心层级。由此可见,工业互联网平台是工业云平台的延伸发展,其本质是在传统云平台的基础上叠加大数据、物联网、人工智能等新兴技术,构建更实时、精准、高效的数据采集系统,建设包括存储、访问、集成、管理、分析功能的使能平台,实现工业经验、技术、知识模型化、复用化、软件化,以工业 APP 的形式为制造企业各类创新应用,最终形成合作共赢、多方参与、资源富集、协同演进的制造业生态。工业互联网平台功能架构图如图 5.10 所示。

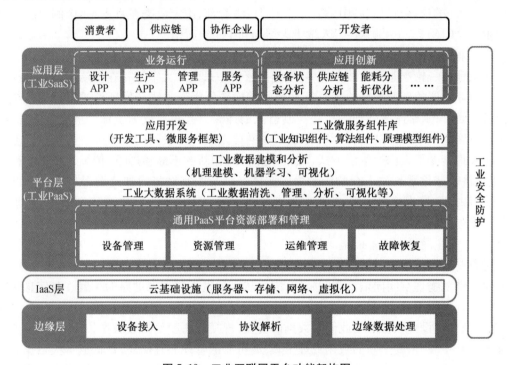

图 5.10　工业互联网平台功能架构图

第一层边缘层,通过深层次、大范围的采集数据,以及边缘处理与异构数据的协议转换,构建工业互联网平台的数据基础。首先通过各类通信手段接入不同系统、设备和产品来采集海量数据;其次依托协议转换技术实现多源异构数据的边缘集成和归一化;最后利用边缘计算设备汇聚处理底层数据,并实现数据向云端平台的集成。第二层平台层,基于大数据叠加通用 PaaS 处理、工业微服务、工业数据分析等创新功能,构建可扩展的开放式云操作系统。首先提供工业数据管理能力,将工业机理与数据科学结合,制造企业提升构建工业数据分析能力,完成数据价值挖掘;其次把技术、经验、知识等资源固化为可复用、可移植的供开发者调用的工业微服务组件库;最后构建应用开发环境,借助微工业应用开发工具和服务组件,帮助用户快速构建定制化的工业 APP。第三层应用形成满足不同场景、不同行业的工业 SaaS 和工业 APP,形成工业互联网平台的最终价值。首先提供了生产、服务、设计、管理等一系列创新性业务应用。其次构建基于平台数据及微服务功能使开发者实现应用创新良好的工业 APP 创新环境。除此之外,工业互联网平台还包括涵盖整个工业系统的安全管理体系,以及 IaaS 基础设施,这些构成了工业互联网平台的基础保障和重要支撑。

工业互联网平台是企业数字化转型重要抓手。面对制造企业数字化、网络化、智能化发展进程中的主要困难,工业互联网平台通过系统的数据集成能力与提升设备,资源与业务的智能管理能力,知识和经验的积累和传承能力,应用和服务的开放创新能力,加速企业数字化转型。一是帮助企业实现智能化生产和管理。通过对生产现场"人机料法环"各类数据的全面采集和深度分析,能够发现导致生产瓶颈与产品缺陷的深层次原因,不断提高生产效率及产品质量。基于现场数据与企业计划资源、运营管理等数据的综合分析,能够实现更精准的供应链管理和财务管理,降低企业运营成本。二是帮助企业实现生产方式和商业模式创新。企业通过平台可以实现对产品售后使用环节的数据打通,提供设备健康管理、产品增值服务等新型业务模式,实现从卖产品到卖服务的转变,实现价值提升。基于平台还可以与用户进行更加充分的交互,了解用户个性化需求,并有效组织生产资源,依靠个性化产品实现更高利润水平。此外,不同企业还可以基于平台开展信息交互,实现跨企业、跨区域、跨行业的资源和能力集聚,打造更高效的协同设计、协同制造,协同服务体系。线下等一系列新的产业环节和价值,当前工业互联网平台在应用创新、产融结合等方面已显现出类似端倪,未来也有望发展成为一个全新的产业体系,促进形成大众创业、万众创新的多层次发展环境,真正实现"互联网＋先进制造业"。

2. 农业互联网

"互联网＋农业"指的是运用互联网技术从计划、生产、销售、服务、金融各环节改造、优化、升级传统农业产业链,重构产业结构,提高生产效率,把传统农业落后的生产方式发展成为新型高效的生产方式,基于通信技术和互联网平台,传统农业深度融合互联网,生产要素的合理配置、人力物力资金的优化调度等,使农业智能化拥有互联网的支撑,促进农产品升级换代,创新产业链以提高生产效率,推动农业生产和经营方式根本变革,以创新驱动农业新业态发展。目前农业互联网有三种模式:首先运用物联网技术在生产领域的智慧农业,实现农村产业的精确生产,保证土地资源、劳动力、生产资料等要素在时间、空间上的精确分配,以获取最大化的收益;其次深入营销电商模式,传统的农产品流通模式正在被互联网流通领域深刻改变;最后互联网与农业产业链之间深度融合的模式,依托互联网平台,生产经营销售者不仅可以分享、获取各种生产技术和市场信息,并且可以得到法律、融资等相关服务,改变相对落后的状态,提高竞争力,为重塑农业产业发展提供技术平台和支持。

"互联网＋"在农业生产领域可实现精确化标准化。"互联网＋"可开拓市场统筹资源,实现产业大融合。农业产品的生产没有实现精确化和标准化,是制约现代农业快速发展的重要因素。物联网技术应用于农业生产中,可通过各种成熟的无线传感技术随时采集农业生产现场的温度、光照、湿度等参数及农产品生长状况并将采集的参数信息汇总整合为信息,然后通过智能系统进行定量、定时、定位处理,并精准地遥控指定农业设备的运行状态,实现智能化的农业生产。物联网技术可以在农业生产中出现问题时可追根溯源,从生产的各个环节彻底改变农业产品的生产,从根本上解决出现的问题,最终达到农产品生产的标准化。例如在水果种植综合应用物联网技术的研究中实现了对环境的自动调控、水肥的精准管理和病虫害的智能监测和预警,形成能实现远程监控、产品溯源、智能管理、自动化检测等现代化功能。早在 20 世纪 70 年代业界便提出精准农业的构想,20 世纪 90 年代初,全球定位系统应用到农业生产领域,3 个人就可以完成 1 万英亩土地的管理,效率远远大于普通人力。"互联网＋"在农业流通采用创新农产品,销售模式电子商务技术。农业生产具有很强的地域性和季节性,自然气候与环境的变化直接影响农产品质量和产量,一场自然灾害就可能使农民的辛苦白费。现在现有市场与我国的土地家庭承包责任制难以有效对接，农产品丰收后经常发生直销问题。采用电子商务技术进行农业产品流通大大拉近产品生产者和产品消费者之间的距离，省去了经销的中间环节。由于每增加一个中间流通环节，就要产生一定的成本，电子商务平台的诞生让生产者的产品直接送达消费者，使农产品不再因为地域而滞销，也使得产品的价格大幅度降低。现在直接从一级批发商到零售商的模式比原来农产品流通需要三级到四级的经销商体系减少了许多中间流通环节。更令人关注的事实是电子商务通过互联网交易渠道可以从本质上改变销售和生产的关系，按照消费者的需求去组织农产品的生产和销售，运用大数据定位分析消费者的需求，从而实现农产品的精准化生产和零库存。"互联网＋"以农业产业之间的交叉重组和融合渗透为路径，延伸农业产业链条，打造一二三产业融合的新业态，拓展农业门类范围、转变农业发展方式、开发农业产品产业多功能，为城乡全面共同发展提供信息网络环境支持，"互联网＋"可拓展农业信息服务，加快新农村建设和城乡统筹。构建"生态协同式"的产业创新，基于"互联网＋"基于开放接口、开放平台和开放数据，来打造"互联网＋农资流通"产业新框架。这种新框架下，对于消除农产品市场流通所面临的各种困难问题能够有效处理，比如食材变质腐烂等，并能够统筹农产品资源，提高农业产品竞争力和流动性。"互联网＋农业"能够把城市现有公共服务成功经验低成本地复制到农村，能实现公共稀缺资源的城乡均等化并保证能够不受区域限制地提供创新服务，比如构筑网上城乡文化教育等新平台。"互联网＋"开创了大众参与的"众筹"模式，首先"互联网＋"不仅可降低农产品交易成本，它正成为打破现有小农经济制约我国农村农业现代化枷锁的利器，进而进一步地促进农业组织化、专业化，提高劳动生产率、优化资源配置等。其次"互联网＋"集成智能农业技术体系与农村信息服务体系，促进农业和农村信息服务大幅度提升，通过实时化、智能化、物联化、感知化、便利化等手段，为农村农业技术推广、土地确权、农村管理、农村金融等提供动态、精确、科学的全方位信息服务，解决资源配置不合理，信息不对称，公共服务成本高等现实问题。"互联网＋"可实现农业科技大众创业、万众创新的新态势。"互联网＋"作为信息技术的新一代代表，为确保粮食安全添砖加瓦、并且为了农民增收提供支撑，又能为农业现代化发展所需要突破的资源环境瓶颈提供新出口。足不出户，就可以收获百里之外的农田的收成，动动手指或点击鼠标，配送新鲜农产品到家。这些传统农业以往无法想象的新业态，使传统农业焕发出全新的生命力，改造了人们的生活体验，基于互联网的色彩斑斓的农业新探索将农业科技研究推广人员和农业经营生产主体人员结合起来，有效激发了农村经济活力，增加了农业科学技术研究开发动力，推动了"双创"（大众创业、万众创新）的蓬勃发展。

3. 教育互联网

"互联网＋教育"是利用互联网这种发达的信息通信平台，让互联网与教育行业深度融合，从而提升全社会的教育创新力。形成更广泛的以互联网为教学基础设施和实现社会教学行业发展新形态。

基于"云平台"的智慧课堂教育是在"互联网教育"的思维模式下，通过新一代如信息大数据和云计算技术打造的高效、智慧的课堂，其实质是动态分析教学数据，通过云计算实现教学评价反馈的即时化、决策的数据化、交流互动的多元化、资源推送的精准化构建出智慧教学，从而促进全体学生实现智慧发展和符合个性化成长的规律的要求。慕课网络课程是一种大规模的最近涌现出来大型网络开放课程，其特点是课程的具体设计要参考大量参与者的支持。它为以兴趣为导向并且是开放的，只要感兴趣的人，不论是学生还是行业从业者或者有兴趣的人的都可以进来学。它是在线的、不受地域和时间的限制。它的课程内容包括学习目标、学习活动、课程进度安排、课程联系和作业、学习评价等所有课程要素。与传统课程不同,互动性是首位要素,尤其是学习者之间的互动,学习者可以随时开展同伴评价和互助活动。"翻转课堂教育"又称"颠倒教室"或"反转课堂",基于微课等视频进行,是以微型教学视频为主要载体记录教师针对某个学科知识点或教学环节而设计并开展的教学过程。翻转课堂是对学习过程的重新构建。在翻转课堂模式下,学生在课前借助教师提供的网络资源、在线辅导等平台在家完成知识的学习,从而完成知识传递过程。教师通过设计教学活动,形成学生与学生、教师与学生之间的互动,包括知识的创新运用、双向答疑解惑等来完成知识内化,从而达到更好的教育效果。

融合与变革方面,数据显示截至 2017 年 9 月 20 日,我国在线教育领域公开融资次数达147 笔,金额达 75 亿元,融资次数已超过 2016 年全年的 120 笔。三大互联网巨头继续在线上教育领域展开战略布局:新东方在线、腾讯投资 VIPKID、企鹅童话等;阿里投资了超级讲师;百度投资了作业盒子、极智批改等。技术方面,近年来人工智能产品化、商业化应用逐步加深,人工智能在教育领域开始持续发力。现如今不少学校引入移动应用程序和智能硬件设备并借助物联网、自适应学习、大数据、云计算、智能评测等技术,创新管理模式与课堂教育教学以激发课堂活力,使得各种智能工具产品成为教师和学生基于教学目标上好伙伴,自发形成一场自下而上的教学革命。毫无疑问"互联网 + 教育"呈现融合程度不断深入、应用场景更加广泛、创新成果更加显著的良好发展态势。

随着互联网与教育融合日益深入,互联网的跨界和开放属性模糊了虚拟和现实、学习和社交及游戏的界限,因此教育与互联网的交互和摩擦碰撞越发显得频繁与激烈。在线教育存在法律法规修订滞后、法规执行有所欠缺,行业监管处于真空状态的种种问题。管理员和教师对技术产品的应用掌握有所欠缺,对技术产品应用到教育教学和管理过程中涉及的数据安全和隐私保护认识高度不足。与此同时,对产生的新问题和新矛盾,采取的还是原始的治理模式,缺少统筹规划和顶层设计,没有行之有效的管理方法和措施。总的来说,"互联网 + 教育"处于变革与失序并存的发展状态。

因此要想从根本上改变"互联网 + 教育"自发与失序的局面,充分发挥"互联网 +"的变革性、创新性效能,应当构建模式化、全方位的"互联网 + 教育"管理体系,并明确"互联网 + 教育"行业监管主体与责任。"互联网 + 教育"包含教育教学、广告宣传、市场准入、隐私保护、内容安全等多种业务形态,涉及教育、工商、公安、网信等多个部门。加强监管和惩处力度,充分保护家长和学生相关权益,切实解决在线教育培训行业的信息泄露、虚假宣传、内容涉黄、资金诈骗等问题。应不断优化产业发展环境,开展分类指导,明确对涉及的不同部门中不同业务内容和形态的监管责任,鼓励从业机构建立信用信息、资格资质信息共享等平台。制定完善"互联网 + 教育"行业制度规范,营造有利于"互联网 + 教育"发展的良好制度环境。

加强"互联网 + 教育"行业自律。充分发挥行业协会在规范经营行为、保护行业合法权益、强化社会责任等方面的积极作用。建立业内权威的认证机制,开展行业自评和互评,跟踪教学质量,认定教学成果。不断强调数据隐私保护与在线教育知识产权。如何避免侵权盗版、保护知识产权,成为线上教育利益方关心的共同话题,并成为影响"互联网 + 教育"行业发展和繁荣的重要因素。切实提升信息安全防范技术水平,提高从业机构和相关人员的数据隐私保护意识,严防用户信息和数据泄露。"互联网 + 教育"不但是产业和技术层面的趋势和潮流,更已成为国家层面坚定不移推进的目标与方向。

习题 5

1. 选择题

(1) TCP 是面向( )的协议,用三次握手和滑动窗口机制来保证传输的可靠性和进行流量控制。

A. 连接　　　　B. 无连接　　　　C. 实体　　　　D. 网络

(2)( )协议规定网际层数据分组的格式。

A. TCP　　　　B. IP　　　　C. UDP　　　　D. FTP

(3)一个功能完备的计算机网络需要指定一套复杂的协议集。对于复杂的计算机网络协议来说,最好的组织方式是( )。

A. 连续地址编码模型　　　　B. 层次结构模型

C. 分布式进程通信模型　　　　D. 混合结构模型

(4)在 OSI 参考模型中,网络层的主要功能是( )。

A. 组织两个会话进程之间的通信,并管理数据的交换

B. 数据格式变换、数据加密与解密、数据压缩与恢复

C. 路由选择、拥塞控制与网络互连

D. 确定进程之间通信的性质,以满足用户的需要

(5)在单工通信方式中,信号只能向( )方向传输。

A. 两个　　　　B. 一个　　　　C. 三个　　　　D. 四个

(6)常用的数据交换技术有两大类:( )和存储转发交换。

A. 频率交换　　B. 信息交换　　C. 数字交换　　D. 电路交换

(7)全双工通信方式中,信号可以同时双向传送数据。例如:( )。

A. 对讲机　　B. 广播　　　C. 以太网通信　D. 电话

(8)在半双工通信方式中,信号可以双向传送,但必须交替进行,在任一时刻只能向一个方向传送。例如:

A. 对讲机　　B. 广播　　　C. 以太网通信　D. 局域网

2. 填空题

(1)信道的多路复用技术有( )、时分多路复用、波分多路复用和码分多路复用。

(2)网络资源子网负责( )。

(3)计算机网络按拓扑结构可分为:( )网络、总线型网络、树型网络、环型网络和网状型网络五种。

3. 简答题

(1)计算机网络的发展可分为几个阶段? 每个阶段各有何特点?

(2)试简述分组交换的特点。

(3)试从多个方面比较电路交换、报文交换和分组交换的主要优缺点。

(4)计算机网络可从哪几个方面进行分类?

(5)计算机网络中的主干网和本地接入网各有何特点?

(6)计算机网络由哪几部分组成?

答案

1 选择题

(1) A　(2) B　(3) B　(4) C　(5) B　(6) D　(7) D　(8) A

2. 填空题

(1) 频分多路复用

(2) 信息处理

(3) 星型

3. 简答题

(1) 计算机网络的发展可分为几个阶段？每个阶段各有何特点？

答：计算机网络的发展可分为以下四个阶段。

① 面向终端的计算机通信网：其特点是计算机是网络的中心和控制者，终端围绕中心计算机分布在各处，呈分层星型结构，各终端通过通信线路共享主机的硬件和软件资源，计算机的主要任务还是进行批处理，在 20 世纪 60 年代出现分时系统后，则具有交互式处理和成批处理能力。

② 以分组交换网为中心的多主机互连的计算机网络系统：分组交换网由通信子网和资源子网组成，以通信子网为中心，不仅共享通信子网的资源，还可共享资源子网的硬件和软件资源。网络的共享采用排队方式，即由节点的分组交换机负责分组的存储转发和路由选择，给两个进行通信的用户段续（或动态）分配传输带宽，这样就可以大大提高通信线路的利用率，非常适合突发式的计算机数据。

③ 具有统一的网络体系结构，遵循国际标准化协议的计算机网络：为了使不同体系结构的计算机网络都能互联，国际标准化组织 ISO 提出了一个能使各种计算机在世界范围内互联成网的标准框架——开放系统互连（OSI）模型。这样，只要遵循 OSI 标准，一个系统就可以和位于世界上任何地方的、也遵循同一标准的其他任何系统进行通信。

④ 高速计算机网络：其特点是采用高速网络技术，综合业务数字网的实现，多媒体和智能型网络的兴起。

(2) 试简述分组交换的特点

答：分组交换实质上是在“存储－转发”基础上发展起来的。它兼有电路交换和报文交换的优点。分组交换在线路上采用动态复用技术传送按一定长度分割为许多小段的数据——分组。每个分组标识后，在一条物理线路上采用动态复用的技术，同时传送多个数据分组。把来自用户发端的数据暂存在交换机的存储器内，接着在网内转发。到达接收端，再去掉分组头将各数据字段按顺序重新装配成完整的报文。分组交换比电路交换的电路利用率高，比报文交换的传输时延小，交互性好。

(3) 试从多个方面比较电路交换、报文交换和分组交换的主要优缺点。

答：① 电路交换：电路交换就是计算机终端之间通信时，一方发起呼叫，独占一条物理线路。当交换机完成接续，对方收到发起端的信号，双方即可进行通信。在整个通信过程中双方一直占用该电路。它的特点是实时性强，时延小，交换设备成本较低。但同时也带来线路利用率低，电路接续时间长，通信效率低，不同类型终端用户之间不能通信等缺点。电路交换比较适用于信息量大、长报文，经常使用的固定用户之间的通信。

②报文交换:将用户的报文存储在交换机的存储器中。当所需要的输出电路空闲时,再将该报文发向接收交换机或终端,它以"存储——转发"方式在网内传输数据。报文交换的优点是中继电路利用率高,可以多个用户同时在一条线路上传送,可实现不同速率、不同规程的终端间互通。但它的缺点也是显而易见的。以报文为单位进行存储转发,网络传输时延大,且占用大量的交换机内存和外存,不能满足对实时性要求高的用户。报文交换适用于传输的报文较短、实时性要求较低的网络用户之间的通信,如公用电报网。

③分组交换:分组交换实质上是在"存储——转发"的基础上发展起来的。它兼有电路交换和报文交换的优点。分组交换在线路上采用动态复用技术传送按一定长度分割为许多小段的数据——分组。每个分组标识后,在一条物理线路上采用动态复用的技术,同时传送多个数据分组。把来自用户发端的数据暂存在交换机的存储器内,接着在网内转发。到达接收端,再去掉分组头将各数据字段按顺序重新装配成完整的报文。分组交换比电路交换的电路利用率高,比报文交换的传输时延小,交互性好。

(4)计算机网络可从哪几个方面进行分类?

答:从网络的交换功能进行分类:电路交换、报文交换、分组交换和混合交换;

从网络的拓扑结构进行分类:集中式网络、分散式网络和分布式网络;

从网络的作用范围进行分类:广域网 WAN、局域网 LAN、城域网 MAN;

从网络的使用范围进行分类:公用网和专用网。

(5)计算机网络中的主干网和本地接入网各有何特点?

答:主干网络一般是分布式的,具有分布式网络的特点,其中任何一个节点都至少和其他两个节点直接相连;本地接入网一般是集中式的,具有集中式网络的特点,所有的信息流必须经过中央处理设备(交换节点),链路从中央交换节点向外辐射。

(6)计算机网络由哪几部分组成?

答:一个计算机网络应当有三个主要的组成部分:

①若干主机,它们向用户提供服务;

②一个通信子网,它由一些专用的节点交换机和连接这些节点的通信链路组成;

③一系列协议,这些协议是为主机之间或主机和子网之间的通信而用的。

第6章 算法与数据结构

计算机理论四大支柱:算法、数据结构、数学理论和可计算理论。算法与数据结构尤为重要,他们的有机结合使计算机领域不断拓宽。本章将着重介绍算法与数据结构的基本知识。

6.1 算法的概念

算法(Algorithm):是对特定问题求解方法(步骤)的一种描述,是指令的有限序列,其中每一条指令表示一个或多个操作。(PPT)算法是程序设计的基础,并对程序设计起指导性作用。想要设计一个程序,第一步就是先设计一个算法,在算法的指导下进行程序的编写。著名的计算机科学家 N. Wirth 曾说"计算机学科是研究算法的学科",同时提出了一个著名的观点"程序 = 算法 + 数据结构"。由此我们可以知道,算法不仅仅是程序设计的基础,更是计算机科学的核心内容。

本节将介绍算法的基本概念、特征及分类,还有算法与程序设计之间的关系。

6.1.1 算法的基本概念

算法是求解问题的一种方法,该方法可用一组有序的计算过程或步骤表示。在求解过程中,往往需要考虑以下问题。

1. 解的存在性

首先要考虑的问题是是否存在问题的解,经常很多问题是没有解的,这种情况不属于我们的考虑范围,大多数情况下我们只考虑那些有解的问题。

2. 算法解

算法解是用一组有序计算过程或步骤标识的求解方法。对于有解的问题,给出他们的解。求解的方法有很多,用算法表示的解称为算法解,它是求解方法的一种。

3. 计算机算法

算法的概念自古以来便存在,比如数论中的辗转相除法、孙子定理中同余算法等,自从计算机迅速发展后,算法的问题变得尤为重要。计算机算法是以一步接一步的方式来详细描述计算机如何将输入转化为所要求的输出的过程,或者说,算法是对计算机上执行的计算过程的具体描述。一般在计算机学科提及的算法均为计算机算法。

在计算机求解问题中,只有给出算法后计算机才能够执行,因此计算机算法是程序设计的重中之重。

编写一段计算机程序一般都是实现通过已有的方法来解决某个问题。这种方法大多和使用的编程语言无关——它适用于各种计算机及编程语言。是这种方法而非计算机程序本身描述了解决问题的步骤。在计算机科学领域,用算法这个词来描述一种有限、确定、有效的并适合用计算机程序来实现的解决问题的方法。算法是计算机科学的基础,是这个领域研究的核心。

6.1.2 算法的特征及分类

算法(Algorithm)一词是由算术(Algorism)衍生而来的。字典的解释是"解决一类确定问题的任何一种特殊方法"。在计算机科学中算法是指用计算机解决一个问题的精确而有效的方法。一个好的算法对于实现高效的程序有很大的意义,它应该具有以下五个基本特性:

(1)有穷性(finiteness)

一个算法必须总是在执行有穷步之后结束,且每一步都在有穷时间内完成。现实中经常会写出死循环的代码,这就是不满足有穷性。当然这里有穷的概念并不是纯数学意义的,而是在实际应用当中合理的、可以接受的"有边界"。比如写一个算法,计算机需要用五十年并且一定会结束,它在数学意义上是有穷了,但这样算法的意义就不大了。

(2)确定性(definiteness)

算法中每一条指令必须有确切的含义。不存在二义性。且算法只有一个入口和一个出口。例如不允许出现"计算7/0"这样0做除数的无意义的步骤,以及"将3与5或者6相加"这样有歧义的步骤。

(3)可行性(effectiveness)

一个算法是能行的。即算法描述的操作都可以通过已经实现的基本运算执行有限次来实现。

(4)输入(input)

一个算法有零个或多个输入,这些输入取决于某个特定的对象集合。它们可以使用输入语句由外部提供,也可以使用初始化赋值语句在算法内给定。例如,要实现两个矩阵的加法运算,必须将它们以特定的形式提供给实现矩阵相加的算法。

(5)输出(output)

一个算法有一个或多个输出,这些输出是同输入有着某些特定关系的量。比如,算法完成两个矩阵的加法运算后,必须将所得的结果以某种形式担供给外部,这里所说的外部是指用户,也可以是其他的算法。

这五个特性唯一地确定了算法作为问题求解的一种方法的特质。

算法可以广义地分为三类:

①有限的确定性算法,这类算法在有限的一段时间内终止。他们可能要花很长时间来执行指定的任务,但仍将在一定的时间内终止。这类算法得出的结果常取决于输入值。

②有限的非确定算法,这类算法在有限的时间内终止。然而,对于一个(或一些)给定的数值,算法的结果并不是唯一的或确定的。

③无限的算法是那些由于没有定义终止定义条件,或定义的条件无法由输入的数据满足而不终止运行的算法。通常,无限算法的产生是由于未能确定的定义终止条件。

算法有多种分类方式,可以根据实现方式分类,也可以根据设计方法分类,还可以根据应用领域进行分类。不同的分类方式有不同的特点。

1. 根据实现方式分类

根据实现方式分类,可以将算法分为递归算法、迭代算法、逻辑算法、申行算法、并行算法和分布式算法,确定性算法和非确定性算法、精确算法和近似算法等。

(1)递归算法(RecusinAlgorithms)

递归算法是一种不断调用自身直到指定条件满足为止的算法,是一种重要的算法思想。迭代算法(leration Algorithms)主要是利用计算机运算速度快,适合做重复性操作的特点,让计算机重复执行某种结构或一组指令或一些步骤,在每次执行这种结构(或指令或步骤)时,都从变量的原值推出它的新值。也就是说,迭代算法通过从初始值出发寻找一系列近似值来解决问题。迭代算法的基本步骤包括确定迭代变量、建立迭代关系式、对迭代过程和结束方式进行控制。逻辑算法(LogicalAlgorithms)又称为逻辑演绎、演绎逻辑,是一种以一般概念、原则为前提,推导出个别结论的思维方法,即根据某类事物都具有的一般属性、关系来推断该类事物中个别事物所具有的属性、关系的推理方法。例如水果都含维生素,猕猴桃是水果,所以猕猴桃含维生素。

(2)如果算法指令

在计算机中执行的过程是一个指令接着一个指令,在指定的时刻只能有一个指令在执行,那么该算法是就串行算法(Serial Algorithms)。与串行算法对应的是并行算法、分布式算法。并行算法(Parall Algorithms)是并行计算中的重要问题,指在并行机上同时用很多个处理器联合求解问题的方法。分布式算法(Distributed Algorithms)是一种可以借助计算机网络进行运算的方法。分布式算法广泛应用于通信、科学计算、分布式信息处理等领域。在并行算法和分布式算法中,成本消耗不仅涉及每一个处理器本身处理数据的消耗,而且包括处理器之间通信所耗费的成本。因此,在选择是采用申行算法,还是并行算法或分布式算法时,要综合考虑成本因素。

(3)确定性算法(Deterministic Algorithms)

确定性算法是最常见到的算法,其计算行为是可预测的。在确定性算法中,给定一个特定的输入,总是会产生相同的输出结果,且其计算过程总是一样的。例如,求解元二次方程根的算法就是一个典型的确定性算法。与确定性算法相比,不确定性算法(Non Deteministic Algorthm)是指计算行为是不可预测的。在很多运算过程中,往往有许多因素造成运算过程或结果是不确定的。在不确定算法中,运算过程往往有一个或多个选择点,且各种选择都有可能发生。

(4)精确算法(Exact Algorithms)

一般地认为,是指总是可以找到最优解的算法。近似算法(Approximate Algorithms)则是指寻找接近最优解的满意解的算法。在很多实际问题中,往往只能找到近似解,因此近似算法更加有效。

2. 根据设计方法分类

根据设计方法分类,可以将算法分为穷举法、分治法、线性规划法、动态规划法、贪心算法、回溯法等。

(1)穷举法(Exhaustive search)

又称为强力搜索法(Brute – force Search)、枚举法(Enumeration Method),是一种解决问题的基本方法。该方法枚举出所有可能的解决方案,然后对每一个可能的解决方案进行测评以便找到满足条件的方案。例如,寻找自然数的所有除数;中国传统的 100 元买百鸡问题

（公鸡每只5元、母鸡每只3元、小鸡3只1元，100元买百鸡，问共有多少种买法）；国际象棋中的8皇后问题等。穷举法是解决这些问题的有效方法。在这种方法中，算法的主要成本是需要枚举出所有可能的解决方案，解决方案会随着问题中数据规模的增加而急剧地增大。因此，这种方法适合问题中数据规模有限的情况。或者问题限于特定领域中。

（2）分治法（Divideand ConquerAlgorithm）

基本思想是把一个大问题分解成多个子问题，这些子问题可以继续再分解（递归方式），直到分解后的子问题容易解决为止，然后把这些子问题的解决方案组合起来得到最终的结果。其主要步骤如下：按照指定的约束条件把问题进行分解直至得到容易解决的子问题，分别解决每个子问题，把子问题的方案组合起来。需要注意的是，分治法与通自法不同，虽然两者都强调层层分解得到子问题，但是递归强调子问题的形式与初始问题的形式完全一样，而分治法则不强调子问题的形式与初始问题完全一样，只是强调子问题是否容易得到解决。不同的子问题可以有不同的解决方式。二分搜索算法就是个典型的分治法。其基本思想是，对于有序序列，确定待查记录的范围，然后逐步缩小范围直到找到记录为止。

（3）线性规划法（Linear Programming Method，LPM）

线性规划法又称为线性规划技术，是一种解决多变量最优决策的典型方法。线性规划法是指在各种相互关联的多变量约束条件下，解决各对象线性目标函数最优化的问题。其中，目标函数是决策者要求达到目标的数学表达式，用个极大或极小值来表示约束条件是指实现目标的能力资源和内部条件的限制因素，用一组等式或不等式来表示，线性规划法是决策系统的静态最优化数学规划方法之一，其主要用来解决管理决策、生产安排、交通设计，军事指挥等问题。

（4）动态规划法（Dynamic Programming Method，DPM）

1953年，美国应用数学家Richard Bellman提出用来解决多阶段决策过程问题的一种最优化方法。多阶段决策过程是把研究问题分成若干个相互联系的阶段，每一个阶段都做出决策，从而使整个过程达到最优化。动态规划法是一种多阶段决策方法，其基本思想是按时空特点将复杂问题划分为相互联系的若干个阶段，在选定系统行进方向之后，从终点向始点逆向计算，逐次对每个阶段寻找决策，使整个决策过程达到最优。该方法又称为逆序决策过程。许多实际问题利用动态规划法处理往往比线性规划法更有效。动态规划法与分治法类似，都是将问题归纳为较小的、相似的子问题，通过求解子问题产生一个全局解。但是，分治法中的各个子问题是独立的，一旦求出各个子问题的解后，可以自下而上地将子问题的解合并成问题的最终解。动态规划法则允许这些子问题不独立。该方法对每个子问题只解一次，并将结果保存起来，避免每次碰到时都重复计算。动态规划法适合于解决资源分配、优化、调度等优化问题。

（5）贪心算法（Greedy Algorithms）

类似于动态规划法。在对问题求解时，先把问题分成若干个子问题，然后总是贪心地做出在当前看来是最好的选择。也就是说，贪心算法不是从整体最优上加以考虑，所做出的决策仅是在某种意义上的局部最优解。虽然对于许多问题，贪心算法不能给出整体最优结果，但是贪心算法是运算速度最快的方法，并且对许多问题能产生整体最优解或整体最优解的近似解。Kruskal提出的最小生成树算法就是个典型的贪心算法。贪心算法与动态规划法类似，但也有不同之处。贪心算法的当前选择可能要依赖已经做出的所有选择，但不依赖于有待于做出的选择和子问题。动态规划法的当前选择不仅依赖已经做出的所有选择,而且还依赖于有待于做出的选择和子问题。

（6）回溯法（Backtracking Algorthms）

回溯法是一种选优搜索法,按选优条件向前搜索,以达到目标。当搜索到某一步时,发现原先选择并不优或达不到目标,就退回上一步重新选择。这种走不通就退回再走以便达到优化目的的方法称为回溯法。如果搜索方式合理的话,回溯法往往比穷举法要快,因为回溯法可以根据一次尝试而删除大量可选的解决方案。

3. 根据应用领域分类

根据应用领域分类的算法种类根据应用领域分类很多,每种应用领域都会有大量的算法。一些典型的算法包括排序算法、搜索算法、图论算法、机器学习、加密算法、数据压缩算法、语法分析算法、数论与代数算法等。

6.1.3　算法描述与设计

1. 算法描述

算法描述是指对设计出的算法,用一种方式进行详细的描述,以便与人交流。描述可以使用自然语言、伪代码,也可使用程序流程图,但描述的结果必须满足算法的五个特征（有穷性、确定性、可行性、输入、输出）。下面介绍三种描述方法。

（1）形式化描述

算法的形式化描述即主要以符号形式描述算法为特征。常用的方法称类语言描述,也称"伪程序"或称"伪代码"描述。它指的是以某种程序设计语言为主体,选取其基本操作与基本控制语句为主要成分,屏蔽其实现细节与语法规则。目前常用的有类 C、类 C++ 及类等。

伪代码是一种算法描述语言,使用介于自然语言（一种自然地随文化演化的语言。例如:英语、汉语、日语）和计算机语言之间的文字和符号（包括数学符号）来描述算法。使用伪代码的目的是使被描述的算法可以容易地以任何一种编程语言（Pascal,C,等）实现。因此,伪代码必须结构清晰、代码简单、可读性好,并且类似自然语言。介于自然语言与编程语言之间。以编程语言的书写形式指明算法职能。使用伪代码,不用拘泥于具体实现。

类 C 的形式化表示为:

①算术运算用 + 、- 、* 、/等表示。

②逻辑运算用 and、or、not 等表示。

③比较运算用 > 、< 、= 、≤ 、≥等表示。

④传输运算可用←、printf、scanf 等表示。

⑤选择控制可用 if、if - else、goto 等表示。

⑥循环对控制可用 for、while 等表示。

（2）半形式化描述

算法的半形式化描述是以符号描述与自然语言混合的方式。常用的是算法流程图,它是种用图示形式表示算法的方法。在该方法中有三种基本图示符号,将它们之间用带箭头的线段相连可以构成一个算法流程,称为算法流程图。

流程图有时也称作输入 - 输出图。该图直观地描述一个工作过程的具体步骤。流程图对准确了解事情是如何进行的,以及决定应如何改进过程极有帮助。流程图使用一些标准符号代表某些类型的动作,如决策用菱形框表示,具体活动用方框表示。但比这些符号规定更重要的,是必须清楚地描述工作过程的顺序。流程图也可用于设计改进工作过程,具体做法是先画出事情应该怎么做,再将其与实际情况进行比较。

算法流程图的三种基本图示符号是:

①矩形:用于表示运算(或操作),其操作内容可用自然语言或符号书写在矩形内。

②菱形:用于表示控制中的判断条件,其条件内容可用自然语言或符号书写在菱形内。

③椭圆形:用于表示算法的起点与重点,其有关说明可用自然语言或符号书写在椭圆内。

④用平行四边形表示输入输出

⑤箭头代表工作流方向

(3)非形式化描述

算法的非形式化是算法的最原始表示。它一般以自然语言为主,也可以掺杂少量类语言。

自然语言通常是指一种自然地随文化演化的语言。英语、汉语、日语是自然语言的例子。用自然语言表示通俗易懂,但冗长的文字容易引起歧义。自然语言表示的汉语往往不太严格,要根据上下文判断含义。

例子:

第一步:令 s = 0。

第二步:令 i = 1。

第三步:求出 s + i,仍用 s 表示。

第四步:判断 i > 100 是否成立,若是,输出 s;若否,将 i 的值增加 1,仍用 i 表示返回第三步。

自然语言较为灵活,但不够严谨。而计算机语言虽然严谨,但由于语法方面的限制,使得灵活性不足。因此,许多教材中采用的是以一种计算机语言为基础,适当添加某些功能或放宽某些限制而得到的一种类语言。这些类语言既具有计算机语言的严谨性,又具有灵活性,同时也容易上机实现,因而被广泛接受。目前,许多"数据结构"教材采用类 PASCAL语言、类 C++ 或类 C 语言作为算法描述语言。

2.算法设计

算法不是唯一的。也就是说,同一个问题,可以有多种解决问题的算法。尽管算法不唯一,但相对好的算法还是存在的。掌握好的算法,对我们解决问题很有帮助。那么什么才叫好的算法? 好的算法具有哪些特性?

(1)正确性

算法的正确性是指算法至少应该具有输入、输出和加工处理无歧义性、能正确反映问题的需求、能够得到问题的正确答案。但是算法的"正确"通常在用法上有很大的差别,大体分为以下四个层次。

①算法程序没有语法错误。

②算法程序对于合法的输入数据能够产生满足要求的输出结果。

③算法程序对于非法的输入数据能够得出满足规格说明的结果。

④算法程序对于精心选择的,甚至刁难的测试数据都有满足要求的输出结果。

对于这四层含义,层次①要求最低,但是仅仅没有语法错误实在谈不上是好算法,而层次④是最困难的,我们几乎不可能逐一验证所有的输入都得到正确的结果。因此算法的正确性在大部分情况下都不可能用程序来证明,而是用数学方法证明的。证明一个复杂算法在所有层次上都是正确的,代价非常昂贵。所以一般情况下,我们把层次③作为检验一个算法是否正确的标准。

（2）可读性

算法设计的另一个目的是为了便于阅读、理解和交流。可读性高有助于人们理解算法,晦涩难懂的算法往往隐含错误,不易被发现,并且难于调试和修改。有人追求"最少代码"的极致,使得代码很不好理解,晦涩难懂。

写代码的目的,一方面是为了让计算机执行,但还有一个重要的目的是为了便于他人阅读,让人理解和交流,自己将来也可能阅读,如果可读性不好,时间长了自己都不知道写了些什么。可读性是算法(也包括实现它的代码)好坏的重要标志。

（3）健壮性

当输入数据不合法时,算法也能做出相关处理,而不是产生异常或莫名其妙的结果。一个好的算法还应该能对输入数据不合法的情况做合适的处理。比如输入的时间或者距离不应该是负数等。

（4）时间效率高和存储量低

最后,好的算法还应该具备时间效率高和存储量低的特点。时间效率指的是算法的执行时间,对于同一个问题,如果有多个算法能够解决,执行时间短的算法效率高,执行时间长的算法效率低。存储量需求指的是算法在执行过程中需要的最大存储空间,主要指算法程序运行时所占用的内存或外部硬盘存储空间。

设计算法应该尽量满足时间效率高和存储量低的需求。在生活中,人们都希望花最少的钱,用最短的时间,办最大的事,算法也是一样的思想,最好用最少的存储空间,花最少的时间,办成同样的事。求100个人的高考成绩平均分,与求全省的所有考生的成绩平均分在占用时间和内存存储上是有非常大的差异的,我们自然是追求以高效率和低存储量的算法来解决问题。

综上,好的算法,应该具有正确性、可读性、健壮性、高效率和低存储量的特征。在程序设计中,首先要给出求解的问题,然后根据问题设计出相应的算法,有了算法后才能继续编程。所谓的算法设计就是构造算法的过程。在算法设计中有一些很有效的方法,后面的内容会对这几种方法进行介绍。

3.构造算法

（1）分治法

①定义

在计算机科学中,分治法是一种很重要的算法。字面上的解释是"分而治之",就是把一个复杂的问题分成两个或更多的相同或相似的子问题,再把子问题分成更小的子问题……直到最后子问题可以简单地直接求解,原问题的解即子问题的解的合并。

②关键词

递归(递归式)、大问题分解成子问题(子问题相互独立,且与原问题相同)、合并(子问题的解合并成原问题的解)。

③步骤

a.分解。将原问题分解成一系列子问题。

b. 求解。递归地求解各子问题。若子问题足够小，则直接求解（递归式）。

c. 合并。将子问题的解合并成原问题的解。

④示例

归并排序、最大子段和问题、循环赛日程安排。

（2）动态规划算法

①定义

动态规划算法是通过拆分问题，定义问题状态和状态之间的关系，使得问题能够以递推（或者说分治）的方式解决。

②关键词

递归（递归式）、表记录（已解决的子问题的答案）、根据子问题求解原问题的解（子问题不独立）、最优解（可选项）

③步骤

a. 找出最优解的性质，刻画其结构特征；

b. 递归地定义最优解；

c. 以自底向上的方式计算出最优值；

d. 根据计算最优值时得到的信息，构造最优解。

只需求出最优值，步骤 d 可以省略；若需求出问题的一个最优解，则必须执行步骤 d。

④适用环境

a. 最优子结构。一个问题的最优解包含了其子问题的最优解。

b. 重叠子问题。原问题的递归算法可以反复地解同样的子问题，而不是总是产生新的子问题。

⑤示例

0－1 背包问题矩阵链乘问题最长公共子序列（LCS）。

（3）贪心算法

①定义

贪心算法（又称贪婪算法）是指，在对问题求解时，总是做出在当前看来是最好的选择。也就是说，不从整体最优上加以考虑，他所做出的是在某种意义上的局部最优解。

②关键词

局部最优（较好的近似最优解，贪心）、简单、根据当前信息最选择，且不改变。

③使用环境

a. 最优子结构。一个问题的最优解包含了其子问题的最优解。

b. 贪心选择性质。问题的整体最优解可以通过一系列局部最优的选择（贪心选择）来得到。

④示例

活动选择问题、背包问题、多机调度问题。

（4）回溯法

①定义

回溯法（探索与回溯法）是一种选优搜索法，又称为试探法，按选优条件向前搜索，以达到目标。但当探索到某一步时，发现原先选择并不优或达不到目标，就退回一步重新选择，这种走不通就退回再走的技术为回溯法，而满足回溯条件的某个状态的点称为"回溯点"。

②关键词

通用的解题法、解空间树(深度优先遍历)、界限函数、所有解(找出满足条件的所有解)。

③步骤

a.针对所给问题,定义问题的解空间。问题的解空间应至少包含问题的一个(最优)解。

b.确定易于搜索的解空间结构。通常将解空间表示为树、图;解空间树的第 i 层到第 $i+1$ 层边上的标号给出了变量的值;从树根到叶子的任一路径表示解空间的一个元素。

c.以深度优先的方式搜索整个解空间。如果当前宽展节点处为死节点,则回溯至最近的一个活节点处。(以此方式递归搜索)

④算法框架

非递归、递归。

⑤界限函数

回溯法的核心。尽可能多、尽可能早地"杀掉"不可能产生最优解的活节点。好的界限函数可以大大减少问题的搜索空间,大大提高算法的效率。

⑥示例

0-1 背包、N 皇后问题。

(5)分支限界法

分支限界法常以广度优先或以最小耗费(最大效益)优先的方式搜索问题的解空间树。

①关键字

解空间(广度优先、最小耗费优先)、界限函数(队列式、优先队列式)。

②步骤

a.针对所给问题,定义问题的解空间。问题的解空间应至少包含问题的一个(最优)解。

b.确定易于搜索的解空间结构。通常将解空间表示为树、图;解空间树的第 i 层到第 $i+1$ 层边上的标号给出了变量的值;从树根到叶子的任一路径表示解空间的一个元素。

c.以广度优先或最小耗费优先的方式搜索整个解空间。每个活节点只有一次机会成为扩展节点,活节点一旦成为扩展节点,其余子节点被加入活节点表中(以此方式递归搜索)。

③界限函数

分支界限法的核心。尽可能多、尽可能早地"杀掉"不可能产生最优解的活节点。好的界限函数可以大大减少问题的搜索空间,大大提高算法的效率。

a.队列式(FIFO)分支界限法。先进先出。

b.优先队列式分支界限法。组织一个优先队列,按优先级选取。通常用最大堆来实现最大优先队列,最小堆来实现最小优先队列。

(6)概率算法

概率算法也叫随机化算法。概率算法允许算法在执行过程中随机地选择下一个计算步骤。在很多情况下,算法在执行过程中面临选择时,随机性选择比最优选择省时,因此概率算法可以在很大程度上降低算法的复杂度。

①关键词

随机性选择、小概率错误(运行时间大幅减少)、不同解(对同一问题求解两次,可能得到完全不同的解,且所需时间、结果可能会有相当大的差别)。

②基本特征

a. 输入包括两部分。一是原问题的输入;二是供算法进行随机选择的随机数序列。

b. 运行过程中,包括一处或多处随机选择,根据随机值来决定算法的运行。

c. 结果不能保证一定是正确的,但可以限制出错率。

d. 不同的运行过程中,对于相同的输入实例可以有不同的结果,执行时间也可能不同。

③分类

a. 数值概率算法

常用于数值问题的求解。近似解,近似解的精度随计算时间的增加而不断提高。

b. 蒙特卡罗(Monte Carlo)算法

精确解,解未必是正确的,正确的概率依赖于算法所用的时间。一般情况下,无法有效地判定所得到的解是否一定正确。

c. 拉斯维加斯(LasVegas)算法

一旦找到解,一定是正确解。找到的概率随计算时间的增加而提高。对实例求解足够多次,使求解失效的概率任意小。

d. 舍伍德(Sherwood)算法

总能求得问题的一个解,且所求得的解总是正确的。设法消除最坏情形与特定实例之间的关联性。多用于最快情况下的计算复杂度与其在平均情况下的计算复杂度差别较大。

(7)近似算法

①定义

在计算机科学与运筹学,近似算法是指用来发现近似方法来解决优化问题的算法。

②关键词

近似解、解的容错界限(近似最优解与最优解之间相差的程度)、不存在多项式时间算法。

③基本思想

放弃求最优解,用近似最优解替代最优解。简化算法,降低时间复杂度。

④衡量性能的标准

a. 算法的时间复杂度

时间复杂度必须是多项式阶的。

b. 解的近似程度

与近似算法本身、问题规模、不同的输入实例有关。

示例:NP问题、定点覆盖问题、TSP、子集和数问题。

6.1.4 算法分析

在编写计算机程序时,研究和选择合理的算法是一项非常重要的工作。无论是数学领域的科学计算,还是管理领域、工程领域的数据处理,都离不开对算法的研究和应用。对于大多数的应用程序而言,算法的好坏直接影响到这些应用程序能否被用户接收和能否被广泛地应用。

解决同样的问题可以有不同的方法,因此可以得到不同的算法。虽然这些算法都能正确、有效地解决问题,但他们之间是有区别的,如有的算法执行速度快、执行时间少、占用存储空间少,这样的算法我们称之为"好"的算法;反之,称之为"坏"的算法。算法分析是指通过分析得到算法所需资源的估算。

1. 时间复杂度

程序的时间复杂度为程序的编译时间和运行时间的总和。由于编译时间与具体的实例无关,且调试好的程序不用反复重新编译,因此,同固定空间类似,在分析程序的时间复杂度时;编译时间的大小通常被忽略。程序运行时间的分析是极其复杂的,除了与程序算法有关外,还与实际使用的编译器有关。

也许你会很自然地想到,确定程序执行时间最简单和准确的方法是记录程序开始执行和程序结束的时间,两者之差即为所求。但这样做的前提是该程序是已编码实现的程序。实际上准确地讲,这种确定程序性能的方法是性能测试。

而我们这里所要确定的时间复杂度,并不需要实际运行程序。说得更具体些,希望在程序编码之前,或者对于已编码实现的程序在未运行条件下,就能大致分析出算法或程序的时间复杂度。对复杂度高的算法在输入数据量较小时可以采用,而在大量输入数据时,要么它被排除不用,要么采取措施改进它的性能,降低其复杂度。

2. 空间复杂度

程序所需要的空间可分为以下两类:

(1)固定空间

固定空间是指不受输入和输出数据量大小影响的那部分空间需求,包括程序的指令空间(存储的是编译后的程序指令)、简单变量、固定大小的结构变量及常量空间等。

(2)可变空间

可变空间是存放大小受具体求解结构变量(例如动态分配的空间)、用来保存函数调用返回时恢复运行所需要信息的空间等。

6.2 数 据 结 构

数据结构是计算机存储、组织数据的方式。一般选择合适的数据结构可以带来更高的运行或者存储效率的算法。许多大型系统的构造经验表明,系统实现的困难程度和系统构造的质量都严重地依赖于是否选择了最优的数据结构。所以数据结构的选择是一个基本的设计考虑因素。许多时候,确定了数据结构后,算法就容易得到了。然而,有些时候情况也会反过来,我们根据特定算法来选择数据结构与之适应。所以数据结构和与之相关的算法是不可隔离的。

6.2.1 数据结构的基本概念和术语

在数据结构中,往往涉及数据类型与数据对象的概念,它们之间是存在差异的。一般来说,数据类型是指一种程序设计语言中,变量所具有的数据种类,如 c 语言中的整型、实型、字符型等基本数据类型,还包括用户利用基本数据类型定义的自定义数据类型,如 C 语言提供的结构体、共同体等。而数据对象则是指某种数据类型元素的集合。数据对象可以是有限的,也可以是无限的。

数据结构不同于数据类型,也不同于数据对象,它不仅涉及数据类型和数据对象,而且要描述数据对象各元素之间的相互关系,比如需要描述数据对象元素之间的运算。因此,比较全面地讲,数据结构包括以下三个方面的内容:

(1)数据的逻辑结构——数据之间的逻辑关系。

(2)数据的存储结构——数据元素及其关系在计算机存储器中的表示。

(3)数据的运算——对数据对象施加的操作。

数据的逻辑结构是从逻辑关系上描述数据,它包括线性结构和非线性结构两大类,且与数据的存储无关,是独立于计算机的。线性结构的特征是数据元素之间存在直接前驱和后继联系。非线性结构的特征是数据元素之间存在多个直接前驱和后续联系。数据的存储结构是逻辑结构在计算机内的表示,包含数据元素及它们之间的关联。数据的存储结构主要有顺序存储、链式存储、索引存储和散列存储四种基本方式。

数据运算是有目的地处理逻辑相关的数据,以解决实际问题。它是通过算法进行描述的,而算法除了要保证正确的数据运算外,它的性能好坏也是十分重要的。

因此,对数据结构更全面的定义应该是:数据结构是信息的一种组织方式,它通常与一组算法的集合相对应,通过这组算法集合可以对数据结构中的数据进行某种操作,其目的是为了提高算法的效率。因此,我们讨论数据结构,不但要讨论典型的数据逻辑结构,还需讨论这些逻辑结构的存储映射(物理结构),此外还要讨论这种数据结构的相关操作及其"合理"实现。

人们可能误认为现代计算机硬件的性能已经很好了,如何组织数据及程序的效率问题已经不像从前那么重要了。实际上从软件的发展来看,正是由于硬件水平的提高,早期认为计算机难以有效求解的问题现在已经被征服,计算机的应用也不断向更复杂的领域扩展,随着求解问题复杂度的增加,高性能的算法仍然是计算机程序设计追求的目标。

下面介绍数据结构的一些基本术语:

1. 数据(data)

数据是人们利用文字符号、数字符号及其他规定的符号对现实世界的事物及其活动所做的描述。在计算机科学中,数据的含义非常广泛,我们把一切能够输入到计算机中并能被计算机程序处理的信息,包括文字、表格、声音和图像等,都称为数据。

2. 数据元素(data element)

数据元素是指在计算机中作为一个整体考虑和处理的对象,是组成数据的基本单位。在学生信息管理系统中,"学生"和"学生的成绩"可以看作是数据元素,数据元素又可由若干数据项(data item)组成,在学生信息管理系统中,学生的姓名、年龄、班级等是"学生"这个数据元素的的数据项,而"学生的成绩"数据元素由语文、数学、英语等数据项组成。

3. 数据对象(data object)

数据对象是指性质相同的若干数据元素的集合,是数据的子集。如:正整数的数据对象是集合 $N^* = \{1,2,3,\cdots\}$,动物的数据对象是集合 $A = \{猫,狗,猪,牛,\cdots\}$ 等。数据对象也可以是由其他的数据对象复合而成,例如数据对象实数 = {有理数,无理数},而有理数是由整数和分数复合而成,整数和分数又有自己的数据元素集合。

4. 数据处理(data processing)

数据处理是指对数据进行查找、插入、删除、合并、排序、统计及简单计算等操作的过程。在早期,计算机主要用于科学和工程计算,进入 20 世纪 80 年代以后,计算机主要用于数据处理。据有关统计资料表明,现在计算机用于数据处理的时间比例达 80% 以上,所以随着时间的推移和计算机应用的进一步普及,计算机用于数据处理的时间比例必将进一步增大。

6.2.2　线性表、栈和队列

1. 线性表

线性表(Linear List)是最简单且最常用的一种数据结构。这种结构具有下列特点:存在一个唯一的没有前驱的(头)数据元素存在一个唯一的没有后继的(尾)数据元素。此外,每一个数据元素均有一个直接前驱和一个直接后继数据元素。

一个线性表是 n 个具有相同特性的数据元素的有限序列。数据元素是一个抽象的符号,其具体含义在不同的情况下一般不同。线性表有顺序结构存储和链式结构存储,它的主要基本操作有插入、删除和查找等。在一个线性表中,数据元素的类型是相同的,或者说线性表是由同一类型的数据元素构成的线性结构。

线性表由一组具有相同属性的数据元素构成。数据元素的含义广泛,在不同的情况下,可以有不同的含义。例如:英文字母表(A,B,C,…,Z)是一个长度为 26 的线性表,其中的每一个字母都是一个数据元素。再如,某公司 2007 年每月产值表(400,420,500,600,650)(单位:万元)是一个长度为 12 的线性表,其中的每一个数值都是一个数据元素。上述两例中的每一个数据元素都是不可分割的,在一些复杂的线性表中,每一个数据元素又可以由若干个数据项组成,在这种情况下,通常将数据元素称为记录。

矩阵也是一个线性表,但它是一个比较复杂的线性表。在矩阵中,可以把每行看成一个数据元素,也可以把每列看成一个数据元素,而其中的每一个数据元素又是一个线性表。

线性表 L 的主要操作有以下几种:

(1)Initiate(　)

初始化:构造一个空的线性表 L。

(2)Insert(i,x)

插入:在线性表 L 中的第 i 个元素之前插入数据元素 x。线性表 L 的长度增加 1。

(3)Delete(i)

删除:删除线性表 L 中的第 i 个元素。线性表 L 的长度减 1。

(4)Locate(x)

查找定位:对于给定的值 x,若线性表 L 中存在一个元素 a;与之相等,则返回该元素在线性表中位置的序号 i,否则返回 NULL(空)。

(5)Length(　)

求长度:对于给定的线性表 L,返回线性表 L 中数据元素的个数。

(6)Get(i)

存取:返回线性表 L 中的第 $i(0 \leqslant i \leqslant \text{Length}(L) - 1)$ 个数据元素,否则返回 NULL。

(7)Traverse(　)

遍历:依次输出线性表 L 中的每一个数据元素。

(8)Copy(C)

复制:将线性表 L 复制到线性表 C 中。

（9）Merge(A,B)

合并：将给定的线性表 A 和 B 合并。

（10）ListLength(L)

返回线性表 L 的元素个数。

（11）ClearList(* L)

将线性表清空。

（12）ListEmpty(L)

判断线性表是否为空表，若线性表为空，返回 true，否则返回 false。

（13）GetElem(L,i, * e)

将线性表 L 中的第 i 个位置元素值返回给 e。

以上定义了线性表的逻辑结构和基本操作。在计算机中，线性表有两种基本的存储结构：顺序存储结构和链式存储结构。

在线性表的顺序存储结构中，其前后两个元素在存储空间中是紧邻的，且前驱元素一定存储在后继元素的前面。由于线性表中的所有数据元素都属于同一数据类型，所以每个数据元素在存储器中所占用的空间大小都相同，因此，要在该线性表中查找某一个元素是很方便的。假设线性表中的第一个数据元素的存储地址为 $Loc(a_0)$，每一个数据元素都占 d 个字节，则线性表中第 i 个数据元素在计算机存储空间中的存储地址为：

$$Loc(a_i) = Loc(a_0) + (i-1)d$$

在程序设计语言中，通常利用数组来表示线性表的顺序存储结构。这是因为数组具有以下特点：

（1）数组中元素间的地址是连续的。

（2）数组中所有元素的数据类型是相同的。而这些特点与线性表的顺序存储空间结构是类似的。

线性表的链式存储结构就是用一组任意的存储单元（可以是不连续的）来存储线性表中的数据元素。线性表中的每一个数据元素，都需用两部分来存储：一部分用于存放数据元素的值，称为数据域；另一部分用于存放直接前驱或直接后继节点的地址，称为引用域，这种存储单元称为节点。

在链式存储结构方式下，存储数据元素的节点空间可以不连续，各数据节点的存储顺序与数据元素之间的逻辑关系也可以不一致，而数据元素之间的逻辑关系由引用域来确定。链式存储方式可用于表示线性结构，也可用于表示非线性结构。

2.栈

栈是一种只允许在一端进行插入和删除的线性表，它是一种操作受限的线性表。在表中，只允许进行插入和删除的一端称为栈顶（top），另一端称为栈底（bottom）。栈的插入操作通常称为入栈或进栈（push），而栈的删除操作则称为出栈或退栈（pop）。当栈中无数据元素时，称为空栈。

根据栈的定义可知，栈顶元素总是最后入栈的，因而是最先出栈；栈底元素总是最先入栈，因而也是最后出栈。这种表是按照后进先出（Last in First out，LIFO）的原则来组织数据的，因此，栈也被称为"后进先出"的线性表。通常用指针 top 来指示栈顶的位置，用指针 bottom 来指向栈底。栈顶指针 top 动态反映栈的当前位置。因此栈既可采用顺序存储结构存储，也可采用链式存储结构存储。

与顺序存储结构的线性表一样,也可利用一组地址连续的存储单元依次存放自栈底到栈顶的各个数据元素,这种形式的栈也称为顺序栈。因此,可以使用一维数组来作为栈的顺序存储空间。设指针 top 指向栈顶元素的当前位置,以数组下标小的一端作为栈底。通常以 top = 0 时为空栈,在元素进栈时指针 top 不断加1。当 top 等于数组的最大下标值时,表示栈满。

栈的顺序存储结构简称顺序栈,和线性表相类似,用一维数组来存储栈。根据数组是否可以根据需要增大,又可分为静态顺序栈和动态顺序栈。静态顺序栈实现简单,但不能根据需要增大栈的存储空间。动态顺序栈可以根据需要增大栈的存储空间,但实现稍微复杂。

采用动态一维数组来存储栈。所谓动态,指的是栈的大小可以根据需要增加。用 bottom 表示栈底指针,栈底固定不变的;栈顶则随着进栈和退栈操作而变化。用 top(称为栈顶指针)指示当前栈顶位置。

用 top = bottom 作为栈空的标记,每次 top 指向栈数组中的下一个存储位置。

①节点进栈

首先将数据元素保存到栈顶(top 所指的当前位置),然后执行 top 加1,使 top 指向栈顶的下一个存储位置。

②节点出栈

首先执行 top 减1,使 top 指向栈顶元素的存储位置,然后将栈顶元素取出。

栈的链式存储结构称为链栈,是运算受限的单链表。其插入和删除操作只能在表头位置上进行。因此,链栈没有必要像单链表那样附加头节点,栈顶指针 top 就是链表的头指针。

3. 队列

在日常生活中队列很常见,如我们经常排队购物或购票,排队体现了"先来先服务"(即"先进先出")的原则。队列在计算机系统中的应用也非常广泛,例如操作系统中的作业排队。在多道程序运行的计算机系统中,可以有多个作业同时运行,它们的运算结果都需要通过通道输出,若通道尚未完成输出,则后来的作业应排队等待,每当通道完成输出时,就会从队列的队头退出作业作输出操作,而凡是申请该通道输出的作业都从队尾进入该队列。

计算机系统中输入输出缓冲区的结构也是队列的一种应用。在计算机系统中,经常会遇到两个设备之间的数据传输,不同的设备通常处理数据的速度是不同的。因此,当需要在它们之间连续处理一批数据时,高速设备总是要等待低速设备,这就造成了计算机处理效率的大大降低。为了解决这一速度不匹配的矛盾,通常会在这两个设备之间设置一个缓冲区。这样,高速设备就不必每次都等待低速设备处理完一个数据,而是把要处理的数据依次从一端加入缓冲区,而低速设备从另一端取走要处理的数据。

①队列(Queue)

也是运算受限的线性表。是一种先进先出(First In First Out,简称 FIFO)的线性表。只允许在表的一端进行插入,而在另一端进行删除。

②队首(front)

允许进行删除的一端称为队首。

③队尾(rear)

允许进行插入的一端称为队尾。

④队列中没有元素时称为空队列

在空队列中依次加入元素 a1,a2,⋯,an 之后,a1 是队首元素,an 是队尾元素。显然退出队列的次序也只能是 a1,a2,⋯,an,即队列的修改是依先进先出的原则进行的。

基本操作如下

CreateQueue( ):创建一个空队列,返回队列名,如 Q;

EmptyQue Q,X(Q):若队列为空,则返回 true,否则返回 flase;

InsertQueue(Q,X):在队列 Q 中将值插入队尾 x;

DeleteQueue(Q):在队列 Q 中删除元素;

enqueue( )入队列:在队列 q 的尾部插入元素 e,使元素 e 成为新的队尾。若队列满,

denqueue( )出队列:若队列 q 不为空,则返回队头元素,并从队头删除该元素,队头指针指向原队头的后继元素;否则返回空元素 NULL。

peek( )取队头元素:若队列 q 不为空,则返回队头元素;否则返回空元 NULL。

getSize( )求队列长度:返回队列的长度。

队列是一种特殊的线性表,因此队列既可采用顺序存储结构存储,也可以采用链式存储结构存储。

用一组连续的存储单元(一维数组)依次存放从队首到队尾的各个元素,称为顺序队列。队列和顺序栈相类似,也有动态和静态之分。本部分介绍的是静态顺序队列,其类型定义如下:

```
#define MAX_QUEUE_SIZE 100
typedef struct queue
｛ElemType Queue_array[MAX_QUEUE_SIZE];
int front;
int rear;
｝SqQueue;
```

队列的顺序存储结构:设立一个队首指针 front,一个队尾指针 rear,分别指向队首和队尾元素。

初始化:front = rear = 0。

入队:将新元素插入 rear 所指的位置,然后 rear 加 1。

出队:删去 front 所指的元素,然后加 1 并返回被删元素。

队列为空:front = rear。

队满:rear = MAX_QUEUE_SIZE − 1 或 front = rear。

在非空队列里,队首指针始终指向队头元素,而队尾指针始终指向队尾元素的下一位置。顺序队列中存在"假溢出"现象。因为在入队和出队操作中,头、尾指针只增加不减小,致使被删除元素的空间永远无法重新利用。因此,尽管队列中实际元素个数可能远远小于数组大小,但可能由于尾指针已超出向量空间的上界而不能做入队操作。该现象称为假溢出。

为充分利用向量空间,克服上述"假溢出"现象的方法是:将为队列分配的向量空间看成一个首尾相接的圆环,并称这种队列为循环队列(Circular Queue)。在循环队列中进行出

队、入队操作时,队首、队尾指针仍要加 1,朝前移动。只不过当队首、队尾指针指向向量上界(MAX_QUEUE_SIZE - 1)时,其加 1 操作的结果是指向向量的下界 0。这种循环意义下的加 1 操作可以描述为:

if(i + 1 = = MAX_QUEUE_SIZE) i = 0;

elsei ++ ;

其中:i 代表队首指针(front)或队尾指针(rear)。

队列的链式存储表示:队列的链式存储结构简称链队列,它是限制仅在表头进行删除操作和表尾进行插入操作的单链表。需要两类不同的节点:数据元素节点,队列的队首指针和队尾指针的节点。

数据元素节点类型定义:

typedef struct Qnode

｛ElemType data;

struct Qnode * next;

｝QNode;

指针节点类型定义:

typedef struct link_queue

｛QNode * front, * rear;

｝Link_Queue;

6.2.3　数组、广义表和树结构

1. 数组

数组是一种人们非常熟悉的数据结构,几乎所有的程序设计语言都支持这种数据结构或将这种数据结构设定为语言的固有类型。数组这种数据结构可以看成是线性表的推广。科学计算中涉及大量的矩阵问题,在程序设计语言中一般都采用数组来存储,被描述成一个二维数组。但当矩阵规模很大且具有特殊结构(对角矩阵、三角矩阵、对称矩阵、稀疏矩阵等)时,为减少程序的时间和空间需求,采用自定义的描述方式。

数组是一组偶对(下标值,数据元素值)的集合。在数组中,对于一组有意义的下标,都存在一个与其对应的值。一维数组对应一个下标值,二维数组对应两个下标值,依此类推。

数组是由 $n(n > 1)$ 个具有相同数据类型的数据元素 a1,a2,…,an 组成的有序序列,且该序列必须存储在一块地址连续的存储单元中。

数组中的数据元素具有相同数据类型。

数组是一种随机存取结构,给定一组下标,就可以访问与其对应的数据元素。

数组中的数据元素个数是固定的。

2. 广义表

广义表是另一种推广形式的线性表,是一种灵活的数据结构,在许多方面尤其是人工智能领域有广泛的应用。之前,我们把线性表定义为 $n(n \geqslant 0)$ 个元素 a1,a2,…,an 的有穷序列,该序列中的所有元素具有相同的数据类型且只能是原子项(Atom)。所谓原子项可以是一个数或一个结构,是指结构上不可再分的。若放松对元素的这种限制,容许它们具有其自身结构,就产生了广义表的概念。

广义表(Lists,又称为列表):是由 $n(n \geqslant 0)$ 个元素组成的有穷序列:LS = (a1,a2,…,

an)其中 a_i 或者是原子项,或者是一个广义表。LS 是广义表的名字,n 为它的长度。若 a_i 是广义表,则称为 LS 的子表。习惯上:原子用小写字母,子表用大写字母。

若广义表 LS 非空时,a1(表中第一个元素)称为表头;其余元素组成的子表称为表尾(a2,a3,…,an)。广义表中所包含的元素(包括原子和子表)的个数称为表的长度。广义表中括号的最大层数称为表深(度)。

(1)广义表的分类

①线性表

元素全部是原子的广义表。

②纯表

与树对应的广义表。

③再入表

与图对应的广义表(允许节点共享)。

④递归表

允许有递归关系的广义表,例如 E = (a,E)。

(2)广义表的重要结论

①广义表的元素可以是原子,也可以是子表,子表的元素又可以是子表…。即广义表是一个多层次的结构。

②广义表可以被其他广义表所共享,也可以共享其他广义表。广义表共享其他广义表时通过表名引用。

③广义表本身可以是一个递归表。

④根据对表头、表尾的定义,任何一个非空广义表的表头可以是原子,也可以是子表,而表尾必定是广义表。

由于广义表中的数据元素具有不同的结构,通常用链式存储结构表示,每个数据元素用一个节点表示。因此,广义表中就有两类节点:

①表节点,用来表示广义表项,由标志域、表头指针域和表尾指针域组成。

②是原子节点,用来表示原子项,由标志域和原子的值域组成。

3. 树结构

树(Tree)是 $n(n \geqslant 0)$ 个节点的有限集合 T,若 $n = 0$ 时称为空树,否则:

①有且只有一个特殊的称为树的根(Root)节点;

②若 $n > 1$ 时,其余的节点被分为 $m(m > 0)$ 个互不相交的子集 T1,T2,T3…Tm,其中每个子集本身又是一棵树,称其为根的子树(Subtree)。

这是树的递归定义,即用树来定义树,而只有一个节点的树必定仅由根组成。

(1)树的基本术语

①节点(node)

一个数据元素及其若干指向其子树的分支。

②节点的度(degree)、树的度

节点所拥有的子树的棵数称为节点的度。树中节点度的最大值称为树的度。

③叶子(left)节点、非叶子节点

树中度为 0 的节点称为叶子节点(或终端节点)。相应地,度不为 0 的节点称为非叶子节点(即非终端节点或分支节点)。除根节点外,分支节点又称为内部节点。

④孩子节点、双亲节点、兄弟节点

一个节点的子树的根称为该节点的孩子节点(child)或子节点;相应地,该节点是其孩子节点的双亲节点(parent)或父节点。

⑤层次、堂兄弟节点

规定树中根节点的层次为1,其余节点的层次等于其双亲节点的层次加1。若某节点在第 i(i≥1)层,则其子节点在第 i + 1 层。双亲节点在同一层上的所有节点互称为堂兄弟节点。

⑥节点的层次路径、祖先、子孙

从根节点开始,到达某节点 p 所经过的所有节点称为节点 p 的层次路径(有且只有一条)。节点 p 的层次路径上的所有节点(p 除外)称为 p 的祖先(ancester)。以某一节点为根的子树中的任意节点称为该节点的子孙节点(descent)。

⑦树的深度(depth):树中节点的最大层次值,又称为树的高度。

⑧有序树和无序树:对于一棵树,若其中每一个节点的子树(若有)具有一定的次序,则该树称为有序树,否则称为无序树。

⑨森林(forest):是 m(m≥0)棵互不相交的树的集合。显然,若将一棵树的根节点删除,剩余的子树就构成了森林。

(2)树的表示形式

①倒悬树。

②嵌套集合。

是一些集合的集体,对于任何两个集合,或者不相交,或者一个集合包含另一个集合。

③广义表形式。

④凹入法表示形式。

树的表示方法的多样化说明了树结构的重要性。

二叉树(Binary tree)是 $n(n≥0)$ 个节点的有限集合。$n = 0$ 时称为空树,否则:

①有且只有一个特殊的称为树的根(Root)节点;

②若 $n > 1$ 时,其余的节点被分成为两个互不相交的子集 T1,T2,分别称之为左、右子树,并且左、右子又都是二叉树。由此可知,二叉树的定义是递归的。

6.2.4　图结构、查找和内部排序

1.图结构

图(Graph)是一种较线性表和树更为复杂的线性结构。在线性结构中,节点之间的关系是线性关系,除开始节点和终端节点外,每个节点只有一个直接前驱和直接后继。在树结构中,节点之间的关系实质上是层次关系,同层上的每个节点可以和下一层的零个或多个节点(即孩子)相关,但只能和上一层的一个节点(即双亲)相关(根节点除外)。然而在图结构中,对节点(图中常称为顶点)的前驱和后继个数都是不加限制的,即节点之间的关系是任意的,图中任意两个节点之间都可能相关。因此,图的应用极为广泛,特别是近年来的迅速发展,图已渗透到诸如语言学、逻辑学、物理、化学、电讯工程、计算机科学以及数学的其他分支中。

图分为有向图、无向图、完全无向图、完全有向图。

2. 查找

查找又称检索，是对查找表进行的操作，查找表是一种非常灵活方便的数据结构，其数据元素之间仅存在"同属于一个集合"的关系。查找是数据处理中使用非常频繁的一种重要的操作。当数据量相当大时，分析各种查找算法的效率就显得十分重要。

①查找表（Search Table）

相同类型的数据元素（对象）组成的集合，每个元素通常由若干数据项构成。

②关键字（Key，码）

数据元素中某个（或几个）数据项的值，它可以标识一个数据元素。若关键字能唯一标识一个数据元素，则关键字称为主关键字；将能标识若干个数据元素的关键字称为次关键字。

③查找/检索（Searching）

根据给定的 K 值，在查找表中确定一个关键字等于给定值的记录或数据元素。

查找表中存在满足条件的记录：查找成功。

结果：所查到的记录信息或记录在查找表中的位置。

查找表中不存在满足条件的记录：查找失败。

查找有两种基本形式：静态查找和动态查找。

静态查找（Static Search）：在查找时只对数据元素进行查询或检索，查找表称为静态查找表。

动态查找（Dynamic Search）：在实施查找的同时，插入查找表中不存在的记录，或从查找表中删除已存在的某个记录，查找表称为动态查找表查找的对象是查找表，采用何种查找方法，首先取决于查找表的组织。

查找表是记录的集合，而集合中的元素之间是一种完全松散的关系，因此，查找表是一种非常灵活的数据结构，可以用多种方式来存储。

根据存储结构的不同，查找方法可分为三大类：

①顺序表和链表的查找

将给定的 K 值与查找表中记录的关键字逐个进行比较，找到要查找的记录；

②散列表的查找

根据给定的 K 值直接访问查找表，从而找到要查找的记录；

③索引查找表的查找

首先根据索引确定待查找记录所在的块，然后再从块中找到要查找的记录。

3. 内部排序

在信息处理过程中，最基本的操作是查找。从查找来说，效率最高的是折半查找，折半查找的前提是所有的数据元素（记录）是按关键字有序的。需要将一个无序的数据文件转变为一个有序的数据文件。将任一文件中的记录通过某种方法整理成为按（记录）关键字有序排列的处理过程称为排序。排序是数据处理中一种最常用的操作。

排序（Sorting）是将一批（组）任意次序的记录重新排列成按关键字有序的记录序列的过程，其定义为：给定一组记录序列 $\{R1, R2, \cdots, Rn\}$，其相应的关键字序列是 $\{K1, K2, \cdots, Kn\}$。确定 $1, 2, \cdots, n$ 的一个排列 $p1, p2, \cdots, pn$，使其相应的关键字满足如下非递减（或非递增）关系：$Kp1 \leqslant Kp2 \leqslant \cdots \leqslant Kpn$ 的序列 $\{Kp1, Kp2, \cdots, Kpn\}$，这种操作称为排序。关键字 Ki 可以是记录 Ri 的主关键字，也可以是次关键字或若干数据项的组合。

Ki 是主关键字:排序后得到的结果是唯一的;

Ki 是次关键字:排序后得到的结果是不唯一的。

(1)排序的稳定性

若记录序列中有两个或两个以上关键字相等的记录:$Ki = Kj(i \neq j, i,j = 1,2,\cdots n)$,且在排序前 Ri 先于 $Rj(i<j)$,排序后的记录序列仍然是 Ri 先于 Rj,称排序方法是稳定的,否则是不稳定的。排序算法有许多,但就全面性能而言,还没有一种公认为最好的。每种算法都有其优点和缺点,分别适合不同的数据量和硬件配置。评价排序算法的标准有:执行时间和所需的辅助空间,其次是算法的稳定性。若排序算法所需的辅助空间不依赖问题的规模 n,即空间复杂度是 O(1),则称排序方法是就地排序,否则是非就地排序。

(2)排序的分类

待排序的记录数量不同,排序过程中涉及的存储器不同,有不同的排序分类。

①待排序的记录数不太多

所有的记录都能存放在内存中进行排序,称为内部排序;

②待排序的记录数太多

所有的记录不能存放在内存中,排序过程中必须在内、外存之间进行数据交换,这样的排序称为外部排序。

(3)内部排序的基本操作

对内部排序而言,其基本操作有两种:

①比较两个关键字的大小;

②存储位置的移动:从一个位置移到另一个位置。

第一种操作是必不可少的;而第二种操作却不是必须的,取决于记录的存储方式,具体情况是:

①记录存储在一组连续地址的存储空间

记录之间的逻辑顺序关系通过其物理存储位置的相邻来体现,记录的移动是必不可少的;

②记录采用链式存储方式

记录之间的逻辑顺序关系通过节点中的指针来体现,排序过程仅需修改节点的指针,而不需要移动记录;

③记录存储在一组连续地址的存储空间

构造另一个辅助表来保存各个记录的存放地址(指针):排序过程不需要移动记录,而仅需修改辅助表中的指针,排序后视具体情况决定是否调整记录的存储位置。

以上内容,①比较适合记录数较少的情况;而②、③则适合记录数较多的情况。为讨论方便,假设待排序的记录是以①的情况存储,且设排序是按升序排列的;关键字是一些可直接用比较运算符进行比较的类型。

习题 6

1.简述下列概念:数据、数据元素、数据类型、数据结构、逻辑结构、存储结构、线性结构、非线性结构。

（1）数据

指能够被计算机识别、存储和加工处理的信息载体。

（2）数据元素

数据的基本单位，在某些情况下，数据元素也称为元素、节点、顶点、记录。数据元素有时可以由若干数据项组成。

（3）数据类型

一个值的集合及在这些值上定义的一组操作的总称。通常数据类型可以看作是程序设计语言中已实现的数据结构。

（4）数据结构

指数据之间的相互关系，即数据的组织形式。一般包括三个方面的内容：数据的逻辑结构、存储结构和数据的运算。

（5）逻辑结构

数据元素之间的逻辑关系。

（6）存储结构

数据元素及其关系在计算机存储器内的表示，称为数据的存储结构。

（7）线性结构

数据逻辑结构中的一类。它的特征是若结构为非空集，则该结构有且只有一个开始节点和一个终端节点，并且所有节点都有且只有一个直接前趋和一个直接后继。线性表就是一个典型的线性结构。栈、队列、串等都是线性结构。

（8）非线性结构

数据逻辑结构中的另一大类，它的逻辑特征是一个节点可能有多个直接前趋和直接后继。数组、广义表、树和图等数据结构都是非线性结构。

2. 试举一个数据结构的例子叙述其逻辑结构、存储结构、运算三个方面的内容。

答：例如有一张学生体检情况登记表，记录了一个班的学生的身高、体重等各项体检信息。这张登记表中，每个学生的各项体检信息排在一行上。这个表就是一个数据结构。每个记录（有姓名，学号，身高和体重等字段）就是一个节点，对于整个表来说，只有一个开始节点（它的前面无记录）和一个终端节点（它的后面无记录），其他的节点则各有一个也只有一个直接前趋和直接后继（它的前面和后面均有且只有一个记录）。这几个关系就确定了这个表的逻辑结构是线性结构。

这个表中的数据如何存储到计算机里，并且如何表示数据元素之间的关系呢？是用一片连续的内存单元来存放这些记录（如用数组表示）还是随机存放各节点数据再用指针进行链接呢？这就是存储结构的问题。在这个表的某种存储结构基础上，可实现对这张表中的记录进行查询，修改，删除等操作。对这个表可以进行哪些操作及如何实现这些操作就是数据的运算问题了。

3. 常用的存储表示方法有哪几种？

答：常用的存储表示方法有四种：

（1）顺序存储方法

它是把逻辑上相邻的节点存储在物理位置相邻的存储单元里，节点间的逻辑关系由存储单元的邻接关系来体现。由此得到的存储表示称为顺序存储结构，通常借助程序语言的数组描述。

（2）链接存储方法

它不要求逻辑上相邻的节点在物理位置上也相邻，节点间的逻辑关系由附加的指针字段表示。由此得到的存储表示称为链式存储结构，通常借助于程序语言的指针类型来描述。

（3）索引存储方法

除建立存储节点信息外，还建立附加的索引表来标识节点的地址。组成索引表的索引项由节点的关键字和地址组成。若每个节点在索引表中都有一个索引项，则该索引表称为稠密索引（Dense Index）。若一组节点在索引表中只对应一个索引项，则该索引表称为稀疏索引。

（4）散列存储方法

根据节点的关键字直接计算出该节点的存储地址。

4. 设有两个算法在同一机器上运行，其执行时间分别为 $100\,n^2$ 和 2^n，要使前者快于后者，n 至少要多大？

分析：

要使前者快于后者，即前者的时间消耗低于后者，即：$100n^2 < 2^n$

求解上式，可得 n＝15。

答：$n = 15$。

5. 算法的时间复杂度仅与问题的规模相关吗？

算法的时间复杂度不仅与问题的规模相关，还与输入实例中的初始状态有关。但在最坏的情况下，其时间复杂度就只与求解问题的规模相关。我们在讨论时间复杂度时，一般就是以最坏情况下的时间复杂度为准的。

6. 试描述头指针、头节点、开始节点的区别，并说明头指针和头节点的作用。

开始节点是指链表中的第一个节点，也就是没有直接前趋的那个节点。链表的头指针是指向链表开始节点的指针（没有头节点时），单链表由头指针唯一确定，因此单链表可以用头指针的名字来命名。头节点是在链表的开始节点之前附加的一个节点。有了头节点之后，头指针指向头节点，不论链表是否为空，头指针总是非空。而且头指针的设置使得链表的第一个位置上的操作与在表其他位置上的操作一致（都是在某一节点之后）。

7. 何时选用顺序表、何时选用链表作为线性表的存储结构为宜？

在实际应用中，应根据具体问题的要求和性质来选择顺序表或链表作为线性表的存储结构，通常有以下几方面的考虑：

（1）基于空间的考虑

当要求存储的线性表长度变化不大，易于事先确定其大小时，为了节约存储空间，宜采用顺序表；反之，当线性表长度变化大，难以估计其存储规模时，采用动态链表作为存储结构田较好。

（2）基于时间的考虑

若线性表的操作主要是进行查找，而很少做插入和删除操作时，采用顺序表做存储结构为宜；反之，若需要对线性表进行频繁地插入或删除等的操作时，宜采用链表做存储结构。并且，若链表的插入和删除主要发生在表的首尾两端，则采用尾指针表示的单循环链表为宜。

第7章 计算理论和人工智能

7.1 计 算 理 论

计算理论是关于计算和计算机械的数学理论。主要内容包括:算法(解题过程的精确描述);算法学(系统的研究算法的设计、分析与验证的学科);计算复杂性理论(用数学方法研究各类问题的计算复杂性学科);可计算性理论(研究计算的一般性质的数学理论);自动机理论(以研究离散数字系统的功能和结构及两者之关系为主要内容的数学理论);形式语言理论(用数学方法研究自然语言和人工语言的语法理论)六个方面。

7.1.1 计算机的数学基础

随着计算机现代智能的高速发展,计算机已经完全融入我们的生活,甚至在很多领域都占据重要位置,从国家核心科技到每个人生活的小细节,都离不开计算机的覆盖和使用。我们简单地在键盘上操作几个键,打出一系列符号命令,就能使计算机按照人类的要求,高速运行和进展,从而达到人力所不能达到的速度和正确率。

我们从小学习数学,数学是什么呢? 数学是利用符号语言研究数量、结构、变化及空间模型等概念的一门学科。数学作为人类思维的表达形式,反映了人们积极进取的意志、缜密周详的逻辑推理及对完美境界的追求。数学更多的是一种抽象的概念,是一门重要的工具学科。人类利用抽象的概念及一些固定的定律形成理论,但脱离实际应用的概念并不是人类发展学习的初衷,人类的初衷利用它们来指导实际,化抽象为实体,而计算机就由此演化。1946 年 2 月 15 日界上的第一台计算机诞生在宾夕法尼亚大学,主要运用于高倍数的数学运算。时至今日,计算机直接能识别的语言仍然是 1、0 二进制代码。

计算机学科最初来源于数学学科和电子学学科,计算机硬件制造的基础是电子科学和技术,计算机系统设计、算法设计的基础是数学,所以数学和电子学知识是计算机学科重要的基础知识。计算机学科在基本的定义、公理、定理和证明技巧等很多方面都要依赖数学知识和数学方法。计算机数学基础是计算机应用技术专业必修并且首先要学习的一门课程。它大概可分为:

(1)高等数学

高等数学主要包含函数与极限、导数与微分、微分中值定理与导数的应用、不定积分、定积分及应用、空间解析几何与向量代数、多元函数微分法及其应用、重积分、曲线积分与曲面积分、无穷级数、微分方程等。各种微积分的运算正是计算机运算的基础。

(2)线性代数

线性代数主要包含行列式、矩阵、线性方程组、向量空间与线性变换、特征值与特征向量、二次型等。在计算机广泛应用的今天,计算机图形学、计算机辅助设计、密码学、虚拟现实等技术无不以线性代数为其理论和算法基础的一部分。

(3)概率论与数理统计

概率论与数理统计包含随机事件与概率、随机变量的分布和数学特征、随机向量、抽样分布、统计估计、假设检验、回归分析等。概率论与数理统计是研究随机现象客观规律并付诸应用的数学学科,通过学习概率论与数理统计,使我们掌握概率论与数理统计的基本概念和基本理论,初步学会处理随机现象的基本思想和方法,培养解决实际问题的能力。这些都是计算机编程过程中不可或缺的基础理论知识和技能。

计算机科学是对计算机体系,软件和应用进行探索性、理论性研究的技术科学。由于计算机与数学有其特殊的关系,故计算机科学一直在不断地从数学的概念、方法和理论中吸取营养;反过来,计算机科学的发展也为数学研究提供新的问题、领域、方法和工具。近年来不少人讨论过数学与计算机科学的关系问题,都强调两者的密切联系。同时,人们也都承认,计算机科学仍有其自己的特性,它并非数学的一个分支,而有自身的独立性。正确的说法应该是:由于计算机及程序的特殊性,计算机科学是与数学有特殊关系的门新兴的技术科学。这种特殊关系使得计算机科学与数学之间有一公共的交界领域,它范围相当广,内容相当丰富,很富有生命力。这一领域既是理论计算机科学的一部分,也是应用数学的一部分。

计算机科学的发展有赖于硬件技术和软件技术的综合。在设计硬件的时候应当充分融入软件的设计思想,才能使硬件在程序的指挥下发挥极致的性能。在软件设计的时候也要充分考虑硬件的特点,才能冲破软件效率的瓶颈。达到硬件和软件设计的统一,严格地说这并不轻松,一般的程序设计者很难将这样的思想贯穿在其程序设计当中。各个方面都显示,计算机原本只是数学的一个实践分支,然后随着这半个世纪计算机科学的广泛应用和高速发展,计算机的发展势头甚至超过了数学的理论研究,甚至有了计算机的发展带动数学的向前推进。然而计算机与数学相辅相成的关系毋庸置疑,也无法脱离。数学的发展仍然是计算机的基础,计算机把数学更好地运用到各个领域,从而达到双赢的好局面。数学理论及数学思维方式在现代计算机科技中的应用举足轻重,无论是计算机工作原理的设计还是计算机系统与软件的不断完善都与数学家的贡献密不可分。没有数学作为基础,就不会有现代的计算机技术。建立在数学原理之上的计算机技术又反过来促进了数学科学本身的发展,数学也得到了更多的应用。

7.1.2　图灵机、哥德尔定理

1.图灵机

图灵机(Turing Machine,TM),是计算机的一种简单的数学模型。历史上,冯·诺依曼计算机的产生就是由图灵机诱发的。

丘奇–图灵论题:一切合理的计算模型都等同于图灵机。

表 7.1　文法分类

类型	文法结构	产生式形式	限制条件
0	短语结构文法 Phrase Structure	$\alpha \rightarrow \beta$	$\alpha \in V+, \beta \in V*$

表 7.1（续）

类型	文法结构		产生式形式	限制条件
1	上下文有关文法 Context Sensitive		$\alpha 1 A \alpha 2 \rightarrow \alpha 1 \beta \alpha 2$	$\|\alpha 1 \beta \alpha 2\| \geqslant \|\alpha 1 A \alpha 2\|$ $\alpha 1, \alpha 2 \in V*$
2	上下文无关文法 Context Free		$A \rightarrow \alpha$	$A \in VN, \alpha \in V*$
3	正则文法	右线性文法	$A \rightarrow xB, C \rightarrow y$	$A, B, C \in VN$
		左线性文法	$A \rightarrow Bx, C \rightarrow y$	$x, y \in VT*$

注:0 型语言———图灵机

1 型语言(CSL)———线性界限自动机

2 型语言(CFL)———下推自动机

3 型语言(正规集)———有限自动机

(1)图灵机模型

定义 1　图灵机 $M = (K, \Sigma, \Gamma, \delta, q0, B, F)$,其中

K 是有穷的状态集合;

Γ 是所允许的带符号集合;

$B \in \Gamma$,是空白符;

$\Sigma \subseteq \Gamma, B \in \Sigma$,是输入字符集合;

$F \subseteq K$,是终止状态集合;

$q0 \in K$,是初始状态;

$\delta: K \times \Gamma \rightarrow K \times \Gamma \times \{L, R, S\}$ 是图灵机的动作(状态转移)函数。

这里 L 表示读头左移一格;R 表示读头右移一格;S 表示读头不动;$\delta(q, a) = (p, b, z)$ 表示状态 q 下读头所读符号为 a 时,状态转移为 p,读头符号变为 b,同时读头变化为 z。

定义 2　设当前带上字符串为 $x1, x2, \cdots, xn$,当前状态为 q,读头正在读 xi,图灵机的瞬时描述 ID 为 $x1x2\cdots x(i-1)qxi\cdots xn$。

(2)图灵机的变化和组合

①双向无穷带图灵机

L 被一个具有双向无穷带的图灵机识别,当且仅当它被一个单向无限带的图灵机识别。证明:单向无限 TM 模拟双向无限 TM,采用多道技术。

②多带图灵机

如果一个语言 L 被一个多带图灵机接受,它就能被一个单带图灵机接受。

③非确定图灵机

由一个有穷控制器、一条带和一个读头组成。对于一个给定的状态和被读头扫描的带符号,机器的下一个动作将有有穷个选择。

④多头图灵机

如果 L 被某个 k 个读头的图灵机接受,则它能被一个单头图灵机接受。

⑤多维图灵机

具有通常的有限控制器,但带却由 k 维单元阵列组成。这里,在所有 2k 个方向上(k 个轴,每轴正、负两个方向),都是无限的,根据状态和扫视的符号,该装置改变状态,打印一个

新的符号,在 $2k$ 个方向上移动它的读头,开始时,输入沿着一个轴排列,读头在输入的左端。

⑥离线图灵机

如果 L 被一个二维图灵机 M1 接受,那么 L 将被一个一维图灵机 M2 接受。

⑦图灵机的组合

多个图灵机相组合。

(3)枚举器

枚举器构造如图 7.1 所示。

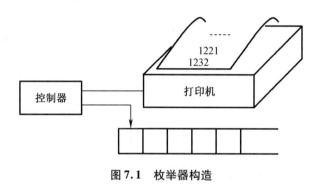

图 7.1　枚举器构造

①定义

语言是图灵可识别的,当且仅当有枚举器枚举它。

②证明

首先证明如果有枚举器 E 枚举语言 L,则存在图灵机 M 识别 L。构造 M 如下:

对于任意输入串 w,运行 E。每当 E 输出一个串时,与 w 比较,若相等,则接受 w,并停机。显然,M 接受在 E 输出序列中出现过的那些串。

现在证明若有图灵机 M 识别语言 L,则有枚举器 E 枚举 L。

设 L = {w1,w2,w3,…},构造 E 如下:

对 $i = 1,2,3,…$ 执行如下步骤名

①对 w1,w2,w3,…,wi 中的每一串,让 M 以其作为输入运行第 i 步。

②若在这个计算中,M 接受 wj,则打印 wj。

M 接受 w,它最终将出现在 E 的枚举打印中。事实上,它可能在 E 的列表再出现无限次,因为每一次重复运行,M 在每一个串上都从头开始运行。

2. 哥德尔定理

哥德尔定理指出,不管任何精确(形式化)数学公理和不同法则系统,如果它足够宽广于包容简单算术命题的描述并且其中没有矛盾。则必然包含某些用在该系统内所允许的手段既不能证实也不能证伪的陈述。也就是说,系统本身的协调性的陈述被编码成适当的算术问题后,必然成为一道"不能决定的"命题。哥德尔定理所要说明的问题在罗索发现的集合悖论中就已经存在,在开始的时候。罗素并没有认识到根本性,他还是和他的合作者怀特海着手发展一种高度形式化的公理和步骤法则的数学系统,试图要把所有正确的数学推理翻译到他们的规划中去。当然,他们非常仔细地选择法则以防止导致罗素悖论那样的推理类型,但是他们的计划也必然在哥德尔定理面前破产。

哥德尔定理说,甚至在良定义(没有悖论)的数学公理系统中,存在着根据这些公理所

无法证明的一些问题。即在这个环境中存在着既不能证明也不能否证的明确命题。即使我们求助于可能解决这一问题的更大的公理系统。在这个新的系统中也同样存在不可判定的命题。用兰尼的话说"这就表明我们从来没有完全知道我们的公理意味着什么,因为如果我们知道的话,我们就可以避免在一个公理中断言另一个公理所否定的东西的可能性。对于任何特定的演绎体系来说,这种不确定性是可以通过把它转换成一个较广泛的公理体系而消除的。这样,我们就可以证明原来的体系的一致性。但是,任何这样的证明也还是不确定的,也就是说,较广泛的体系的一致性将总是不可判定的。"这样,用什么方法能确定数学真理或逻辑真理就变得有些茫然了。最为根本的一点是,那种原有的从古希腊哲学开始就已形成的,并在近代科学中得到充分应用的科学知识观——设计一组公理并通过逻辑论证的方式从中推出自然界的一切现象——确定性信念必须抛弃。

7.1.3 停机问题、问题的复杂度

1. 停机问题

停机问题是计算机科学领域的经典问题之一,被认为是不可解的。计算机算法和计算复杂性理论是计算机科学中最重要的组成部分。根据计算复杂性理论,自然和科学理论上的所有问题可以分为三大类:多项式问题,即可以在多项式时间内得到解答的问题;指数型问题,即可以在指数型时间内得到解答的问题;不可解问题,无论花多少时间,都不可能得到解答的问题。对前两类问题,可以很容易找到确切的例子来进行说明,但对于最后一类,则很难找到具体的例子来说明。不可解问题与问题本身无解是两个不同的概念。例如,可以很容易地设计出一个方程,使得该方程无解,也能很容易地判断该方程无解。而不可解问题指的是,问题本身可能是有解的,只是无论花多长时间都得不到这个解。例如,停机问题就被证明是不可解的。

2. 问题复杂度

计算复杂性(Computational Complexity)用于描述求解问题的难易程度或者算法的执行效率。对于算法的计算复杂性,我们一般很容易进行判断,例如使用蛮力法去枚举旅行商问题或者 0 – 1 背包问题的算法,就是具有指数计算复杂性的算法。对于某问题的计算复杂性进行判断却不是一件简单的事情。

问题复杂度分为时间复杂度和空间复杂度。在给许多计算问题寻找实际解法时,时间和空间是两个最重要的考虑因素。空间复杂性与时间复杂性有许多共同的特点,它为我们根据计算难度来给问题分类提供了进一步的方式。时间复杂度和空间复杂度都需要选择一个模型来度量算法所消耗的空间。我们继续采用图灵机模型,理由同用它来度量时间的理由是一样的。图灵机数学形式简单,而且近似实际的计算机,足以给出有意义的结果。

7.2 人 工 智 能

人工智能这个词看起来似乎一目了然,人工制造的智能,但是要给人工智能这个科学名词下一个准确的定义却很困难。智能是个体有目的的行为、合理的思维及有效地适应环境的综合性能力。通俗地讲,智能是个体认识客观事物和运用知识解决问题的能力。特别指出智能是相对的、发展的,离开特定时间说智能是困难的、没有意义的。

7.2.1　人工智能概述

人工智能(Artificial Intelligence,AI)是相对于人的自然智能而言的,即通过人工的方法和技术,研制智能机器或智能系统来模仿、延伸和扩展人的智能,实现智能行为和"机器思维"活动,解决需要人类专家才能处理的问题。

本质上讲,人工智能是研究怎样让计算机模仿人脑从事推理、规划、设计、思考和学习等思维活动,解决需要人类的智能才能处理的复杂问题。简单地讲,人工智能就是由计算机来表示和执行人类的智能活动。

1. 人工智能发展阶段

第一阶段——孕育期(1956 年以前);

第二阶段——人工智能基础技术的研究和形成(1956 年—1970 年);

第三阶段——发展和实用化阶段(1971 年—1980 年);

第四阶段——知识工程与专家系统(1980 年至今)。

随着计算机和网络技术的发展与普及,当今人工智能主攻方向体现于:

(1)并行与分布式处理技术;

(2)知识的获取、表示、更新和推理新机制;

(3)多功能的感知技术;

(4)关于 Agent 的研究;

(5)数据挖掘。

人工智能是计算机研究中一个非常重要的领域,20 世纪的 40 位图灵奖获得者中有 6 位人工智能学者。其中,Minsky 在 1969 年获奖,McCarthy 在 1971 年获奖,Simon 和 Newell 在 1975 年获奖,Feigenbaum 和雷迪(R. Reddy)在 1994 年获奖。

2. 人工智能概述及展望

在短期内,保障 AI 对社会有益的科研范畴可涵盖诸多领域,比如经济学、法学、验证法、有效性计算、安全控制论等技术层面课题。如果 AI 系统能够控制汽车、飞机、心脏起搏器、自动交易系统或电网,那么我们必须保证该系统完全遵照我们的指令运行,否则后果不堪设想。此外,短期内的另一个问题是如何防止自主武器的毁灭性军备竞赛。从长远来看,如果我们成功创造了能在所有认知功能上超过人类的强 AI 将会发生什么?比如约翰·古德在 1965 年所说的:"设计更有智慧的 AI 系统本身就是一个认知任务。这样的系统有潜力执行递归式的自我完善,触发智能爆炸,并远远地超越人类智力"。通过发明革命性的新技术,这样的超级智慧可以帮助我们消除战争、疾病和贫困。因此,超强 AI 可能是人类历史上最重大的事件。然而,一些专家担心人类的历史也会随着此类的超强大 AI 的诞生戛然而止,除非我们学会在 AI 成为超级智慧之前使其与我们同心所向。AI 的 4 种不同定义如表7.2 所示。

表 7.2　AI 的 4 种不同定义

像人一样思考的系统	理性地思考的系统
要是计算机能思考:有头脑的机器 与人类的思维相关的活动,诸如决策、问题求解、学习等活动	通过对计算模型的使用来进行心智能力的研究 对使得知觉、推理和行动成为可能的计算的研究
像人一样行动的系统	理性地行动的系统
创造机器来执行人需要智能才能完成的功能	计算智能是对设计智能化智能体的研究
研究如何让计算机能够做到那些目前人比计算机做得更好的事情	AI 关心的是人工制品中的智能行为

3. 类人行为:图灵测试(1950)

(1)图灵建议

不是问"机器能否思考",而是问"机器能否通过关于行为的智能测试"。

(2)测试过程

让一个程序与一个人进行 5 分钟对话,然后人猜测交谈对象是程序还是人? 如果在 30% 的测试中程序成功地欺骗了询问人,则通过了测试。

(3)图灵期待

这样的程序最迟出现在 2000 年,但是到目前为止,面对训练有素的鉴定人,没有一个程序接近 30% 的标准。

(4)图灵测试

要想程序通过图灵测试,还需要做大量工作,这些技能包括:

①自然语言处理,使机器可以用人类语言交流

②知识表示,存储机器获得的各种信息

③自动推理,运用知识来回答问题和提取新结论

④机器学习,适应新环境并检测和推断新模式

⑤计算机视觉,机器感知物体

⑥机器人技术,操纵和移动物体

4. 类人思考:认知模型方法

如何得知人类是如何思考的? 通过"自省"捕捉人类思维过程和通过心理测试。这种方法不满足于让程序正确地解决问题,更加关心对程序的推理步骤轨迹与人类个体求解同样问题的步骤轨迹进行比较。

认知科学:把来自 AI 的计算模型与来自心理学的实验技术相结合,试图创立一种精确而且可检验的人类思维工作方式的理论。通常,我们只关心程序实现了什么功能,而不会比较 AI 技术和人类认知之间的异同。

5. 理性地思考:"思维法则"方法

19 世纪,逻辑学家就发展出可以描述世界上一切事物及其彼此关系的精确的命题符号。1965 年,原则上,已经有程序可以求解任何用逻辑符号描述的可解问题(消解法)。AI 领域传统的逻辑主义希望通过编制上述程序来创造智能系统。其难点在于非形式化的知识难以用逻辑符号形式化,原则上,可以解决问题和实际解决问题二者之间存在巨大差异。

6. 理性地行动:理性智能体方法

计算机智能体应该有别于"简单的"程序:具有诸如自主控制操作、感知环境、适应变化等。理性智能体:要通过自己的行动获得最佳结果,或者在不确定的情况下,获得最佳期望结果。不仅要正确地推理,还要正确地行动,正确推论是理性智能体的部分功能,而不是理性的全部内容。图灵测试中需要的技能都是为了做出理性行为。把 AI 研究视为理性智能体的设计过程比"思维法则"(理性地思维)方法更广,比建立在人类行为或者思维基础(类人方法)上的方法更形式化,因为相比而言具有清楚的定义或标准。4 种方法的比较如图7.2 所示。

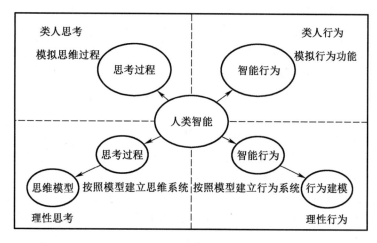

图 7.2　四种方法的比较

(1)可以在不同条件下定义清楚正确的结果。

(2)完美理性(总能做正确的事情)vs.有限理性(在没有足够计算时间的前提下采取正确的行动),完美理性在复杂环境下是不可行的。

(1)类人思考或类人行为:直接模拟/追随人。

(2)理性思考或理性行为:间接模拟/概括人——更普遍。

上述定义见仁见智重要的是学习 AI 方法、应用 AI 方法,在实践中逐步深入领会 AI 这个词的含义。目前,AI 就是一种运行在我们自己机器中的程序,它的智能都是人们赋予的。

7.2.2　知识表示、专家系统

人类的智能活动过程主要是一个获得并运用知识的过程,知识是智能的基础。为了使计算机具有智能,使它能模拟人类的智能行为,必须使它具有知识。但知识需要用适当的模式表示出来才能存储到计算机中,因此关于知识的表示问题就成为人工智能领域中一个十分重要的研究课题。

主要的知识表示方法:

(1)一阶谓词逻辑表示法

(2)产生式表示法

(3)框架表示法

(4)语义网络表示法

（5）脚本表示法

（6）过程表示法

（7）面向对象表示法

（8）Petri 网表示法

1. 什么是知识

数据和信息这两个概念是不可以分开的，它们是有关联的。

（1）数据

用一组符号及其组合表示的信息称为数据，泛指对客观事物的数量、属性、位置及其相互关系的抽象表示。例:27.6、53、ABCD、黎明。数据是信息的载体和表示，信息是数据在特定场合下的具体含义，即信息是数据的语义。两者只有密切结合，才能实现世界中某一具体事物的描述。如:6 个人（6 是个数据，人是一种信息）6 本书（6 是个数据，书是一种信息）对同一个数据，它在某一场合下可能表示一个信息，但在另一场合下却表示另一个信息。

（2）知识

把有关信息关联在一起所形成的信息结构称为知识。

知识是人们在长期的生活及社会实践中、科学研究及实验中积累起来的对客观世界的认识与经验，人们把实践中获得的信息关联在一起，就获得了知识。信息之间有多种关联形式，其中用得最多的一种是用:"如果……,则……"表示的关联形式，它反映了信息间的某种因果关系。例如把"大雁向南飞"与"冬天就要来临了"这两个信息关联在一起，就得到了如下一条知识:如果大雁向南飞，则冬天就要来临了。不同事物或者相同事物间的不同关系形成了不同的知识。例如，"雪是白色的"是一条知识，它反映了"雪"与"颜色"之间的一种关系。又如"如果头痛且流涕，则有可能患了感冒"是一条知识，它反映了"头痛且流涕"与"可能患了感冒"之间的一种因果关系。

2. 知识的特性

（1）相对正确性

知识是否正确是有前提条件的，如:$1+1=2$。

（2）不确定性

造成知识具有不确定性的原因有:

①由随机性引起的不确定性（也就是说，这件事是随机发生的，比如说，抛硬币，是正面朝上还是反面朝上，不确定。随机事件只有发生的时候我们才知道。）

②由模糊性引起的不确定性:由模糊概念、模糊关系所形成的知识是不确定的。知识是有关信息关联在一起形成的信息结构，"信息"与"关联"是构成知识的两个要素。由于现实世界的复杂性，信息可能是精确的，也可能是不精确的、模糊的;关联可能是确定的，也可能是不确定的。（比如说:人的个子高与个子矮，分界线是模糊的）

③由不完全性引起的不确定性，有些事我们还不是很清楚，所以不能确定。如:很多年以前的肺结核，今天的癌症。

④由经验性引起的不确定性

在人工智能的重要研究领域专家系统中，知识都是由领域专家提供的，这种知识大都是领域专家在长期的实践及研究中积累起来的经验性知识。尽管领域专家能够得心应手地运用这些知识，正确地解决领域内的有关问题，但若让他们精确地表述出来却是相当困难的,这是引起知识不确定性的原因之一。另外,由于经验性自身就蕴含着不精确性及模糊性,这就形成了知识不确定性的另一个原因。因此,在专家系统中大部分知识都具有不确定性这一特性。

(3)可表示性与可利用性

表示:(如我们可以用语言来表达知识、用文字来表达知识、用图形来描述知识、在计算机中还可以用神经元网络来表示知识。)

利用:用知识解决所面临的各种各样的问题。

3. 知识的分类

(1)从作用范围来划分

①常识性知识

是人们普遍知道的知识,适用于所有领域。

②领域性知识

是面向某个具体领域的知识,是专业性的知识,只有相应专业的人员才能掌握并用来求解领域内的有关问题。

(2)从知识的作用划分

①事实性知识

(就是真理)用于描述领域内有关概念、事实、事物的属性及状态等。如:糖是甜的、大同是个古城、一年有春夏秋冬四个季节。事实性知识一般采用直接表达的形式,如用谓词公式表示等。

②过程性知识

是与领域相关的知识,用于指出如何处理与问题相关的信息,以求得问题的解。一般用产生式规则、语义网络求解。

③控制性知识

又称为深层知识、元知识。用已有的知识进行问题求解的知识,即关于知识的知识。例如问题求解中的推理策略(正向推理及逆向推理);信息传播策略(如不确定性的传递算法);搜索策略(广度优先、深度优先、启发式搜索等);求解策略(求第一个解、全部解、严格解、最优解等);限制策略(规定推理的限度)等。

(3)从确定性划分

①确定性知识

可指出其值为真或假的知识。

②不确定性知识

它是不精确的、不完全的、模糊的知识。

(4)从知识结构及表现形式来划分

①逻辑性知识

反映人类逻辑思维过程的知识,一般具有因果关系,具有难以精确描述的特点。它们通常是基于专家的经验,以及对一些事物的直观感觉。一阶谓词逻辑表示法和产生式表示法用来表达这种知识。

②形象性知识

通过事物的形象建立起来的知识称为形象性知识。

（5）从抽象的、整体的观点来划分，知识可分为：零级知识，一级知识，二级知识

这种关于知识的层次划分还可以继续下去，每一级知识都对其低一层的知识有指导意义。其中，零级知识是指问题领域内的事实、定理、方程、实验对象和操作等常识性知识及原理性知识；一级知识是指具有经验性、启发性的知识，例如经验性规则、含义模糊的建议、不确切的判断标准等；二级知识是指如何运用上述两级知识的知识。在实际应用中，通常把零级知识与一级知识统称为领域知识，而把二级以上的知识统称为元知识。

4. 知识的表示

所谓知识表示实际上就是对知识的一种描述，或者说是一组约定，一种计算机可以接受的用于描述知识的数据结构。对知识进行表示的过程就是把知识编码成某种数据结构的过程。

知识表示方法又称为知识表示技术，其表示形式称为知识表示模式。目前用得较多的知识表示方法主要有：一阶谓词逻辑表示法，产生式表示法，框架表示法，语义网络表示法，脚本表示法，过程表示法，Petri 网表示法，面向对象表示法。一般来说，在选择知识表示方法时，应从以下几个方面进行考虑：

（1）充分表示领域知识

确定一个知识表示模式时，首先应该考虑的是它能否充分地表示我们所要解决的问题所在领域的知识。为此，需要深入地了解领域知识的特点及每一种表示模式的特征，以便做到"对症下药"。例如，在医疗诊断领域中，其知识一般具有经验性、因果性的特点，适合于用产生式表示法进行表示；而在设计类（如机械产品设计）领域中，由于一个部件一般由多个子部件组成，部件与子部件既有相同的属性又有不同的属性，即它们既有共性又有个性，因而在进行知识表示时，应该把这个特点反映出来，此时单用产生式模式来表示就不能反映出知识间的这种结构关系，这就需要把框架表示法与产生式表示法结合起来。

（2）有利于对知识的利用

知识的表示与利用是密切相关的两个方面。"表示"的作用是把领域内的相关知识形式化并用适当的内部形式存储到计算机中去，而"利用"是使用这些知识进行推理，求解现实问题。"表示"的目的是为了"利用"，而"利用"的基础是"表示"。

（3）便于对知识的获取、组织、维护与管理

组织：依赖于知识的表示方法。

维护：知识的质量、数量、性能方面补充、修改、删除。

管理：保证知识的一致性、完整性。

（4）便于理解和实现

5. 专家系统

（1）专家系统基本知识

专家系统是一个具有大量专门知识与经验的程序系统，它应用人工智能技术，根据某个领域一个或多个人类专家提供的知识和经验进行推理和判断，模拟人类专家的决策过程，以解决那些需要专家决定的复杂问题。

专家系统与传统计算机程序的本质区别在于，专家系统所要解决的问题一般没有算法解，并且经常要在不完全、不精确或不确定的信息基础上做出结论。

专家系统从体系结构上可分为集中式专家系统、分布式专家系统、协同式专家系统、神经网络专家系统等；从方法上可分为基于规则的专家系统、基于模型的专家系统、基于框架

的专家系统等。

（2）专家系统的结构

专家系统是一种计算机应用系统。由于应用领域和实际问题的多样性，所以，专家系统的结构也就多种多样。但抽象地看，一般有基本结构和一般结构。

专家系统的核心是知识库和推理机，其工作过程是根据知识库中的知识和用户提供的事实进行推理，不断地由已知的事实推出未知的结论即中间结果，并将中间结果放到数据库中，作为已知的新事实进行推理，从而把求解的问题由未知状态转换为已知状态。在专家系统的运行过程中，会不断地通过人机接口与用户进行交互，向用户提问，并向用户做出解释。专家系统结构图如图 7.3 所示。

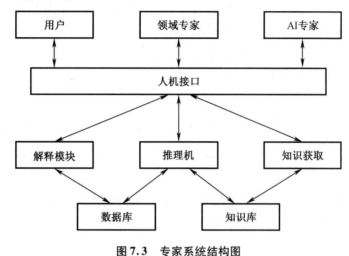

图 7.3　专家系统结构图

（3）专家系统优缺点

①优点

a. 专家系统能够高效率、准确、及时和不知疲倦地工作

b. 专家系统解决实际问题时不受周围环境的影响，也不可能遗漏忘记

c. 专家系统使人类专家的经验不受时空的限制，以便推广和交流

d. 专家系统的研制和应用具有巨大的社会效益和经济效益

e. 研制专家系统能促进各个领域科学技术的发展

②缺陷

a. 知识获取的"瓶颈"问题

知识工程师不仅应具备一定的领域知识，而且还应具备较高的计算机水平知识。

b. 知识的"窄台阶"问题

一个专家系统一般只能应用在某个相当窄的知识领域内，去求解预定的专门问题。一旦超出预定范围，专家系统就无法求解。

c. 不具备并行分布功能

集中式专家系统只能在单个处理机上运行，不具备把一个专家系统的功能分解后，分布到多个处理机并行工作的能力。

d. 不具备多专家协同能力

单专家式专家系统只能模拟单一领域的单个专家的功能，不能实现相近领域或同一领域不同方面的多个分专家系统的协作问题求解。

e. 系统适应能力较差

一般不具备自我学习能力和在系统运行过程中的自我完善、发展和创新能力。

f. 处理不确定问题的能力较差

专家系统尽管可采用可信度、主观 Bayes 方法等处理不精确问题,但在归纳推理、模糊推理、非完备推理等方面的能力较差。

g. 与主流信息技术脱节

专家系统基本上是一种信息孤岛,与主流信息技术,如 Web 技术、数据库技术等脱节。

(4)专家系统的类型

关于专家系统的分类,目前尚无定论。我们仅从几个不同的侧面对此进行讨论。

①按用途分类

按用途分类,专家系统可分为:诊断型、解释型、预测型、规划型、控制型、监督型、修理型、教学型、调试型等几种类型。

②按输出结果分类

按输出结果分类,专家系统可分为分析型和设计型。

③按知识表示分类

目前所用的知识表示形式有:产生式规则、一阶谓词逻辑、框架、语义网等。

④按知识分类

知识可分为确定性知识和不确定性知识,所以,按知识分类,专家系统又可分为精确推理型和不精确推理型(如,模糊专家系统)。

⑤按技术分类

按采用的技术分类,专家系统可分为符号推理专家系统和神经网络专家系统。

⑥按规模分类

按规模分类,可分为大型协同式专家系统和微专家系统。

⑦按结构分类

按结构分类可分为集中式和分布式,单机型和网络型(即网上专家系统)。

(6)知识库

知识库主要用来存放领域专家提供的有关问题求解的专门知识。知识库中的知识来源于知识获取机构,同时它又为推理机提供求解问题所需的知识。

要建立知识库,首先选择合适的知识表达方法。对同一知识,一般可用多种方法进行表示,但其效果却不同。可从能充分表示领域知识、能充分有效地进行推理、便于对知识的组织维护和管理、便于理解与实现等四个方面选择知识表达方法。

①知识库的管理

知识库管理系统负责对知识库中的知识进行组织、检索和维护等。专家系统中任何部分要与知识库发生联系,都必须通过该管理系统来完成。在进行知识维护的同时,还要保证知识的安全性。必须建立严格的安全保护措施,比如设置口令验证,对不同操作者设置不同的操作权限等,防止因操作失误等主观原因破坏知识库,造成严重后果。

②推理机

推理机的功能是模拟领域专家的思维过程,控制并执行对问题的求解。它能根据当前已知的事实,利用知识库中的知识,按一定的推理方法和控制策略进行推理,直到得出相应的结论为止。

推理机包括推理方法和控制策略两部分。推理方法有确定性推理和不确定性推理。控制策略主要指推理方法的控制及推理规则的选择策略。推理包括正向推理、反向推理和正反向混合推理。推理策略一般还与搜索策略相关。

推理机的性能与构造一般与知识的表示方法有关,但与知识的内容无关,这有利于保证推理机与知识库的独立性,提高专家系统的灵活性。

③知识获取机构

知识获取是建造和设计专家系统的关键,也是目前建造专家系统的瓶颈。基本任务是为专家系统获取知识,建立起健全、完善、有效的知识库,以满足求解领域问题的需要。

知识获取通常由知识工程师和知识获取机构共同完成。知识工程师负责捆取领域专家,并用合适的方法把知识表达出来。知识获取机构把知识转换为计算机可存储的内部形式,然后把它们存入知识库。存储过程中要对知识进行一致性、完整性的检测。

④人机接口

人机接口是专家系统与领域专家、知识工程师、用户之间交互的界面,由一组程序及相应的硬件组成,用于完成输入输出工作。在输入输出过程中,人机接口需要进行表示形式的转换。输入时,将外部信息换成系统的内部表示形式,然后交给相应机构去处理。输出时,将内部信息转化为人们易于理解的外部形式显示给用户。

知识获取机构通过人机接口与专家、工程师、用户进行交互;推理机通过人机接口与用户交互。推理过程中,专家系统不断向用户提问以得到相应的数据,推理结束后会将结果通过人机接口显示给用户。

⑤解释机构

解释系统主要是回答用户提出的问题其推理过程,由一组程序组成。专家系统应该能以用户便于接受的方式解释自己的推理过程。

7.2.3　感知

感知是人通过自己的感官获得客观世界事物多种信息的有效途径。在人工智能中,需要分析来自客观世界的信息并要确定出这些信息表达的事物,这就是感知程序所要解决的问题。人的接受外界信息有 70% 来自视觉系统,人类的信息交流主要通过听觉进行,所以视觉和听觉是人类感官中最主要的组成部分,从而在人工智能中对视觉和听觉展开了广泛的研究。

求解感知问题的基本技术如下:

视觉系统接收外部世界的二维图像的信息,通过处理希望能给出一个有意义的物体描述。语言识别系统则接受语言信号(声波),通过处理和分析希望给出该信息所代表的有意义的语句结构。它们的信息处理过程实际上都是一种分类的处理,这种分类过程是按分层进行的。例如,为了识别一幅景物像,先要识别各种轮廓线,然后用这些线条表示了若干物体和影子的形状,最后再把它们组合起来,产生出房子和场院等全貌的图像。又如,为分析一个句子,首先要识别出每一个音符,然后将单个的音符组成单词,再将单词组合成有含义的句子结构。可以看出这种层次分类过程完全对应于我们所要感知的外部世界的层次结构体系。

实际上我们对某一个输入信号按层次进行分类的过程,要比上面的描述复杂困难得多,这是因为:在每一个层次中进行分类的过程,往往不是相互独立的。也就是说,在某一层中进行分类时,通常会受到上一层或下一层分类过程的影响。

例如:

(1)语音识别简例

假定一小段语音信号已经识别好是由如下几个发音符号组成:

katskars

下一层次的分类问题是把这些音符划分为音调,可以看出至少有两种分法:

cat scares 或 cats cares

显然如果没有附加句子结构的知识(属于下一个层次)的帮助,则很难确定哪一个分法是合适的,因为这两种分法对不同的上下文句子都可能是正确的,例如:

The cat scares all the birds away.

A cats cares are few.

由此看出,各层之间的相互作用,增加了分类的难度。

(2)图像理解简例

图像理解问题也具有类似的二义性问题,设图 1 是从二维原图像中提取得到的一张线条图,下一个层次的工作是把这些图分解成若干个物体。设从图的左边开始,识别了标记为 A 的物体,是否 A 这个物体只到中间那条垂直线为止呢? 显然如果不通过另一个直立积木块物体的观察,就无法确定 A 这个物体是否延伸到右半部,因此物体的划分过程涉及物体的组合问题。感知输入信号的许多特性是相对的,因而难以使用绝对的模式匹配技术加以识别。例如人的发音因为个体的差异、语言习惯、地理环境等因素的影响而有所同;同一场景的图像也会因为距离、角度和光线等因素而有差别。

现实世界中的信息是相互联系、错综复杂的合成体。在现实世界中,几乎不可能一次只感知一个单独的信号,现在的语音识别系统中,机器可以实现以某种可接受的程度来理解单个的单调,但多个单调形成的连续语音信号的识别问题就难得多;图像处理也存在类似的问题,给出的线条画各个部分并不是完全和实际物体一一对应,一些物体的部分被另一些物体挡住等。此外,感知信号带有的各种噪声,也给信号识别带来困难。尽管研究感知问题有许多的困难,但是人工智能在语音识别和图像理解方面还是取得一些进展,并有一定的成果。下面我们就以视觉问题中最基本的人工智能问题做一些讨论。

不论是语音还是图像问题的分析过程,都要把整个理解过程划分为几个处理阶段来进行,通常为 5 个阶段:

(1)数值化

首先要将连续的输入信息离散化处理。如对连续的语音信号以某种采样频率定时测量其振幅;对图像视频信号则是把图像区域分解为某一固定数目的像素,对黑白图像,像素值可用(0,1)表示,也可取多级灰度值表示;对彩色图像,则像素值表示成含有基颜色的数量。

(2)平滑图

目的是消除输入信号中有个别变化较大的数据。由于现实世界中大多数是一些连续信号,因此输入中的这些突变式信号通常是由随机噪声引起的,要通过滤波处理加以消除。

(3)分割

把由数值化产生的一些子群体组合成与信号的逻辑成分相对应的大群体,即分割为一个个区段来处理。例如,语音理解问题中,这些分割段就对应于各种发音,语音信号中的这些分割段通常视为音素;视觉理解问题中,这些分割段则对应于图像中各物体所实有的某一种重要的特征,图像中的这些分割段通常由若干明显的线条组成。

(4)标记

对每一个分割段加一个标记,该标记表明这个分割段属于现实世界模块中的哪个部分。例如,在语音问题中,就是在分割段上标上音素的标记;而在视觉问题中,则是在分割段上标上"该线条属于一个图形的外边界"的标识信息。通常标记过程是不可能仅仅依靠观察就能决定分割段应当加什么标记,因为标记过程实际上要做的事情有:①对某一个分割段赋予多个可能具有的标记,等到分析阶段再根据上下文的关系,选择其中一个比较符合意义并能代表实际情况的标记。②本着标记过程能应用其自身的分析过程的方法,对若干分割段进行检验,以便限制每一个分割段的标记选择范围。

(5)分析

把已标记的各分割段组合起来,形成一个连贯的物体。这一步主要是进行最起码的综合处理,在分析中往往要利用大量的领域专业知识,且有许多方法可用。但是,几乎所有的分析过程的共同点都是约束满足法的变种。这是由于在只用低层次的标记来进行高层次的分析过程中,通常对给定的一个分割段存在许多可能的解释,但考虑到周围的其他分割段时,满足相互间都能相容解释的数量将大大减少,一个重要的原因是信号中全局作用的知识起了效果。例如,图像中,在图像出现明暗的部分,即可形成约束的条件,从而限制了解释的数目。

7.2.4 搜索

搜索是人工智能中的一个基本问题,并与推理密切相关,搜索策略的优劣,将直接影响智能系统的性能与推理效率。

1.搜索的含义

(1)适用情况

不良结构或非结构化问题;难以获得求解所需的全部信息,更没有现成的算法可供求解使用。

(2)概念

依靠经验,利用已有知识,根据问题的实际情况,不断寻找可利用知识,从而构造一条代价最小的推理路线,使问题得以解决的过程称为搜索。

2.搜索的类型

(1)盲目搜索

按预定的控制策略进行搜索,在搜索过程中获得的中间信息并不改变控制策略。

(2)启发式搜索

在搜索中加入了与问题有关的启发性信息,用于指导搜索朝着最有希望的方向前进,加速问题的求解过程并找到最优解。

按问题的表示方式:

(1)状态空间搜索

用状态空间法来求解问题所进行的搜索。

（2）或树搜索

用问题归约法来求解问题时所进行的搜索。

3. 状态空间法

（1）状态（State）

是表示问题求解过程中每一步问题状况的数据结构，它可形式地表示为：

Sk = {Sk0, Sk1, …}

当对每一个分量都给以确定的值时，就得到了一个具体的状态。

操作（Operator）也称为算符，它是把问题从一种状态变换为另一种状态的手段。操作可以是一个机械步骤，一个运算，一条规则或一个过程。操作可理解为状态集合上的一个函数，它描述了状态之间的关系。

（2）状态空间（State space）

用来描述一个问题的全部状态及这些状态之间的相互关系。常用一个三元组表示为：

(S, F, G)

其中，S 为问题的所有初始状态的集合；F 为操作的集合；G 为目标状态的集合。状态空间也可用一个赋值的有向图来表示，该有向图称为状态空间图。在状态空间图中，节点表示问题的状态，有向边表示操作。

（3）状态空间法求解问题的基本过程

首先为问题选择适当的"状态"及"操作"的形式化描述方法；然后从某个初始状态出发，每次使用一个"操作"，递增地建立起操作序列，直到达到目标状态为止；此时，由初始状态到目标状态所使用的算符序列就是该问题的一个解。

状态空间搜索的基本思想是先把问题的初始状态作为当前扩展节点对其进行扩展，生成一组子节点，然后检查问题的目标状态是否出现在这些子节点中。若出现，则搜索成功，找到了问题的解；若没出现，则再按照某种搜索策略从已生成的子节点中选择一个节点作为当前扩展节点。重复上述过程，直到目标状态出现在子节点中或者没有可供操作的节点为止。所谓对一个节点进行"扩展"是指对该节点用某个可用操作进行作用，生成该节点的一组子节点。算法的数据结构和符号约定：

Open 表：用于存放刚生成的节点

Closed 表：用于存放已经扩展或将要扩展的节点

S0：用表示问题的初始状态

G：表示搜索过程所得到的搜索图

M：表示当前扩展节点新生成的且不为自己先辈的子节点集。

（4）一般图搜索过程：

①把初始节点 S0 放入 Open 表，并建立目前仅包含 S0 的图 G；

②检查 Open 表是否为空，若为空，则问题无解，失败推出；

③把 Open 表的第一个节点取出放入 Closed 表，并记该节点为节点 n；

④考察节点 n 是否为目标节点。若是则得到了问题的解，成功退出；

⑤扩展节点 n，生成一组子节点。把这些子节点中不是节点 n 先辈的那部分子节点记入集合 M，并把这些子节点作为节点 n 的子节点加入 G 中；

⑥针对 M 中子节点的不同情况，分别做如下处理：

a. 对那些没有在 G 中出现过的 M 成员设置一个指向其父节点（即节点 n）的指针，并把

它放入 Open 表;(新生成的)

b. 对那些原来已在 G 中出现过,但还没有被扩展的 M 成员,确定是否需要修改它指向父节点的指针;(原生成但未扩展的)

c. 对于那些先前已在 G 中出现过,并已经扩展了的 M 成员,确定是否需要修改其后继节点指向父节点的指针。(原生成也扩展过的)

⑦按某种策略对 Open 表中的节点进行排序;

⑧转第②步。

4. 问题归约法

(1)问题的分解与等价变换

①基本思想

当一问题较复杂时,可通过分解或变换,将其转化为一系列较简单的子问题,然后通过对这些子问题的求解来实现对原问题的求解。

②分解

如果一个问题 P 可以归约为一组子问题 P1,P2,…,Pn,并且只有当所有子问题 Pi 都有解时原问题 P 才有解,任何一个子问题 Pi 无解都会导致原问题 P 无解,则称此种归约为问题的分解,即分解所得到的子问题的"与"与原问题 P 等价。

③等价变换

如果一个问题 P 可以归约为一组子问题 P1,P2,…,Pn,并且子问题 Pi 中只要有一个有解则原问题 P 就有解,只有当所有子问题 Pi 都无解时原问题 P 才无解,称此种归约为问题的等价变换,简称变换。即变换所得到的子问题的"或"与原问题 P 等价。

(2)问题的与/或树表示

问题的与/或树表示包括与树分解、或树等价变换、与/或树、端节点与终止节点、在与/或树中,没有子节点的节点称为端节点;本原问题所对应的节点称为终止节点。可见,终止节点一定是端节点,但端节点却不一定是终止节点。此外还有可解节点与不可解节点与解树。

其中,可解节点与不可解节点,在与/或树中,满足以下三个条件之一的节点为可解节点:

①任何终止节点都是可解节点。

②对"或"节点,当其子节点中至少有一个为可解节点时,则该或节点就是可解节点。

③对"与"节点,只有当其子节点全为可解节点时,该与节点才是可解节点。

同样,可用类似的方法定义不可解节点:

①不为终止节点的端节点是不可解节点。

②对"或"节点,若其全部子节点为不可解节点,则该或节点是不可解节点。

③对"与"节点,只要其子节点中有一个为不可解节点,则该与节点是不可解节点。

解树,由可解节点构成,并且由这些可解节点可以推出初始节点(它对应着原始问题)为可解节点的子树为解树。在解树中一定包含初始节点。

问题归约求解过程就实际上就是生成解树,即证明原始节点是可解节点的过程。

5. 广度优先和深度优先搜索

（1）广度优先

基本思想：从初始节点 S_0 开始逐层向下扩展，在第 n 层节点还没有全部搜索完之前，不进入第 $n+1$ 层节点的搜索。Open 表中的节点总是按进入的先后排序，先进入的节点排在前面，后进入的节点排在后面。

搜索算法如下：

①把初始节点 S_0 放入 Open 表中；

②如果 Open 表为空，则问题无解，失败退出；

③把 Open 表的第一个节点取出放入 Closed 表，并记该节点为 n；

④考察节点 n 是否为目标节点。若是，则得到问题的解，成功退出；

⑤若节点 n 不可扩展，则转第②步；

⑥扩展节点 n，将其子节点放入 Open 表的尾部，并为每一个子节点设置指向父节点的指针，然后转第②步。

（2）深度优先

基本思想：从初始节点 S_0 开始，在其子节点中选择一个最新生成的节点进行考察，如果该子节点不是目标节点且可以扩展，则扩展该子节点，然后再在此子节点的子节点中选择一个最新生成的节点进行考察，依此向下搜索，直到某个子节点既不是目标节点，又不能继续扩展时，才选择其兄弟节点进行考察。

算法描述如下：

①把初始节点 S_0 放入 Open 表中；

②如果 Open 表为空，则问题无解，失败退出；

③把 Open 表的第一个节点取出放入 Closed 表，并记该节点为 n；

④考察节点 n 是否为目标节点。若是，则得到问题的解，成功退出；

⑤若节点 n 不可扩展，则转第②步；

⑥扩展节点 n，将其子节点放入 Open 表的首部，并为每一个子节点设置指向父节点的指针，然后转第②步。

代价树搜索如下：

（1）代价树的广度优先搜索

在代价树中，可以用 $g(n)$ 表示从初始节点 S_0 到节点 n 的代价，$c(n_1,n_2)$ 表示从父节点 n_1 到其子节点 n_2 的代价。这样，对节点 n_2 的代价有：$g(n_2)=g(n_1)+c(n_1,n_2)$。代价树搜索的目的是为了找到最佳解，即找到一条代价最小的解路径。

代价树的广度优先搜索算法：

①把初始节点 S_0 放入 Open 表中，置 S_0 的代价 $g(S_0)=0$；

②如果 Open 表为空，则问题无解，失败退出；

③把 Open 表的第一个节点取出放入 Closed 表，并记该节点为 n；

④考察节点 n 是否为目标。若是，则找到了问题的解，成功退出；

⑤若节点 n 不可扩展，则转第②步；

⑥扩展节点 n，生成其子节点 $n_i(i=1,2,\cdots)$，将这些子节点放入 Open 表中，并为每一个子节点设置指向父节点的指针

计算各子节点的代价，并根据各子节点的代价对 Open 表中的全部节点按由小到大的

顺序排序。然后转第②步。

（2）代价树的深度优先搜索

代价树的深度优先搜索算法：

①把初始节点 S_0 放入 Open 表中，置 S_0 的代价 $g(S_0)=0$；

②如果 Open 表为空，则问题无解，失败退出；

③把 Open 表的第一个节点取出放入 Closed 表，并记该节点为 n；

④考察节点 n 是否为目标节点。若是，则找到了问题的解，成功退出；

⑤若节点 n 不可扩展，则转第②步；

⑥扩展节点 n，生成其子节点 $n_i(i=1,2,\cdots)$，将这些子节点按边代价由小到大放入 Open 表的首部，并为每一个子节点设置指向父节点的指针。然后转第②步。

7.2.5　神经网络

在人类几千年的文明发展史中，人们始终探索人类自身高级智能的奥秘。人们从认知科学、生物学、生物物理学、生物化学、医学、数学、信息与计算科学等领域进行广泛的研究和探索。在这个过程中逐渐形成了一门具有广泛学科交叉特点的学科——人工神经网络（Artificial Neural Net-work,ANN）。人们力图构建"人造"的生物神经细胞（人工神经元）和神经网络，在不同程度和不同层次上实现人脑神经系统的信息处理、学习、记忆、知识的存储和检索方面的功能。随着生产力发展水平的提高和实验手段的进步，人们在这个技术领域的各个方面都取得了巨大的成就。但是，由于脑结构和运行机理无比的复杂，应该说到目前为止，人们对人脑信息处理的深层次机理和规律的认识还是相当粗浅的。

人工神经网络包括神经网络模型结构与神经网络学习算法，是在细胞的水平上模拟脑结构和脑功能的科学。人工神经网络模型结构与人工神经网络学习算法两者相互联系，人工神经网络模型结构是人工神经网络学习算法的前提，而人工神经网络学习算法是人工神经网模型结构中神经信息运动演化的过程。人工神经网络的核心目标是在神经细胞的水平上，模拟生物神经网络的结构特征和生物神经信息的演化过程，构造人工神经网络模型结构，并建立能够在人工神经网络模型结构中有效的人工神经网络学习算法。从 20 世纪40 年代 M-P 神经元模型的提出开始，人工神经网络经历了艰辛的发展历程。1965 年Minsky 和 Papert 的《感知机》使得人工神经网络的发展停滞了 10 余年，直到 20 世纪 80 年代初期误差反向传播算法的提出，才使得人工神经网络的研究逐渐进入恢复期。时至今日，人工神经网络系统研究的重要意义已经得到广泛认可，涉及电子科学与技术、信息与通信工程、计算机科学与技术、电气工程、控制科学与技术等诸多学科，人工神经网络的应用领域主要包括建模、时间序列预测、模式识别与智能控制等，并且在不断地拓展之中。可以说，人工神经网络是目前非线性科学和智能计算研究的主要内容之一，已经成为解决许多实际问题必要的技术手段。

1. 神经网络算法

在实际应用中经常遇到一些复杂优化问题，而往往需要求解它的全局最优解。由于许多问题具有多个局部最优解，特别是有些问题的目标函数是非凸的，或是不可微的、甚至是不可表达的。这样一来，传统的非线性规划问题算法就不适用了。二十世纪以来，一些优秀的优化算法，如神经计算、遗传算法、蚁群算法、模拟退火算法等，通过模拟某些自然现象和过程而得到发展，为解决复杂优化问题提供了新的思路和手段。其中，神经计算是以神经网络为基础的计算。

2. 人工神经网络

人工神经网络(Artificial Neural Network,ANN)又称神经网络,是由具有适应性的简单单元组成的广泛并行互连的网络,它的组织能够模拟生物神经系统对真实世界物体所做出的交互反应。

神经网络结构和工作机理基本上以人脑的组织结构(大脑神经元网络)和活动规律为背景,它反映了人脑的某些基本特征,但并不是对人脑部分的真实再现,可以说人工神经网络是利用人工的方式对生物神经网络的模拟。

人工神经网络的特性:

(1)并行分布处理

网络具有良好的并行结构和并行实现能力,因而具有较好的耐故障能力和总体处理能力。

(2)非线性映射

网络固有的非线性特性,这源于其近似任意非线性映射(变换)能力,尤其适用于处理非线性问题。

(3)通过训练进行学习

一个经过适当训练的神经网络具有归纳全部数据的能力。因此适用于解决那些由数学模型或描述规则难以解决的问题。

(4)适应与集成

网络能够适应在线运行,并能同时进行定量和定性操作。神经网络的强适应和信息融合能力使得它可以同时输入大量不同的控制信号,解决输入信息间的互补和冗余问题,并实现信息集成和融合处理。适于复杂、大规模和多变量系统。

(5)硬件实现

神经网络不仅能够通过软件而且可以借助硬件实现并行处理。一些超大规模集成电路实现硬件已经问世,如神经计算机,它的研制开始于20世纪80年代后期。"预言神"是我国第一台成功研制的神经计算机。

一般而言,神经网络与经典计算方法相比并非优越,只有当常规方法解决不了或效果不佳时神经网络方法才能显示出其优越性。尤其对问题的机理不甚了解或不能用数学模型表示的系统,如故障诊断、特征提取和预测等问题,神经网络往往是最有力的工具。另一方面,神经网络对处理大量原始数据而不能用规则或公式描述的问题,也表现出一定灵活性和自适应性。

人工神经网络研究的局限性表现在以下四个方面:研究受到脑科学研究成果的限制;缺少一个完整、成熟的理论体系;研究带有浓厚的策略和经验色彩;与传统技术的接口不成熟。

神经元是大脑处理信息的基本单元,人脑大约由百亿个神经元组成,神经元互相连接成神经网络。神经元以细胞体为主体,由许多向周围延伸的不规则树枝状纤维构成的神经细胞,其形状很像一棵枯树的枝干。主要由细胞体、树突、轴突和突触(又称神经键)组成。

大脑神经网络是由神经元经突触与树突连接起来形成的。人工神经网络是由基本处理单元及其互连方法决定的。神经元的 M-P 模型,即将人工神经元的基本模型和激活函数合在一起构成人工神经元,称之为处理单元。

神经网络训练模式如下：

（1）有导师学习

根据期望与实际的网络输出之间的差调整神经元连接的强度或权,训练方法主要有 Delta 规则等。

（2）无导师学习

自动地适应连接权,以便按相似特征把输入模式分组聚集,训练方法主要有 Hebb 学习律、竞争与协同学习规则、随机连接学习规则等。

（3）强化学习

不需要老师给出目标输出,采用一个"评论员"来评价与给定输入相对应的神经网络输出的优度。遗传算法就是一个例子。

3. BP 网络及其应用举例

感知器算法中,理想输出与实际输出之差被用来估计直接到达该神经元的连接的权重的误差。当为解决线性不可分问题而引入多级网络后,如何估计网络隐藏层的神经元的误差就成了难题。

反向传播网络(Back－Propagation Network,BP)在于利用输出层的误差来估计输出层的直接前导层的误差,再用这个误差估计更前一层的误差。如此下去,就获得了所有其他各层的误差估计。这样就形成了将输出端表现出的误差沿着与输入信号传送相反的方向逐级向网络的输入端传递的过程。

BP 算法是非循环多级网络的训练算法。权值的调整采用反向传播的学习算法,它是一种多层前向反馈神经网络,其神经元的变换函数是 S 型函数(也可以采用其他处处可导的激活函数)。输出量为 0 到 1 之间的连续量,它可实现从输入到输出的任意的非线性映射。反向传播采用的是 Delta 规则,按照梯度下降的方向修正各连接权的权值。

BP 网络的缺陷:容易导致局部最小值、过度拟合及收敛速度较慢等。

多层 BP 网络是一种具有三层或三层以上的多层神经网络,每一层都由若干个神经元组成。即左层的每个神经元与右层的每个神经元都有连接,而层内的神经元无连接。

一般地,BP 网络的输入变量即为待分析系统的内生变量(影响因子或自变量),一般根据专业知识确定。输出变量即为系统待分析的外生变量(系统性能指标或因变量),输出变量可以是一个,也可以是多个。

事实上,增加隐藏层的层数和隐藏层神经元的个数不一定总能够提高网络的精度和表达能力。

4. Hopfield 网络及其应用举例

在非循环网中,信息被从输入端加到网上,通过网络的逐级加工,最后由输出端输出,这个过程不存在信号的反馈。在循环网中,网络接收到一个信号后,它要让这个信号在网络中经过反反复复的循环处理,直到变化停止,或者变化的幅度足够小时,网络在此时可给出的相应输出才能算是它的输出。显然,对一个给定的输入,网络输出的不断变化是由它的反馈信号引起的。网络对输入信号进行的处理是一个逐渐"修复""加强"的过程。

Hopfield 网络是有反馈的全互联型网络,网络中各神经元彼此互相连接,即每个神经元将自己的输出通过连接传给其他神经元,同时每个神经元接受其他神经元传来的信息。

Hopfield 网络的稳定性是由能量函数来描述的,即对网络的每个状态发生变化时,能量函数 E 随网络状态变化而严格单调递减,这样 Hopfield 模型的稳定与能量函数 E 在状态空间的局部极小点将一一对应。Hopfield 网络作为记忆的学习时,稳定状态是给定的,通过网络的学习求适合的权矩阵 W(对称阵),学习完成后以计算的方式进行联想。

5.神经网络重要结论

(1)传统人工智能系统中所用的方法是知识的显式表示,而神经网络中的知识表示是一种隐式的表示方法。

(2)基于神经网络的知识推理实质上是在一个已经训练成熟的网络基础上对未知样本进行反应或者判断。

(3)在网络推理中不会出现传统人工智能系统中推理的冲突问题;网络推理只与输入及网络自身的参数有关,而这些参数又是通过使用学习算法对网络进行训练得到的,因此它是一种自适应推理。

(4)过于简单的网络结构预测效果不佳,而过于复杂的结构则容易产生"过拟合"。

(5)学习步长的选择很重要,过大容易振荡,无法收敛到深窄的极小点,过小则容易爬行,或陷入局部极小。

(6)要想得到准确度高的模型,必须认真地进行数据清洗、整理、转换、选择等工作。

(7)神经网络的准确性和训练数据的多少有较大的关系,尤其对于一个多输入多输出的网络,如果缺乏足够多的网络训练数据,网络预测值可能存在较大的误差。

习题

1.什么是人工智能? 试从学科和能力两方面加以说明。

答:

(1)学科

是计算机科学中涉及研究、设计和应用智能机器的一个分支,他的近期主要目标在于研究用机器来模仿和执行人脑的某些智力功能,并开发相关理论和技术。

(2)能力

是智能机器所执行的通常与人类智能有关的智能行为,这些智能行为涉及学习、感知、思考、理解、识别、判断、推理、证明、通信、设计、规划、行为和问题求解等活动。

2.为什么能够用机器模仿人的智能?

答:

物理符号系统的假设:任何一个系统,如果它能够表现出智能,那么它就必定能执行输入符号、输出符号、存储符号、复制符号、建立符号结构、条件性迁移 6 种功能。反之,任何系统如果具有这 6 种功能,那么它就能够表现出智能(人类所具有的智能)。

物理符号系统的假设伴随有 3 个推论。

推论一:既然人具有智能,那么他(她)就一定是个物理符号系统。

推论二:既然计算机是一个物理符号系统,它就一定能够表现出智能。

推论三:既然人是一个物理符号系统,计算机也是一个物理符号系统,那么我们就能够用计算机来模拟人的活动。

3. 人工智能研究包括哪些内容？这些内容的重要性如何？

答：

（1）认识建模

认识科学是人工智能的重要理论基础,涉及非常广泛的研究课题。

（2）知识表示

知识表示、知识推理和知识应用是传统人工智能的三大核心研究内容。其中,知识表示是基础,知识推理实现问题求解,而知识应用是目的。知识表示是把人类知识概念化、形式化或模型化。

（3）知识推理

知识推理,包括不确定性推理和非经典推理等,似乎已是人工智能的一个永恒研究课题,仍有很多尚未发现和解决的问题值得研究。

（4）知识应用

人工智能能否获得广泛应用是衡量其生命力和检验其生存力的重要标志。

（5）机器感知

机器感知是机器获取外部信息的基本途径。

（6）机器思维

机器思维是对传感信息和机器内部的工作信息进行有目的的处理。

（7）机器学习

机器学习是继专家系统之后人工智能应用的又一重要研究领域,也是人工智能和神经计算的核心研究课题。

（8）机器行为

机器行为与机器思维密切相关,机器思维是机器行为的基础。

（9）智能系统构建

实现智能研究,离不开智能计算机系统或智能系统,离不开对新理论、新技术和新方法及系统的硬件和软件支持。

4. 状态空间法、问题归约法、谓词逻辑法和语义网络法的要点是什么？它们有何本质上的联系及异同点？

答：

（1）状态空间法

基于解答空间的问题表示和求解方法,它是以状态和算符为基础来表示和求解问题的。一般用状态空间法来表示下述方法:从某个初始状态开始,每次加一个操作符,递增地建立起操作符的试验序列,直到达到目标状态为止。

（2）问题规约法

已知问题的描述,通过一系列变换把此问题最终变成一个子问题集合:这些子问题的解可以直接得到,从而解决了初始问题。问题规约的实质:从目标(要解决的问题)出发逆向推理,建立子问题及子问题的子问题,直至最后把出示问题规约为一个平凡的本原问题集合。

（3）谓词逻辑法

采用谓词合式公式和一阶谓词算法。要解决的问题变为一个有待证明的问题,然后采用消解定理和消解反演来证明一个新语句是从已知的正确语句导出的,从而证明这个新语句也是正确的。

(4)语义网络法

是一种结构化表示方法,它由节点和弧线或链组成。节点用于表示物体、概念和状态,弧线用于表示节点间的关系。语义网络的解答是一个经过推理和匹配而得到的具有明确结果的新的语义网络。语义网络可用于表示多元关系,扩展后可以表示更复杂的问题。

5.试构造一个描述你的寝室或办公室的框架系统。

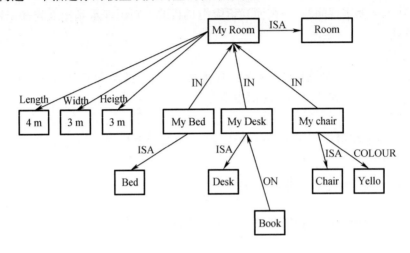

第8章 软件工程基础

8.1 相 关 概 念

软件是计算机系统中与硬件相互依存的另一部分,它是包括程序(Program),数据(Data)及其相关文档(Document)的完整集合。

8.1.1 软件的概念及软件工程

1968 年,为了解决软件危机,使软件开发和软件过程得到有组织的管理,

在联邦德国召开的国际会议上正式提出并使用了"软件工程"这个术语。软件工程的目标是以工程、科学和数学的方法,有效地规范软件开发,不断提高软件的有效性、可重用性、可维护性和可移植性,进而得到易维护、可靠、高效率的软件产品。软件工程的发展阶段主要包括面向过程的软件工程(process - oriented software engineering,POSE)、面向对象的软件工程(object - oriented software engineering,OOSE)、基于组件的软件工程(component - basedsoftware engineering,CBSE)和面向服务的软件工程(SOSE)。

1. 软件工程的主要内容

软件开发既有技术上的问题,也有管理上的问题,因此,软件工程作为一门研究软件开发的学科,其主要内容包括:做哪些映射,即要完成哪些开发任务;如何根据软件项目特点、环境因素等,选择并组织这些开发任务;如何实现不用抽象层之间的映射;如何进行测试,如何支持整个软件开发及如何管理一个软件项目,主要包括如何进行项目规划,如何控制开发过程质量,如何控制产品质量等。

2. 软件工程的基本目标

软件工程的目标是:在给定成本、进度的前提下,开发出具有适用性、有效性、可修改性、可靠性、可理解性、可维护性、可重用性、可移植性、可追踪性、可互操作性和满足用户需求的软件产品。追求这些目标有助于提高软件产品的质量和开发效率,减少维护的困难。

(1)适用性

软件在不同的系统约束条件下,使用户需求得到满足的难易程度。

(2)有效性

软件系统能最有效地利用计算机的时间和空间资源。

(3)可修改性

允许对系统进行修改而不增加原系统的复杂性。它支持软件的调试和维护,是一个难以达到的目标。

（4）可靠性

能防止因概念、设计和结构等方面的不完善造成的软件系统失效，具有挽回因操作不当造成软件系统失效的能力。

（5）可理解性

系统具有清晰的结构，能直接反映问题的需求。可理解性有助于控制系统软件复杂性，并支持软件的维护、移植或重用。

（6）可维护性

软件交付使用后，能够对它进行修改，以改正潜伏的错误，改进性能和其他属性，使软件产品适应环境的变化等。软件维护费用在软件开发费用中占有很大的比重。可维护性是软件工程中一项十分重要的目标。

（7）可重用性

把概念或功能相对独立的一个或一组相关模块定义为一个软部件。可组装在系统的任何位置，降低工作量。

（8）可移植性

软件从一个计算机系统或环境搬到另一个计算机系统或环境的难易程度。

（9）可追踪性

根据软件需求对软件设计、程序进行正向追踪，或根据软件设计、程序对软件需求的逆向追踪的能力。

（10）可互操作性

多个软件元素相互通信并协同完成任务的能力。

软件工程基本目标之间的关系如下：

软件工程的不同目标之间是互相影响和互相牵制的。例如，提高软件生产率有利于降低软件开发成本，但过分追求高生产率和低成本便无法保证软件的质量，容易使人急功近利，留下隐患。但是，片面强调高质量使得开发周期过长或开发成本过高，由于错过了良好的市场时机，也会导致所开发的产品失败。因此，我们需要采用先进的软件工程方法，使质量、成本和生产率三者之间的关系达到最优的平衡状态。质量是软件需求方最关心的问题，用户即使不图物美价廉，也要求个货真价实。生产率是软件供应方最关心的问题，老板和员工都想用更少的时间挣更多的钱。

质量与生产率之间有着内在的联系，高生产率必须以质量合格为前提。如果质量不合格，对供需双方都是不利的。从短期效益看，追求高质量会延长软件开发时间并且增大费用，似乎降低了生产率。成本及效益分析图如图8.1所示。

从长期效益看，高质量将保证软件开发的全过程更加规范流畅，大大降低了软件的维护代价，实质上是提高了生产率，同时可获得很好的信誉。质量与生产率之间不存在根本的对立，好的软件工程方法可以同时提高质量与生产率。

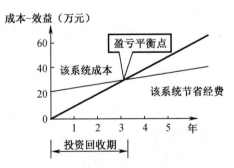

图8.1　成本及效益分析图

3. 软件工程基本思想

软件工程思想，就是用工程学上的系统化、规范化、数理化的工程原则和方法进行软件的开发和维护，并对软件生产过程进行工程化的管理。包括以下基本内容：

（1）软件开发技术（软件开发方法学、软件工具、软件工程环境）

（2）软件项目管理（软件度量、项目估算、进度控制、人员组织、配置管理、项目计划）

8.1.2　软件过程、软件工程实践

1. 过程综述

（1）软件过程

软件同其他资产一样，是知识的具体体现，而知识最初都是以分散的、不明确的、隐蔽的且不完整的形式广泛存在的，因此，软件开发是一个社会学习的过程。软件过程是一个对话，在对话中，软件所必需的知识被收集在一起并在软件中实现。过程提供了用户与设计人员之间、用户与不断演化的工具之间及设计人员与不断演化的工具（技术）之间的交互途径。软件开发是一个迭代的过程，在这个过程中，演化的工具本身就作为沟通的媒介，每新一轮对话都可以从参与的人员中获得更有用的知识。

软件过程可定义为一个为建造高质量软件所需要完成的任务的框架。软件过程定义了软件开发中采用的方法，但软件工程还包含该过程中应用的技术（技术方法和自动化工具）。软件工程是由有创造力、有知识的人完成的，他们根据产品构建的需要和市场需求，选取成熟的软件过程。软件工程是建立和使用一套合理的工程原则，从而经济地获得可靠的、可以在实际机器上高效运行的软件。

（2）软件工程

①将系统化的、规范的、可量化的方法应用于软件的开发、运行和维护，即将工程化方法应用于软件。

②对①中所述方法的研究。

软件工程架构如图8.2所示。

图8.2　软件工程架构

（3）过程框架

过程框架定义了若干个小的框架活动，为完整的软件开发过程建立了基础。这些框架活动可广泛应用于所有软件开发项目。过程框架如图8.3所示。

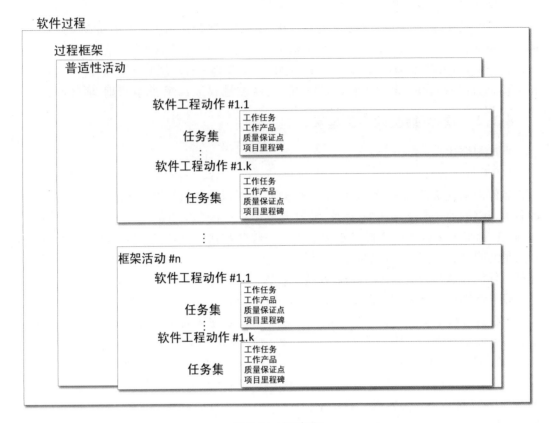

图8.3　过程框架

（4）通用框架活动

①沟通

包含了与客户（和其他共利益者）之间大量的交流和协作，还包括需求获取及其他相关活动。

②策划

指为后续的软件工程工作制定计划。它描述了需要执行的技术任务、可能的风险、资源需求、工作产品和工作进度计划。

③建模

包括创建模型和设计两方面。创建模型有助于客户和开发人员更好地理解软件需求；设计可以实现需求。

④构建

它包括编码（手写或自动生成）和测试。

⑤部署

软件（全部或者完成的部分）交付到用户，用户对其进行评测并给出反馈意见。

（5）任务集

任务集定义了为达到软件工程动作的目标所需要完成的工作。每一个软件工程动作都由若干个任务集构成，而每一个任务集都由工作任务、工作产品、质量保证点和项目里程碑等组成。通常选择最满足项目需要和适合开发组特点的任务集。

普适性活动:普适性活动包括软件项目跟踪和控制,风险管理,软件质量保证,正式技术评审,测量,软件配置管理,可复用管理和工作产品的准备和生产等内容。

2. 过程模型

所有的过程模型都可用上述的过程框架概括。过程模型的适用性是成功的关键,不同的模型在一些方面有很大区别。

惯例过程模型:强调对过程活动和任务的详细定义、识别和应用。

敏捷过程模型:提倡弱化软件过程中过于正式的要求,强调可操作性和可适应性。

(1)能力成熟度模型集成 CMMI

SEI 提出了一个全面的过程元模型,当软件开发组织达到不同的过程能力和成熟度水平时,该模型可用来预测其所开发的系统和软件工程能力。为达到这些能力,SEI 认为组织都应建立与 CMMI 指南相符合的过程模型。

(2)过程模式

软件过程可以定义为一系列模式的组合,这些模式定义了一系列的软件开发中需要的活动、动作、工作任务、工作产品及其相关的行为。

通俗地讲,过程模式提供了一个模板———一种描述软件过程中重要特征的一致性方法。通过模式组合,软件团队可以定义能最好满足项目需求的开发过程。

过程模式提供了一种有效的机制来描述各种软件过程。模式使得软件工程组织能够从高层抽象开始,开发层次化的过程描述。

高层抽象描述又进一步细化为一系列步骤模式以描述框架活动,然后每一个步骤模式又进一步逐层细化为更详细的任务模式。过程模式一旦建立起来,就可以在过程变体的定义中复用———即软件开发队伍可以将模式作为过程模型的构建模块,定制特定的过程模型。

(3)过程模式模板

模式名称:应能清楚地表述该模式在软件过程中的功能。

目的:简洁地描述模式的目的。

类型:定义模式类型。

启动条件:描述模式应用的前提条件。

问题:描述模式将要解决的问题。

解决办法:描述模式的实现。

结束条件:描述模式成功执行之后的结果。

相关模式:以层次或其他图的方式列举与该模式相关的其他模式。

已知应用实例:介绍该模式的具体实例。

(4)过程技术

过程技术工具可以帮助软件开发组织对通用过程框架、任务集和普适性活动建造自动化的模型。一旦创建了可接受的过程,其他过程技术工具可用来分配、监测、甚至控制所有过程模型中的软件工程任务。

(5)惯例过程模型

最早提出惯例过程模型(Prescriptive process models)是为了改变软件开发的混乱状况,使软件开发更加有序。这些传统模型为软件工程增加了大量有用的结构化设计,并为软件团队提供了有效的路线图。尽管如此,软件工程工作和它产生的产品仍然停留在"混乱的边缘"。

惯例过程模型规定了一套过程元素——框架活动、软件工程动作、任务、工作产品、质量保证及每个项目的变更控制机制。每个过程模型还定义了工作流——即过程元素之间相互关联的方式。所有的软件过程模型都支持通用框架活动,但是每一个模型都对框架活动有不同的侧重,并且定义了不同的工作流如何以不同的方式执行每一个框架活动。

(6)瀑布模型

瀑布模型(the waterfall model),又被称为经典生命周期,它提出了一个系统的、顺序的软件开发方法,从用户需求规格说明开始,通过策划、建模、构建和部署的过程,最终提供一个完整的软件并提供持续的技术支持,如图8.4所示。

图8.4 瀑布模型

基本思想:将软件开发过程划分为分析、设计、编码、测试等阶段。软件开发要遵循过程规律,按次序进行。每个阶段均有里程碑和提交物。工作以线性方式进行,上一阶段的输出是下一阶段的输入。

优点:简单、易懂、易用。为项目提供了按阶段划分的检查点,项目管理比较规范。每个阶段必须提供文档,而且要求每个阶段的所有产品必须进行正式、严格的技术审查。

运用瀑布模型遇到的问题:实际的项目很少遵守瀑布模型提出的顺序。客户通常难以清楚地描述所有的需求。客户必须要有耐心,只有在项目接近尾声的时候,他们才能得到可执行的程序。

瀑布模型的适用场合:需求相当稳定,客户需求全面了解风险管理。开发团队对于这一应用领域非常熟悉。外部环境的不可控因素很少。小型清晰的项目或长周期的项目。

(7)增量过程模型

许多情况下,初始的软件需求有明确的定义,但整个开发过程不宜单纯运用线性模型。同时,可能迫切需要为用户迅速提供一套功能有限的软件产品,然后在后续版本中再细化和扩展功能。在这种条件下,可以选择以增量的形式生产软件产品的过程模型。常见的增量过程模型有增量模型、RAD 模型。增量模型以迭代的方式运用瀑布模型。如图8.5所示,随着时间的推移,增量过程模型在每个阶段运用线性序列。每个线性序列生产出一个软件的可交付增量。

①增量模型的使用方法

软件被作为一系列的增量来进行开发,每一个增量都提交一个可以操作的产品,可供用户评估。

②第一个增量往往是核心产品

满足了基本的需求,但是缺少附加的特性。客户使用上一个增量的提交物并进行自己评价,制订下一个增量计划,说明需要增加的特性和功能。重复上述过程,直到产生最终产品为止。

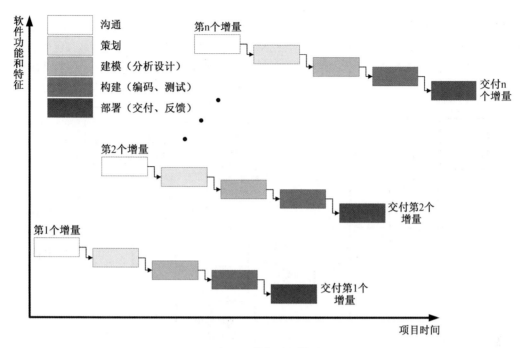

图 8.5　增量过程模型

③增量模型应用举例：

开发一个类似于 Word 的字处理软件。

增量 1：提供基本的文件管理、编辑和文档生成功能。

增量 2：提供高级的文档编辑功能。

增量 3：实现拼写和语法检查功能。

增量 4：完成高级的页面排版功能。

④增量模型的优点

提高对用户需求的响应：用户看到可操作的早期版本后会提出一些建议和需求，可以在后续增量中调整。

⑤人员分配灵活

如果找不到足够的开发人员，可采用增量模型，早期的增量由少量人员实现，如果客户反响较好，则在下一个增量中投入更多的人力。

⑥可规避技术风险

不确定的功能放在后面开发。

⑦增量模型存在的问题

每个附加的增量并入现有的软件时，必须不破坏原来已构造好的东西。加入新增量时应简单、方便——该类软件的体系结构应当是开放的。仍然无法处理需求发生变更的情况。管理人员须有足够的技术能力来协调好各增量之间的关系。

⑧RAD 模型

快速应用程序开发（Rapid Application Development，RAD）是一种侧重于短暂的开发周期的增量软件过程模型。RAD 模型如图 8.6 所示。

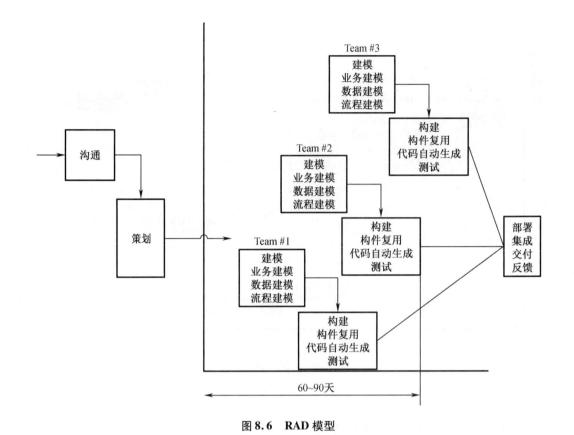

图 8.6　RAD 模型

它是瀑布模型的"高速"变体,通过基于构件的构建方法实现快速开发。如果需求被很好地理解了,项目的边界也是固定的,RAD 模型能够使开发团队在一段非常短的时间内创造出"全功能系统"。

(8)演化过程模型

现代计算机软件总是在持续改变,这些变更通常要求在非常短的期限内实现,并且要充分满足客户/用户的要求。许多情况下,及时投入市场是最重要的管理需求。如果市场时间错过了,软件项目自身可能会变得毫无意义。

演化过程模型就是为了解决上述问题,但是,作为一类通用的过程模型,它们也有缺点。首先,由于构建产品需要的周期数目不确定,原型开发(和其他更加复杂的演化过程)给项目策划带来了困难。其次,演化软件过程没有确定演进的最快速度。如果演进的速度太快,完全没有间歇时间,项目肯定会陷入混乱;反之,如果演进速度太慢,则会影响生产率……。再次,软件过程应该侧重于灵活性和可扩展性,而不是高质量。为了追求高质量而延长开发时间势必造成产品推迟交付,从而失去进入市场的良机。

演化模型的初衷是采用迭代或者增量的方式开发高质量软件。可是,用演化模型也可以做到强调灵活性、可扩展性和开发速度。软件开发团队及其经理所面临的挑战就是在这些严格的项目和产品参数与客户(软件质量的最终仲裁者)满意度之间找到一个合理的平衡点。

(9)专用过程模型

专用过程模型具有传统过程模型的一些特点,但是,专用过程模型往往应用面较窄,只适用于某些特定的软件工程方法。

在某些情况下,这些专用过程也许应该更确切地称为技术的集合或方法论,是为了实现某一特定的软件开发目标而制订的。但它们确实也提出了一种过程。商品化成品软件构件,由厂家作为产品供应,它们可以在构建软件时使用。这些构件通过良好定义的接口提供特定的功能,能够集成到软件中。建模和构建活动开始于识别可选构件。这些构件有些设计成传统的软件模块,有些设计成面向对象的类或软件包。

(10)统一过程

统一过程(Unified Process,UP)描述了如何为软件开发团队有效地部署经过商业化验证的软件开发方法。它们被称为"最佳实践"不仅仅因为其可以精确地量化它们的价值,而且它们被许多成功的机构普遍地运用。为使整个团队有效利用最佳实践,UP 为每个团队成员提供了必要准则、模板和工具指导。

①迭代开发

软件开发的特性。

②需求的管理

需求是变化的、持续的。

③应用基于构件的架构

提高重用、相互独立、适应变化。

④可视化软件建模

消除理解歧义。

⑤持续质量验证

迭代测试、提早发现问题。

⑥控制软件变更

软件过程控制与管理。

⑦起始阶段(inception)

包括客户沟通和策划活动。该阶段识别基本的业务需求,并初步用"用例"描述每一类用户所需要的主要特征和功能。此时的架构仅是主要子系统及其功能、特性的试探性概括。策划活动识别各种资源,评估主要风险,定义进度计划,并为用于软件增量开发的各个阶段建立基础。

⑧细化阶段(elaboration)

包括用户沟通和通过过程模型的建模活动。该阶段扩展了起始阶段定义的用例,并扩展体系结构以包括软件的五种视图——用例模型、分析模型、设计模型、实现模型和部署模型。在某些情况下,细化阶段建立了一个"可执行的体系结构基线",是建立可执行系统的"第一步"。体系结构基线证明了体系结构的可实现性,但没有提供系统使用所需的所有功能和特性。另外,在细化的最终阶段将评审项目计划以确保项目的范围、风险和交付日期合理。同时对项目计划进行修订。

⑨构建阶段(construction)

与通用软件过程中的构建活动相同。该阶段采用体系结构模型作为输入,开发或获取软件构件,使得最终用户能够操作用例。

⑩转换阶段(transition)

包括通用构建活动的后期阶段及第一部分通用部署活动。软件被提交给最终用户进行 Beta 测试,用户反馈缺陷及必要的变更。另外,软件开发团队创建系统发布所必要的支持信息。

⑪生产阶段(production)

与通用过程的部署活动一致。在该阶段,监控软件的持续使用,提供运行环境的支持,提交并评估缺陷报告和变更请求。

一个软件工程的工作流分布于所有 UP 阶段,如图 8.7 所示。

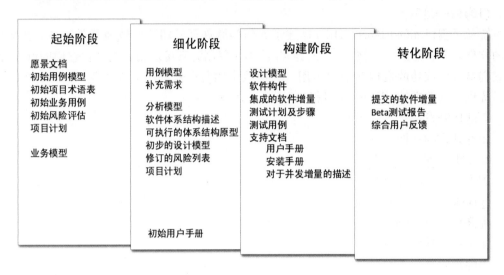

图 8.7　软件统一过程

8.2　软件工程需求与设计

8.2.1　需求工程概述、需求的导出

需求分析是软件定义时期的最后一个阶段。

1.需求分析的任务

①确定对系统的综合要求

在可行性分析的基础上,进一步了解确定用户需求。准确地回答"系统必须做什么?"的问题。

②需求分析的成果

获得需求规格说明书。

③获取需求的途径

必须通过与用户沟通获取用户对软件的需求。

④Boehm 对软件需求的定义

研究一种无二义性的表达工具,它能为用户和软件人员双方都接受并能够把"需求"严格地、形式地表达出来。

根据上述分析得知,需求分析的具体任务是:

(1)确定系统的综合要求

①确定系统功能要求

这是最主要的需求,确定系统必须完成的所有功能。

②确定系统性能要求

应就具体系统而定,例如可靠性、联机系统的响应时间、存储容量、安全性能等。

③确定系统运行要求

主要是对系统运行时的环境要求,如系统软件、数据库管理系统、外存和数据通信接口等。

④将来可能提出的要求

对将来可能提出的扩充及修改作预准备。

(2)分析系统的数据要求

软件系统本质上是信息处理系统,因此,必须考虑:

①数据(需要哪些数据、数据间联系、数据性质、结构)

②数据处理(处理的类型、处理的逻辑功能)

(3)导出系统的逻辑模型

通常系统的逻辑模型用数据流图、实体联系图、状态转换图、数据字典和主要的处理算法来描述。

(4)修正系统的开发计划

通过需求对系统的成本及进度有了更精确的估算,可进一步修改开发计划。

2.需求分析的方法

对于不同的开发方法,需求分析的方法也有所不同,常见的分析方法有:

(1)功能分析方法

将系统看作若干功能模块的集合,每个功能又可以分解为若干子功能,子功能还可继续分解,分解的结果已经是系统的雏形。

(2)结构化分析方法

是一种以数据、数据的封闭性为基础,从问题空间到某种表示的映射方法,由数据流图(DFD图)表示。

(3)信息建模法

是从数据的角度对现实世界建立模型的,基本工具是 E – R 图。

(4)面向对象的分析方法

面向对象的分析方法(OOA)的关键是识别问题域内的对象,分析它们之间的关系,并建立起模型。

3.获取需求的方法

(1)访谈

访谈是最早开始使用的获取用户需求的技术,也是迄今为止仍然广泛使用的需求分析技术。访谈有两种基本形式,分别是正式的和非正式的访谈。

正式访谈时,系统分析员将提出一些事先准备好的具体问题。

在非正式访谈中,分析员将提出一些用户可以自由回答的开放性问题,以鼓励被访问人员说出自己的想法。

（2）面向数据流自顶向下求精

数据决定了需要的处理和算法,数据显然是需求分析的出发点,结构化分析方法就是面向数据流自顶向下逐步求精进行需求分析的方法。把一个复杂的问题划分成若干小问题,然后再分别解决,将问题的复杂性降低到人可以掌握的程度。分解的方法可分层进行,方法原理是先考虑问题最本质的方面,忽略细节,形成问题的高层概念。然后再逐层添加细节。即在分层过程中采用不同程度的"抽象"级别,最高层的问题最抽象,而低层的较为具体。

当认为某一层比较复杂时到底应该划分为多少个子系统,针对不同的系统的处理不同。划分的原则可以根据业务工作的范围、功能性质、被处理数据对象的特点。

一般情况下上面一些层的划分往往按照业务类型划分的比较多,下面一些层往往按照功能划分的比较多。依照这个策略,对于任何复杂的系统,分析工作都可以有计划、有步骤及有条不紊地进行。

4. 软件需求规格说明

通过需求分析除了创建分析模型之外,还应该写出软件需求规格说明书,它是需求分析阶段得出的最主要的文档。

通常用自然语言,完整、准确、具体地描述系统的数据要求、功能需求、性能需求、可靠性和可用性要求、出错处理需求、接口需求、约束、逆向需求及将来可能提出的要求。

由于自然语言的不一致、歧义、含糊、不完整及抽象层次混乱等问题,有些人主张用形式化方法描述用户对软件系统的需求。

5. 实体 – 联系图

（1）两个实体型之间的联系

用图形来表示两个实体型之间的这三类联系。如图 8.8 所示。

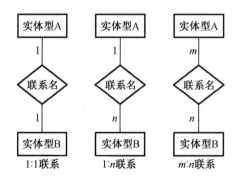

8.8　两个实体之间联系

①一对一联系(1:1)

a. 实例

一个班级只有一个正班长

一个班长只在一个班中任职

b. 定义

如果对于实体集 A 中的每一个实体,实体集 B 中至多有一个(也可以没有)实体与之联系,反之亦然,则称实体集 A 与实体集 B 具有一对一联系,记为1:1。

②一对多联系(1:n)

a.实例

一个班级中有若干名学生,每个学生只在一个班级中学习

b.定义

如果对于实体集 A 中的每一个实体,实体集 B 中有 n 个实体($n \geq 0$)与之联系,反之,对于实体集 B 中的每一个实体,实体集 A 中至多只有一个实体与之联系,则称实体集 A 与实体集 B 有一对多联系,记为 1:n。

③多对多联系($m:n$)

a.实例

课程与学生之间的联系:

一门课程同时有若干个学生选修

一个学生可以同时选修多门课程

b.定义

如果对于实体集 A 中的每一个实体,实体集 B 中有 n 个实体($n \geq 0$)与之联系,反之,对于实体集 B 中的每一个实体,实体集 A 中也有 m 个实体($m \geq 0$)与之联系,则称实体集 A 与实体 B 具有多对多联系,记为 $m:n$。

(2)两个以上实体型之间的联系

两个以上实体型之间一对多联系

若实体集 E1,E2,$\cdots$,En 存在联系,对于实体集 Ej($j = 1, 2, \cdots, i-1, i+1, \cdots, n$)中的给定实体,最多只和 E$i$ 中的一个实体相联系,则我们说 Ei 与 E1,E2,$\cdots$,E$i-1$,E$i+1$,$\cdots$,En 之间的联系是一对多的。

6.状态转换图

结构化分析方法应当遵循准则:

①必须理解并描述问题的信息域——建立数据模型;

②必须定义软件应完成的功能——建立功能模型;

③必须描述作为外部事件结果的软件行为——建立行为模型。

状态转换图(简称为状态图)通过描绘系统的状态及引起系统状态转换的事件,来表示系统的行为。

(1)状态

状态是任何可以被观察到的系统行为模式,一个状态代表系统的一种行为模式。状态规定了系统对事件的响应方式。系统对事件的响应,既可以是做一个(或一系列)动作,也可以是仅仅改变系统本身的状态,还可以是既改变状态又做动作。在状态图中定义的状态主要有:初态(即初始状态)、终态(即最终状态)和中间状态。在一张状态图中只能有一个初态,而终态则可以有0至多个。

(2)事件

事件是在某个特定时刻发生的事情,它是对引起系统做动作或(和)从一个状态转换到另一个状态的外界事件的抽象。事件就是引起系统做动作或(和)转换状态的控制信息。

(3)符号

符号示意图如图8.9所示。

初态用实心圆表示;终态用一对同心圆(内圆为实心圆)表示;中间状态用圆角矩形表

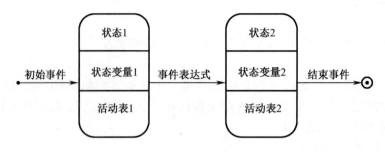

图8.9　符号示意图

示,可以用两条水平横线把它分成上、中、下3个部分:上面部分为状态的名称(不可缺);中间部分为状态变量的名字和值(可选);下面部分是活动表(可选)。

活动表的语法格式如下:事件名(参数表)/动作表达式在活动表中经常使用下述3种标准事件:entry,exit 和 do。

entry 事件指定进入该状态的动作;

exit 事件指定退出该状态的动作;

do 事件则指定在该状态下的动作。

状态图中两个状态之间带箭头的连线称为状态转换,箭头指明了转换方向。事件表达式的语法如下:

事件说明[守卫条件]/动作表达式,其中,

事件说明的语法为:事件名(参数表)。

守卫条件是一个布尔表达式。如果同时使用事件说明和守卫条件,则当且仅当事件发生且布尔表达式为真时,状态转换才发生。如果只有守卫条件没有事件说明,则只要守卫条件为真状态转换就发生。动作表达式是一个过程表达式,当状态转换开始时执行该表达式。

7. 验证软件需求

软件系统中15%的错误起源于错误的需求,因此,应该从下述4个方面验证软件需求的正确性:

①一致性

需求不能和其他需求互相矛盾。

②完整性

规格说明书应该包括用户需要的每一个功能或性能。

③现实性

指定的需求用现有的硬件技术和软件技术基本上可以实现。

④有效性

必须证明需求是正确有效的,确实能解决用户面对的问题。

(1)验证需求的一致性

自然语言书写的需求,除了靠人工技术审查验证软件系统规格说明书的正确性之外,目前还没有其他更好的"测试"方法。由于没有保证人工审查的效果,冗余、遗漏和不一致等问题可能没有被发现而继续保留下来,以致软件开发不能在正确的基础上顺利进行。形

式化的描述软件需求的方法较好地弥补了上述缺点。

（2）验证需求的现实性

为了验证需求的现实性,分析员应该参照以往开发类似系统的经验,分析用现有的软、硬件技术实现目标系统的可能性。必要的时候应该采用仿真或性能模拟技术,辅助分析软件需求规格说明书的现实性。

8.2.2　软件工程中的设计及设计过程

1. 总体设计

总体设计（概要设计）:将软件需求转化为数据结构和软件的系统结构。总体设计（概要设计或初步设计）的基本目的就是回答"概括地说,系统应该如何实现?"

工作内容:将划分出组成系统的物理元素——程序、文件、数据库、人工过程和文档等黑盒子级"产品"。黑盒子里的具体内容将在以后仔细设计。总体设计阶段的另一项重要任务是设计软件的结构——模块组成,以及这些模块相互间的关系。首先根据需求分析阶段得到的数据流图à寻找实现目标系统的各种不同的方案,为每个合理的方案准备一份系统流程图,列出组成系统的所有物理元素,进行成本/效益分析,并且制订实现这个方案的进度计划,选出一个最佳方案向用户推荐。

总体设计必要性（详细设计之前）:站在全局高度上,花较少成本,从较抽象的层次上分析对比多种可能的系统实现方案和软件结构,从中选出最佳方案和最合理的软件结构,降低成本、提高质量。

（1）设计过程

系统设计阶段:确定系统的具体实现方案;

结构设计阶段:确定软件结构。

典型的总体设计过程包括下述 9 个步骤:

①设想供选择的方案

考虑各种可能的实现方案从中选出最佳。根据系统的逻辑模型,分析比较不同的物理实现方案,选出最佳方案,提高系统的性价比。

②选取合理的方案

选取低成本、中等成本和高成本的三种方案,对每个合理的方案分析员都准备下列 4 份资料:

a. 系统流程图;

b. 组成系统的物理元素清单;

c. 成本/效益分析;

d. 实现这个系统的进度计划。

③推荐最佳方案

推荐一个最佳的方案,并且为推荐的方案制订详细的实现计划。提请使用部门负责人进一步审批之后,将进入总体设计过程的下一个重要阶段——结构设计。

④功能分解

程序和文件（或数据库）是组成系统的主要元素,需要设计决定。对程序的设计通常分为两个阶段完成:结构设计和过程设计。结构设计确定程序由哪些模块组成,以及这些模块之间的关系（总体设计）;过程设计确定每个模块的处理过程（详细设计）。

为确定软件结构,首先需要从实现角度把复杂的功能进一步分解。经过分解之后应该使每个功能对大多数程序员而言都是明显易懂的。功能分解导致数据流图的进一步细化,同时还应该用 IPO 图或其他适当的工具简要描述细化后每个处理的算法。

⑤设计软件结构

通常程序中的一个模块完成一个适当的子功能,将模块组织成良好的层次系统,顶层模块调用下层模块以实现程序的完整功能。软件结构(即由模块组成的层次系统)可以用层次图或结构图来描绘。若数据流图细化到适当的层次,则可以直接从数据流图映射出软件结构。

⑥设计数据库

对于需要使用数据库的应用系统,软件工程师应该在需求分析阶段所确定的系统数据需求的基础上,进一步设计数据库。

⑦制订测试计划

在软件开发的早期阶段考虑测试问题,能促使软件设计人员在设计时注意提高软件的可测试性。

⑧书写文档

完成的文档通常有下述几种:

a. 用系统流程图描绘的系统构成方案,组成系统的物理元素清单,成本/效益分析;对最佳方案的概括描述,精化的数据流图,用层次图或结构图描绘的软件结构,用 IPO 图或其他工具(例如,PDL 语言)简要描述的各个模块的算法,模块间的接口关系,以及需求、功能和模块三者之间的交叉参照关系等。

b. 用户手册根据总体设计阶段的结果,修改更正在需求分析阶段产生的初步的用户手册。

c. 测试计划包括测试策略,测试方案,预期测试结果,测试进度计划等。

d. 详细的实现计划

e. 数据库设计结果

⑨审查和复审

最后应该对总体设计的结果进行严格的技术审查,在技术审查通过之后再由使用部门的负责人从管理角度进行复审。审查和复审如图 8.10 所示。

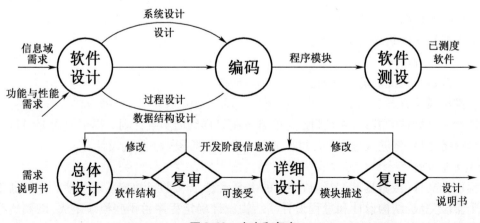

图 8.10　审查和复审

（2）设计原理

①模块化

"模块"又称"构件"。过程、函数、子程序和宏等，都可作为模块；面向对象方法学中的对象是模块，对象内的方法（或称为服务）也是模块。模块是构成程序的基本构件。模块化和软件成本图如图 8.11 所示。

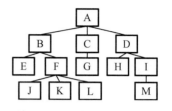

图 8.11　模块化和软件成本图

模块化就是把程序划分成独立命名且可独立访问的模块，每个模块完成一个子功能，把这些模块集成起来构成一个整体，可以完成指定的功能满足用户的需求。模块化是为了使一个复杂的大型程序能被人的智力管理，化繁为简、化难为易、化整为零。

设函数 $C(x)$ 定义问题 x 的复杂程度，函数 $E(x)$ 确定解决问题 x 需要的工作量（时间）。对于两个问题 P_1 和 P_2，如果 $C(P_1) > C(P_2)$，显然 $E(P_1) > E(P_2)$。

$$C(P_1 + P_2) > C(P_1) + C(P_2)$$
$$E(P_1 + P_2) > E(P_1) + E(P_2)$$

②抽象

抽象就是抽出事物的本质特性而暂时不考虑它们的细节。处理复杂系统的有效的方法是用层次的方式构造和分析。一个复杂的动态系统首先可以用一些高级的抽象概念构造和理解，这些高级概念又可以用一些较低级的概念构造和理解，如此进行下去，直至最低层次的具体元素。任何问题的模块化可提出许多抽象的层次。

在抽象的最高层次使用问题环境的语言，以概括的方式叙述问题的解法；在较低抽象层次采用更过程化的方法，把面向问题的术语和面向实现的术语结合起来叙述问题的解法；最后在最低的抽象层次用可直接实现的方式叙述问题的解法。

软件工程过程的每一步都是对软件解法的抽象层次的一次精化。在可行性研究阶段，软件作为系统的一个完整部件；在需求分析期间，软件解法是使用在问题环境内熟悉的方式描述的；当由总体设计向详细设计过渡时，抽象的程度也就随之减少了；最后，当源程序写出来以后，也就达到了抽象的最低层。

逐步求精和模块化的概念与抽象是紧密相关的。软件结构顶层的模块，控制了系统的主要功能并且影响全局；在软件结构底层的模块，完成对数据的具体处理，用自顶向下由抽象到具体的方式分配控制，简化了软件的设计和实现，提高了软件的可理解性和可测试性，并且使软件更容易维护。

③启发规则

在长期的软件开发实践中，总结经验，得出了一些启发式规则。没有基本原理和概念那样普遍适用，在改进软件设计阶段，提高软件质量有积极意义。下面介绍几条启发式规则。

a.改进软件结构提高模块独立性

设计出软件的初步结构以后，应该审查分析这个结构，通过模块分解或合并，力求降低耦合提高内聚。

例如，多个模块公有的一个子功能可以独立成一个模块，由这些模块调用；有时可以通过分解或合并模块以减少控制信息的传递及对全程数据的引用，并且降低接口的复杂程度。

b. 模块规模应该适中

经验表明,一个模块的规模不应过大,最好能写在一页纸内(通常不超过 60 行语句)。有人从心理学角度研究得知,当一个模块包含的语句数超过 30 句以后,模块的可理解程度迅速下降。过小的模块开销大于有效操作,而且模块数目过多将使系统接口复杂。软件成本如图 8.12 所示。

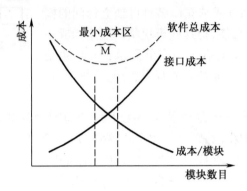

图 8.12　软件成本

c. 深度、宽度、扇出和扇入都应适当

有关指标如下:

深度:表示软件结构中从顶层模块到最底层模块的层数。

宽度:表示控制的总分布。

扇出数:指一个模块直接控制下属的模块个数。

扇入数:指一个模块的直接上属模块个数。

一个好的软件结构的形态准则是:顶部宽度小,中部宽度大,底部宽度次之;在结构顶部有较高的扇出数,在底部有较高的扇入数。深度和宽度关系图如图 8.13 所示。

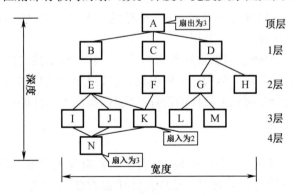

图 8.13　深度和宽度关系图

d. 模块的作用域应该在控制域之内

模块的作用域定义为受该模块内一个判定影响的所有模块的集合。控制域示意图如图 8.14 所示。模块的控制域是这个模块本身以及所有直接或间接从属于它的模块的集合。

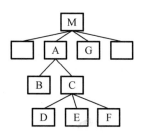

图 8.14　控制域示意图

（3）描绘软件结构的图形工具

①层次图和 HIPO 图

层次图用来描绘软件的层次结构，层次示意图如图 8.15 所示。

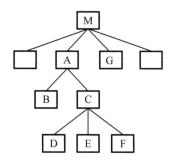

图 8.15　层次示意图

②结构图

结构图也是描绘软件结构的图形工具。一个方框代表一个模块，框内注明模块的名字或主要功能；方框之间的箭头（或直线）表示模块的调用关系。尾部是空心圆表示传递的是数据，实心圆表示传递的是控制信息。结构图示意图如图 8.16 所示。

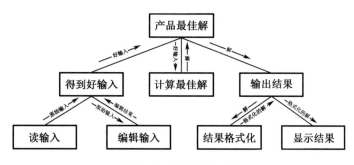

图 8.16　结构图示意图

（4）面向数据流的设计方法

面向数据流的设计方法的目标是给出设计软件结构的一个系统化的途径。因为任何软件系统都可以用数据流图表示，所以面向数据流的设计方法理论上可以设计任何软件的结构。

通常所说的结构化设计方法（简称 SD 方法），也就是基于数据流的设计方法。面向数据流的设计方法把信息流映射成软件结构,信息流的类型决定了映射的方法。信息流有下述两种类型。

①变换流

②事务流

如图 8.17 所示,数据流是"以事务为中心的",即数据沿输入通路到达一个处理 T,根据输入数据的类型选出一个来执行。这类数据流应该划为一类特殊的数据流,称为事务流。

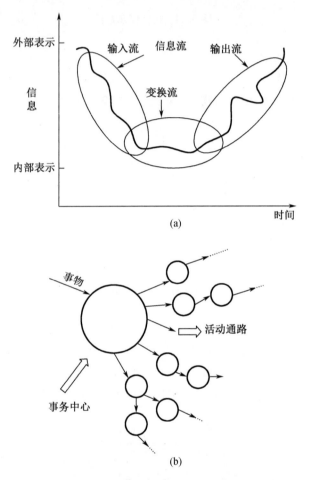

图 8.17　面向数据流的设计方法

典型的系统结构:

①变换型系统结构图

通过变换分析技术,将中心变换型的 DFD 图转换而得的 SC 图,称为变换型系统结构图。

②事务型系统结构图

通过事务分析技术,将事务处理型的 DFD 图转换为的 SC 图,称为事务型的系统结构图。

2.详细设计

详细设计:描述系统的每个程序,包括每个模块和子程序名称、标识符、层次结构系。

（1）结构程序设计

结构程序设计的经典定义："如果一个程序的代码块仅仅通过顺序、选择和循环这 3 种基本控制结构进行连接，并且每个代码块只有一个入口和一个出口，则称这个程序是结构化的。"。仅用 3 种基本结构，称为经典的结构程序设计；若还允许使用 DO – CASE（多分支循环）、DO – UNTIL（直到型循环），则为扩展结构程序设计；如果再允许使用 LEAVE（或 BREAK，中断）结构，则称为修正结构程序设计。

（2）人机界面设计

对于交互式系统来说，人机界面设计和数据设计、体系结构设计及过程设计一样重要。直接影响用户对软件产品的评价，从而影响软件产品的竞争力和寿命。人机界面目前所占的工作量越来越大。设计人机界面时常会遇到下述 4 个问题：

a. 系统响应时间

b. 用户帮助设施

c. 出错信息处理

d. 命令交互

上述问题，最好在设计初期作为重要的设计问题来考虑，这时修改比较容易，代价也低。

①系统响应时间

系统响应时间是指从用户完成某个控制动作（例如，按回车键或点击鼠标）到软件给出预期的响应（输出信息或做动作）之间的这段时间。系统响应时间有两个重要属性，分别是长度和易变性。响应时间过长，会感到沮丧；响应时间过短，会迫使用户加快节奏，会犯错。易变性指系统响应时间相对于平均响应时间的偏差。一般稳定较好，若发生变化，用户往往比较敏感，担心系统工作出现了异常。

②用户帮助设施

几乎交互式系统的每个用户都需要帮助，大多数现代软件都提供联机帮助设施，这使得用户无须离开用户界面就能解决自己的问题。常见的帮助设施可分为集成的（根据当前的应用进行的帮助）和附加的（需查询使用）两类。集成的帮助优于附加的帮助设施。具体设计帮助设施时，必须解决下述问题。

a. 帮助的程度：全部还是部分；

b. 如何实现帮助：菜单、功能键和 HELP 命令

c. 怎样显示帮助信息：独立窗口、指出参考某个文档（不理想）、显示简短

d. 使用帮助后，如何返回原交互方式中：返回按钮、功能键

e. 如何组织帮助信息：平面结构、信息的层次结构和超文本结构

③出错信息处理

交互式系统的出错信息或警告信息，应该具有下述属性：

a. 信息应该使用用户可以理解的术语描述问题

b. 信息应该提供有助于从错误中恢复的建设性意见

c. 信息应该指出错误可能导致哪些负面后果（例如，破坏数据文件）

d. 信息应该伴随着听觉上或视觉上的提示，强化出现异常

e. 信息不能带有指责用户的内容

当确实出现了问题的时候，有效的出错信息能提高交互式系统的质量，减轻用户的挫

折感。

④命令交互

在多数情况下,用户既可以从菜单中选择软件功能,也可以通过键盘命令序列调用软件功能。在提供命令交互方式时,必须考虑下列设计问题:

a. 是否每个菜单选项都有对应的命令

b. 采用何种命令形式:控制序列(如 Ctrl + P)、功能键、键入命令

c. 命令的难度有多大,忘记命令怎么办

d. 用户是否可以定制或缩写命令

(3)设计过程

用户界面设计是一个迭代的、原型实现的过程,各种用于界面设计和原型开发的软件工具较多,它们为简化窗口、菜单、设备交互、出错信息、命令及交互环境的许多其他元素的创建,提供了各种例程或对象。早期评价用户界面的几个方面:

a. 界面的规格说明书的长度和复杂程度,预示了用户学习使用该系统所需要的工作量。

b. 命令或动作的数量、命令的平均参数个数或动作中单个操作的个数,预示了系统的交互时间和总体效率。

c. 设计模型中包含的动作、命令和系统状态的数量,预示了用户学习使用该系统时需要记忆的内容的多少。

d. 界面风格、帮助设施和出错处理协议,预示了界面的复杂程度及用户接受该界面的程度。

使用评估的程序,直到用户满意为止。

①过程设计的工具

描述程序处理过程的工具称为过程设计的工具。一般有图形、表格和语言 3 种。

程序流程图(如图 8.18)的主要缺点如下:

a. 程序流程图本质上不是逐步求精的好工具,它诱使程序员过早地考虑程序的控制流程,而不去考虑程序的全局结构。

b. 程序流程图中用箭头代表控制流,因此程序员不受任何约束,可以完全不顾结构程序设计的精神,随意转移控制。

c. 程序流程图不易表示数据结构。

②程序复杂程度的定量度量

定量度量程序复杂程度方法的意义:程序的复杂程度乘以适当常数,估算软件中错误的数量、软件开发需要用的工作量可用来比较不同的设计或不同算法的优劣;定量的复杂程度可以作为模块规模的精确限度。

下面着重介绍使用得比较广泛的 McCabe 方法和 Halstead 方法。

a. McCabe 方法

McCabe 方法是根据程序控制流的复杂程度定量度量程序的复杂程度,即程序的环形复杂度。

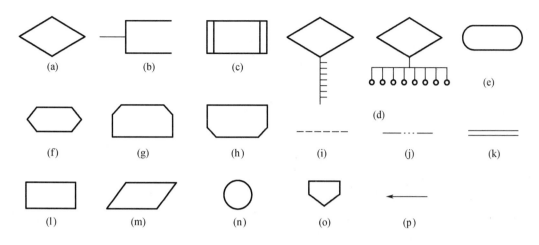

图 8.18　程序流程图

流图——程序图,实质是"退化了的"程序流程图,仅描绘程序的控制流程。在流图中用圆表示节点,一个圆代表一条或多条语句。程序流程图中的一个顺序的处理框序列和一个菱形判定框,可以映射成流图中的一个节点。流图中的箭头线称为边,代表控制流,终止于一个节点。由边和节点围成的面积称为区域,当计算区域数时应该包括图外部未被围起来的区域。如图 8.19 所示。

用任何方法表示的过程设计结果,都可以翻译成流图。当过程设计中包含复合条件时,生成流图的方法稍微复杂一些。所谓复合条件,就是在条件中包含了一个或多个布尔运算符(逻辑 OR,AND,NAND,NOR)。在这种情况下,应该把复合条件分解为若干个简单条件,每个简单条件对应流图中的一个节点。包含条件的节点称为判定节点,从每个判定节点中引出两条或多条边。

利用流图,可以用下述 3 种方法中的任何一种来计算环形复杂度。

· 流图中的区域数等于环形复杂度。

· 流图 G 的环形复杂度 $V(G) = E - N + 2$,E 是流图中边的条数,N 是节点数。

· 流图 G 的环形复杂度 $V(G) = P + 1$,其中,P 是流图中判定节点的数目。

8.2.3　软件测试与风险管理

1. 软件测试的目的和原则

软件测试就是保证软件质量的重要手段,其主要过程涵盖了整个软件生命周期的过程,包括需求定义阶段的需求测试、编码阶段的单元测试、集成测试及后期的确认测试、系统测试、验证软件是否合格、能否交付给用户使用。其目的在于检验它是否满足规定的需求或是否弄清预期结果与实际结果之间的差别。

软件测试的原则:

(1)所有测试都应追溯到需求

(2)严格执行测试计划,排除测试的随意性

(3)避免由软件开发人员测试自己的程序,充分注意测试中的群集性现象

(4)除了很小的程序外,"彻底"的穷举测试是不可能的

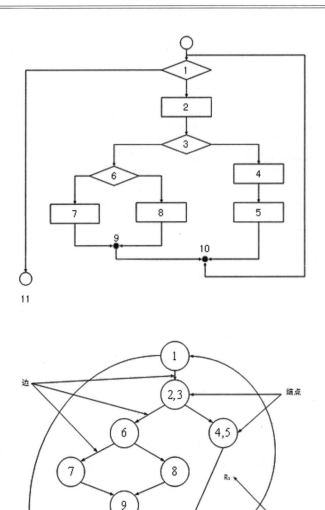

图 8.19 McCabe 流图

（5）妥善保存测试计划、测试用例、出错统计和最终的分析报告，为维护提供方便

软件测试的每一次测试都需要准备好一些测试数据，与被测程序一起输入到计算机中执行；一般把程序执行一次需要的一组测试数据和该组测试数据可以得出的输出结果（期望结果）称为一个"测试用例"，每一个测试用例产生一个相应的"测试结果"，如果它与"期望结果"不相符合，说明程序中存在错误，需要改正错误。测试是对软件规格说明、设计和编码的最后的复审，所以软件测试贯穿在整个软件开发期的全过程。

2. 软件测试的方法和实施

对于软件测试的方法和技术，可以从不同的角度加以分类。从是否需要执行被测软件的角度，软件测试可分为静态分析和动态测试。按照功能划分，动态测试又分为白盒测试和黑盒测试。

静态测试一般是指人工评审软件文档或程序,借以发现其中的错误,由于被评审的文档或程序不必运行,所以称为静态的。静态测试包括代码检查、静态结构分析、代码质量度量等。动态测试是指通过运行软件来检查软件中的动态行为和运行结果的正确性,也就是常说的上机测试。动态测试一般包括两个基本要素:被测程序和测试数据。测试能否发现错误取决于测试用例的设计。

白盒测试也称结构测试,它与程序内部结构相关,要利用程序结构的实现细节设计测试用例,它涉及程序风格、控制方法、源程序、数据库设计和编码细节。黑盒测试是测试者已经知道被测程序的功能,而对程序内部的逻辑结构和处理过程完全不用考虑,只是对它的每一个功能进行测试,将测试后的结果与期望的结果进行分析比较,检查程序的功能是否符合规格说明书的要求。黑盒测试是在程序接口进行的测试。

3.测试用例设计

测试用例是由测试数据和期望结果组成。设计测试用例的目的就是用尽可能少的测试数据,达到尽可能大的程序覆盖面,发现尽可能多的软件错误和问题。白盒法设计测试用例常应用以下几种技术:

①语句覆盖;

②判定覆盖;

③条件覆盖;

④判定/条件覆盖;

⑤条件组合覆盖;

⑥路径覆盖。

用黑盒法设计测试用例常用以下几种技术:

①等价类划分法;

②边界值分析法;

③错误推测法;

④因果图法。

软件测试的实施如下:

(1)单元测试

是对每一个编制好的模块进行测试,其目的在于发现和排除各模块内部可能存在的差错及详细设计中产生的错误。进行单元测试时,根据程序的内部结构设计测试用例,主要采用白盒测试法实施软件测试。

(2)集成测试

是在单元测试的基础上,将所有模块按照设计要求组装成为系统而进行的测试,它的任务是检查模块间的接口和通信、各子功能的组合能否达到预期要求的功能、全程数据结构是否有问题等。集成测试主要发现设计阶段产生的错误,通常采用黑盒测试法。集成测试时,将各个模块组装成系统的方法有:非增量组装方式是先分别对每个模块进行单元测试,再把所有模块按设计要求组装在一起进行测试,最终得到所要求的软件增量组装方式是把下一个要测试的模块同已经测试好的那些模块结合起来进行测试,测试完以后再把下一个应该测试的模块结合进来测试软件测试的实施。

(3)确认测试

确认测试是在集成测试通过后,在用户的参与下进行确认测试。这时通常使用实际数据进行测试,以验证系统能否满足用户的实际需要。它的任务就是以需求规格说明书作为依据来验证软件的性能、功能及其他特征是否与用户的要求相一致,通常采用黑盒测试。

（4）系统测试

系统测试是在更大范围内进行的测试。系统测试是把通过确认测试后的软件与计算机硬件、外设、某些支持软件、数据和人员等结合在一起,在实际运行环境下,对计算机系统进行的一系列集成测试和确认测试。调试也称排错或纠错。

4. 风险

测试风险是不可避免的、总是存在的,所以对测试风险的管理非常重要,必须尽力降低测试中所存在的风险,最大限度地保证质量和满足客户的需求。在测试工作中,主要的风险有:

（1）质量需求或产品的特性理解不准确,造成测试范围分析的误差,某些地方始终测试不到或验证的标准不对;

（2）测试用例没有得到百分之百的执行,如有些测试用例被有意或无意地遗漏;

（3）需求的临时/突然变化,导致设计的修改和代码的重写,测试时间不够;

（4）质量标准不都是很清晰的,如适用性的测试就是仁者见仁、智者见智;

（5）测试用例设计不到位,忽视了一些边界条件、深层次的逻辑、用户场景等;

（6）测试环境,一般不可能和实际运行环境完全一致,造成测试结果的误差;

（7）有些缺陷出现频率不是百分之百,不容易被发现;如果代码质量差,软件缺陷很多,被漏检的缺陷可能性就大;

（8）回归测试一般不运行全部测试用例,是有选择性的执行,必然会带来风险。

前面三种风险是可以避免的,其后四种风险是不能避免的,可以降到最低。最后一种回归测试风险是可以避免,但出于时间或成本的考虑,一般也是存在的。针对上述软件测试的风险,有一些有效的测试风险控制方法,如:

（1）测试环境不对可以通过事先列出要检查的所有条目,在测试环境设置好后,由其他人员按已列出条目逐条检查。

（2）有些测试风险可能带来的后果非常严重,能否将它转化为其他一些不会引起严重后果的低风险。如产品发布前夕,在某个不是很重要的新功能上发现一个严重的缺陷,如果修正这个缺陷,很有可能引起某个原有功能上的缺陷。这时处理这个缺陷所带来的风险就很大,对策是去掉（Diasble）那个新功能,转移这种风险。

（3）有些风险不可避免,就设法降低风险,如"程序中未发现的缺陷"这种风险总是存在,我们就要通过提高测试用例的覆盖率（如达到 ArrayArray. Array%）来降低这种风险。

为了避免、转移或降低风险,事先要做好风险管理计划和控制风险的策略,并对风险的处理还要制订一些应急的、有效的处理方案,如:在做资源、时间、成本等估算时,要留有余地,不要用到100%。在项目开始前,把一些环节或边界上的可能会有变化、难以控制的因素列入风险管理计划中。对每个关键性技术人员培养后备人员,做好人员流动的准备,采取一些措施确保人员一旦离开公司,项目不会受到严重影响,仍能可以继续下去。制订文档标准,并建立一种机制,保证文档及时产生。对所有工作多进行互相审查,及时发现问题,包括对不同的测试人员在不同的测试模块上相互调换。对所有过程进行日常跟踪,及时发现风险出现的征兆,避免风险。

要想真正回避风险,就必须彻底改变测试项目的管理方式。针对测试的各种风险,建立一种"防患于未然"或"以预防为主"的管理意识。与传统的软件测试相比,全过程测试管理方式不仅可以有效降低产品的质量风险,而且还可以提前对软件产品缺陷进行规避、缩短对缺陷的反馈周期和整个项目的测试周期。

5. 风险管理的方法

风险管理一般可以分成 5 个步骤,即风险识别、风险分析、风险计划、风险控制及风险跟踪。

(1) 风险识别

风险识别是试图用系统化的方法来确定威胁项目计划的因素。识别方法包括风险检查表、头脑风暴会议、流程图分析及与项目人员面谈等。前两种方法是比较常用的。风险检查表建立在早期开发类似的项目中曾经遇到的风险基础上,比如开发时利用了某种技术,那么有过这种技术开发经验的个人或者项目组就能指出他们在利用这种技术时遇到过的问题;头脑风暴会议可以围绕项目中有可能会出现哪些范围、进度、成本和质量方面的问题这一议题展开,讨论和列举出项目可能出现的风险。对不同的项目应该具体问题具体分析,识别出真正可能发生在该项目上的风险事件。

(2) 风险分析

风险分析可以分为定性风险分析和定量风险分析。定性风险分析是评估已识别风险的影响和可能性的过程,以根据风险对项目目标可能的影响对风险进行排序。它在明确特定风险和指导风险应对方面十分重要。定量风险分析是量化分析每一风险的概率及其对项目目标造成的后果,同时也要分析项目总体风险的程度。不同的风险发生后对项目造成的影响各不相同,主要有以下 3 个方面需要考虑:风险的性质,即风险发生时可能产生的问题;风险的范围,即风险的严重性及其总的分布;风险的时间,即何时能感受到风险及风险维持多长时间。

据此确定风险估计的加权系数,得到项目的风险估计。然后通过对风险进行量化、选择和排序,可以知道哪些风险必须要应对,哪些可以接受,哪些可以忽略。进行风险管理应该把主要精力集中在那些影响力大、影响范围广、概率高及可能发生的阶段性的风险上。

(3) 风险计划

制订风险行动计划,应考虑以下部分:责任、资源、时间、活动、应对措施、结果、负责人。建立示警的阈值是风险计划过程中的主要活动之一,阈值与项目中的量化目标紧密结合,定义了该目标的警告级别该阶段涉及参考计划、基准计划和应急计划等不同类型的计划。

(4) 风险控制

主要采用的应对方法有风险避免、风险弱化、风险承担和风险转移等。

风险避免:通过变更软件项目计划消除风险或风险的触发条件,使目标免受影响。这是一种事前的风险应对策略。例如,采用更熟悉更成熟的技术、澄清不明确的需求、增加资源和时间、减少项目工作范围、避免不熟悉的分包商等。

风险弱化:将风险事件的概率或结果降低到一个可以接受的程度,当然降低概率更为有效。例如,选择更简单的开发流程、进行更多的系统测试、开发软件原型系统、增加备份设计等。

风险承担:表示接受风险,不改变项目计划(或没有合适的策略应付风险),而考虑发生后如何应对。例如制订应急计划、风险应变程序,甚至仅仅进行应急储备和监控,发生紧急情况时随机应变。在实际中,如软件项目正在进行中,有一些人要离开项目组,可以制订应急计划,保障有后备人员可用,同时确定项目组成员离开的程序,以及交接的程序。

风险转移:不去消除风险,而是将软件项目风险的结果连同应对的权力转移给第三方(第三方应知晓有风险并有承受能力)。这也是一种事前的应对策略,例如签订不同种类的合同,或签订补偿性合同等。

(5)风险跟踪

在风险受到控制后要及时进行跟踪,做好风险跟踪。监视风险的状况,例如风险是已经发生、仍然存在还是已经消失。检查风险的对策是否有效、跟踪机制是否在运行。不断识别新的风险并制订对策。通过以下几种方法进行有效的风险跟踪。

风险审计:项目管理员应帮助项目组检查监控机制是否得到执行。项目经理应定期进行风险审核,尤其在项目关键处进行事件跟踪和主要风险因素跟踪以进行风险的再评估,对没有预计到的风险制订新的应对计划。

偏差分析:项目经理应定期与基准计划比较,分析成本和时间上的偏差。例如,未能按期完工、超出预算等都是潜在的问题。技术指标分析:技术指标分析主要是比较原定技术指标和实际技术指标差异,例如,测试未能达到性能要求等。

习题 8

1. 软件工程的七条基本原理是什么?

答:软件工程的七条基本原理是:

(1)用分阶段的生存周期计划严格管理;

(2)坚持进行阶段评审;

(3)严格实施的产品控制;

(4)采用现代程序技术;

(5)结果应能清楚地审查;

(6)开发小组的成员应该少而精;

(7)承认不断改进软件工程的必要性。

2. 良好的编码风格应具备哪些条件?

答:应具备以下条件:

(1)使用标准的控制结构;

(2)有限制地使用 GOTO 语句;

(3)源程序的文档化(应具备以下内容)

①有意义的变量名称——"匈牙利命名规则"。

②适当的注释——"注释规范"。

③标准的书写格式:

——用分层缩进的写法显示嵌套结构的层次(锯齿形风格);

——在注释段的周围加上边框;

——在注释段与程序段,以及不同程序段之间插入空行;

——每行只写一条语句;

——书写表达式时,适当使用空格或圆括号等作隔离符。

(4)满足运行工程学的输入输出风格。

3．简述文档在软件工程中的作用。

答：

(1)提高软件开发过程的能见度

(2)提高开发效率

(3)作为开发人员阶段工作成果和结束标志

(4)记录开发过程的有关信息便于使用与维护；

(5)提供软件运行、维护和培训有关资料；

(6)便于用户了解软件功能、性能。

4．可行性研究包括哪几方面的内容？

答：

(1)经济可行性：是否有经济效益，多长时间可以收回成本；

(2)技术可行性：现有技术能否实现本系统，现有技术人员能否胜任，开发系统的资源能否满足；

(3)运行可行性：系统操作在用户内部行得通吗？

(4)法律可行性：新系统开发是否会侵犯他人、集体或国家利益，是否违反国家法律。

5．结构化的需求分析描述工具有哪些？

答：有数据流图(DFD)、数据字典(DD)、判定表、判定树、结构化语言(PDL)、层次方框图、Warnier 图、IPO 图、控制流图(CFD)、控制说明(CSPEC)、状态转换图(STD)和实体 – 关系图(E – R)等。

6．一般面向对象分析建模的工具(图形)有哪些？

答：用例图、类/对象图、对象关系图、实体 – 关系图(E – R)、事件轨迹图(时序图)和状态转换图(STD)等。

7．UML 统一建模语言有哪几种图形？

答：用例图、类图、对象图、构件(组件)图、部署(配置)图、状态图、活动图、顺序(时序)图、合作(协作)图等九种图。

8．在面向对象分析时类和对象的静态关系主要有哪几种？

答：类和对象的静态关系主要有关联、聚集、泛化、依赖等四种关系。

9．什么是模块化？模块设计的准则？

模块化是按规定的原则将一个大型软件划分为一个个较小的、相对独立但又相关的模块。

模块设计的准则：

(1)改进软件结构，提高模块独立性：在对初步模块进行合并、分解和移动的分析、精化过程中力求提高模块的内聚，降低耦合。

(2)模块大小要适中：大约 50 行语句的代码，过大的模块应分解以提高理解性和可维护性；过小的模块，合并到上级模块中。

(3)软件结构图的深度、宽度、扇入和扇出要适当。一般模块的调用个数不要超过 5 个。

(4)尽量降低模块接口的复杂程度；

(5)设计单入口、单出口的模块。

（6）模块的作用域应在控制域之内。

10.什么是模块独立性？用什么度量？

答：模块独立性概括了把软件划分为模块时要遵守的准则，也是判断模块构造是不是合理的标准。独立性可以从两个方面来度量：即模块本身的内聚和模块之间的耦合。

第9章 信息安全与网络安全

当前,计算机网络技术得到了飞速发展,信息的处理和传递突破了时间和地域的限制,网络化与全球化成为不可抗拒的世界潮流,Internet 已进入社会生活的各个领域和环节,并越来越成为人们关注的焦点。信息技术的使用给人们生活、工作的方方面面带来了数不尽的便捷和好处。然而计算机信息技术也和其他科学技术一样是一把双刃剑。计算机网络安全不仅关系到国计民生,还与国家安全密切相关,不仅涉及国家政治、军事和经济各个方面,而且影响到国家的安全和主权。随着计算机网络的广泛应用,网络安全的重要性尤为突出。因此,网络技术中最关键也最容易被忽视的安全问题,正在危及网络的健康发展和应用,网络安全技术及应用越来越受到世界的关注。

9.1 信息安全相关概念

9.1.1 信息安全基础

1. 网络信息安全的由来

20 世纪,人类在科学技术领域内最大的成就是发明制造了电子计算机。为了不断提高其性能,扩大计算机的功能和应用范围,全球科学家和技术人员一直在孜孜不倦地进行试验和改进。在计算机更新换代的改进过程中,电子化技术、数字技术、通信技术及网络技术不断融合并被广泛应用,从而使以计算机为负载主体的互联网技术得以突破时空限制而普及全球,并由此开创了一个以电子信息交流为标志的信息化时代。随着科学技术特别是信息技术和网络技术的飞速发展及我国信息化进程的不断推进,各种信息化系统已经成为国家的关键基础设施,它们支持着网络通信、电子商务、电子政务、电子金融、电子税务、网络教育及公安、医疗、社会福利保障等各个方面的应用。相对于传统系统而言,数字化网络的特点使得这些信息系统的运作方式在信息采集、储存、数据交换、数据处理和信息传送上都有着根本的区别。

无论是在计算机上的储存、处理和应用,还是在通信网络上的交换和传输,信息都可能被非法授权访问而导致泄密,被篡改破坏而导致不完整,被冒充替换而不被承认,更可能因为阻塞拦截而无法存取,这些都是网络信息安全的致命弱点。

2. 网络信息安全的定义

信息安全的概念的出现远远早于计算机的诞生,但计算机的出现,尤其是网络出现以后,信息安全变得更加复杂,更加"隐形"了。现代信息安全区别于传统意义上的信息介质安全,是专指电子信息的安全。

安全(Security)并没有统一的定义,这里是指将信息面临的威胁降到(机构可以接受的)最低限度。同样,信息安全(Information Security)也没有公认和统一的定义。国内外对于信息安全的概念都比较含糊和笼统,但都强调的一点是:离开信息体系和具体的信息系统来谈论信息安全是没有意义的。因此人们通常从两个角度来对信息安全进行定义:一是从具体的信息技术系统来定义,二是从某一个特定信息体系(如金融信息系统、政务信息系统、商务信息系统等)的角度来定义。从学科和技术的角度来说,信息安全(学)是一门综合性学科,它研究、发展的范围很广,包括信息人员的安全性、信息管理的安全性、信息设施的安全性、信息本身的保密性、信息传输的完整性、信息的不可否认性、信息的可控性、信息的可用性等。确保信息系统按照预期运行且不做任何多余的事情,系统所提供的信息机密性可以得到适度的保护,系统、数据和软件的完整性得到维护和统一,以防任何可能影响任务完成的非计划任务的中断。综合来说,就是要保障电子信息的"有效性"。随着计算机应用范围的逐渐扩大及信息内涵的不断丰富,信息安全涉及的领域和内涵也越来越广。信息安全不仅是保证信息的机密性、完整性、可用性、可控性和可靠性,并且从主机的安全技术发展到网络体系结构的安全,从单一层次的安全发展到多层次的立体安全。目前,涉及的领域还包括黑客的攻防、网络安全管理、网络安全评估、网络犯罪取证等方面。

因此在不会产生歧义时,常将计算机网络信息系统安全简称为网络信息安全。一切影响计算机网络安全的因素和保障计算机网络安全的措施都是计算机网络安全的研究内容。信息安全是指信息在产生、传输、处理和储存过程中不被泄漏或破坏以确保信息的可用性、保密性、完整性和不可否认性,并保证信息系统的可靠性和可控性。

网络信息安全是一个关系国家安全和主权、社会稳定、民族文化继承和发扬的重要问题,其重要性正随着全球信息化步伐的加快而越来越重要。在社会经济领域主要是党政机关的网络安全问题,它关系到我国的政治稳定和国计民生;国家经济领域的网络安全问题,它对国家经济持续稳定发展起着决定性作用;国防和军队网络安全问题,关系到国家安全和主权完整。在技术领域中,网络安全包括实体安全,用来保证硬件和软件本身的安全;运行安全,用来保证计算机能在良好的环境里持续工作;信息安全,用来保障信息不会被非法阅读、修改和泄露。因此,网络信息安全是一门交叉学科,涉及计算机科学、网络技术、通信技术、密码技术、信息安全技术、应用数学、数论、信息论等多种学科的综合性学科。它主要是指网络系统的硬件、软件及其系统中的数据受到保护,不受偶然的或者恶意的原因而遭到破坏、更改、泄露,系统连续可靠正常地运行,网络服务不中断。

3.网络信息安全的属性

网络信息安全的基本属性有信息的完整性、可用性、机密性、可控性、可靠性相不可否认性。

(1)完整性

完整性是指信息在存储、传输和提取的过程中保持不被修改、不被破坏、不被插入、不延迟、不乱序和不丢失的特性。一般通过访问控制阻止篡改行为,通过信息摘要算法来检验信息是否被篡改。完整性是数据未经授权不能进行改变的特性,其目的是保证信息系统上的数据处于一种完整和未损的状态。

(2)可用性

信息可用性指的是信息可被合法用户访问并能按要求顺序使用的特性,即在需要时就可取用所需的信息。可用性是信息资源服务功能和性能可靠性的度量,是对信息系统总体可靠性的要求。目前要保证系统和网络能提供正常的服务,除了备份和冗余配置外,没有特别有效的方法。

（3）机密性

信息机密性又称为信息保密性，是指信息不泄漏给非授权的个人和实体，或供其使用的特性。信息机密性针对信息被允许访问对象的多少而不同。所有人员都可以访问的信息为公用信息，需要限制访问的信息一般为敏感信息或秘密，秘密可以根据信息的重要性或保密要求分为不同的密级，如国家根据秘密泄露对国家经济、安全利益产生的影响（后果）不同，将国家秘密分为 A（秘密级）、B（机密级）和 C（绝密级）三个等级。秘密是不能泄漏给非授权用户、不被非法利用的，非授权用户就算得到信息也无法知晓信息的内容。机密性通常通过访问控制阻止非授权用户获得机密信息，通过加密技术阻止非授权用户获取知信息内容。

（4）可控性

信息可控性是指可以控制授权范围内的信息流向及行为方式，对信息的传播及内容具有控制能力。为保证可控性，通常通过握手协议和认证对用户进行身份鉴别，通过访问控制列表等方法来控制用户的访问方式，通过日志记录对用户的所有活动进行监控、查询和审计。

（5）可靠性

可靠性是指信息以用户认可的质量连续服务于用户的特性（包括信息的迅速、准确和连续地转移等），但也有人认为可靠性就是人们对信息系统而不是对信息本身的要求。

（6）不可否认性

不可否认性是指能保证用户无法在事后否认曾对信息进行的生成、签发、接收等行为，是针对通信各方面信息真实同一性的安全要求。一般用数字签名和公证机制来保证不可否认性。

4. 网络信息安全的特征

网络信息安全具有整体的、动态的、无边界和发展的特征，是一种非传统安全。信息安全涉及多个领域，是一个系统工程，需要全社会的共同努力和承担责任及义务；网络信息安全不是静态的，它是相对和动态的，经历了从最初纯粹的物理安全问题到今天随着信息技术的发展和普及，以及产业基础、用户认识、投入产出而出现的考虑。

互联网的全球性、快捷性、共享性、全天候性决定了网络信息安全问题的新特征。信息基础设施本身的脆弱性和攻击手段的不断更新，使网络信息安全领域易攻难守。网上攻击无论距离还是速度都突破了传统安全的限制，具有多维、多点、多次实施隐蔽打击的能力。由于网络覆盖全球，因而助长了犯罪分子的破坏能力和有恃无恐的犯罪心理，给世界带来了更多的不稳定因素。各国的民族文化和道德价值观面临前所未有的冲击和颠覆，为此付出的巨大经济成本和时间精力难以计算。网络信息安全问题日益严重，必将给人类发展、国家管理和社会稳定带来巨大危害。

9.1.2　密码学

密码是按特定法则编成，用以对通信双方的信息进行明密变换的符号。换而言之密码是隐蔽了真实内容的符号序列。把用公开的、标准的信息编码表示的信息通过一种变换手段，将其变为除通信双方以外其他人所不能读懂的信息编码，这种独特的信息编码就是密码。

密码技术是一门古老的技术;古人云"谋成于密而败于泄,三军之事,莫重于密";信息安全服务要依赖各种安全机制来实现,而许多安全机制则需要依赖于密码技术。密码学贯穿于网络信息安全的整个过程,在解决信息的机密性保护、可鉴别性、完整性保护和信息抗抵赖性等方面发挥着极其重要的作用。密码学是信息安全学科建设和信息系统安全工程实践的基础理论之一。对密码学或密码技术一无所知的人不可能在技术层面上完全理解信息安全。

密码是通信双方按约定的法则进行信息特殊变换的一种重要保密手段。依照这些法则,变明文为密文,称为加密变换;变密文为明文,称为解密变换。简单地说,暗号就是通过用物件的状态或人的行为来传达事先约定的信息,如:

窗台上的花瓶→"现在安全"

手中拿着的报纸→"我是你要找的人"

口中唱着的曲子→"我在找自己人"

……

根据不同时期密码技术采用的加密和解密实现手段的不同特点,密码技术的发展历史大致可以划分为三个时期,即古典密码、近代密码和现代密码时期。

1.古典密码时期

这一时期为从古代到十九世纪末,长达数千年。由于这个时期社会生产力低下,产生的许多密码体制都是以"手工作业"的方式进行,用纸笔或简单的器械来实现加密/解密的,一般称这个阶段产生的密码体制为"古典密码体制",这是密码学发展的手工阶段。这一时期的密码技术仅是一门文字变换艺术,其研究与应用远没有形成一门科学,最多只能称其为密码术。

主要特点:数据的安全基于算法的保密。

Ⅰ.4 000多年以前的古埃及人的墓志铭(类似象形文字的奇妙符号)是史载的最早的密码形式。

Ⅱ.公元前约50年的恺撒密码(罗马皇帝 julius Caesar)

Ⅲ.天书、Phaistos圆盘

Ⅳ.其他形形色色的简单密码

2.近代密码时期

近代密码时期是指20世纪初到20世纪50年代左右。

1919年以后的几十年中,密码研究人员设计出了各种各样采用机电技术的转轮密码机(简称转轮机,Rotor)来取代手工编码加密方法,实现保密通信的自动编解码。随着转轮机的出现,使得几千年以来主要通过手工作业实现加密/解密的密码技术有了很大进展。

主要特点:数据的安全基于密钥而不是算法的保密。

近代密码(如图9.1)时期可以看作是科学密码学的前夜,这一阶段的密码技术可以说是一种艺术,是一种技巧和经验的综合体,但仍还不是一种科学,密码专家常常是凭直觉和信念来进行密码设计和分析,而不是推理和证明。

3.现代密码时期

1948年,香农(Claude Shannon,1916.4.30—2001.2.26)《通信的数学理论》*The Mathematical Theory Of Communication*,奠定了现代信息论的理论基础。

图 9.1 ENIGMA 密,TYPEX 密码

(1)信息的量化

随机变量 X 的熵定义为:

$$H(X) = -\sum_{i=1}^{n} P_r(\log_2 P_r(x_i))$$

随机变量 X 的熵只与随机变量 X 的概率分布有关。

香农理论的重大贡献:建立了保密与密码学严格的理论基础,证明了一次一密(OTP, One Time Pad)的密码系统是完善保密的,导致了对流密码的研究和应用;提出了分组密码设计应该遵循的准则,如扩散性和扰乱性(或混淆性),证明了消息冗余使破译者统计分析成功的理论值(唯一解距离)。香农把已有数千年历史的密码技术推向了科学的轨道,使密码学变成为一门真正的科学(Cryptology)。

从 1949 年到 1967 年,密码学文献近乎空白。

1967 年,戴维·卡恩(David Kahn)出版了一本专著《破译者》(The CodeBreaker)。1977 年,美国国家标准局 NBS(现 NIST)正式公布实施美国的数据加密标准 DES。1976 年 11 月,美国斯坦福大学的著名密码学家迪菲(W. Diffie)和赫尔曼(M. Hellman)发表了《密码学新方向》"New Direction in Cryptography"一文,首次提出了公钥密码体制的概念和设计思想,开辟了公开密钥密码学的新领域,掀起了公钥密码研究的序幕。20 世纪 80 年代出现过渡性的"Post DES"算法,如 IDEA,RCx,CAST 等。1997 年 4 月美国国家标准和技术研究所(NIST)发起征集高级数据加密标准(AES,Advanced Encryption Standard)算法的活动。使密码学界又掀起了一次分组密码研究的高潮。对称密钥密码进一步成熟。2000 年 10 月,比利时密码学家 Joan Daemen 和 Vincent Rijmen 提出的"Rijndael 数据加密算法"被确定为AES 算法,作为新一代数据加密标准。

在公钥密码领域,椭圆曲线密码体制由于其安全性高、计算速度快等优点引起了人们的普遍关注和研究,并在公钥密码技术中取得重大进展。在密码应用方面,各种有实用价值的密码体制的快速实现受到高度重视,许多密码标准、应用软件和产品被开发和应用,美国、德国、日本和我国等许多国家已经颁布了数字签名法,使数字签名在电子商务和电子政务等领域得到了法律的认可,推动了密码学研究和应用的发展。

新的密码技术不断涌现。例如,混沌密码、量子密码、DNA 密码等。这些新的密码技术正在逐步地走向实用化。人们甚至预测,当量子计算机成为现实时,经典密码体制将无安全可言,而量子密码、生物密码可能是未来光通信时代保障网络通信安全的可靠技术。

(2)密码学的主要任务

在信息安全的诸多涉及面中,密码学主要为存储和传输中的数字信息提供以下几个方面的安全保护:

①机密性是一种允许特定用户访问和阅读信息,而非授权用户对信息内容不可理解的安全属性。在密码学中,信息的机密性通过加密技术实现。

②完整性即用以确保数据在存储和传输过程中不被非授权修改的安全属性。密码学可通过采用数据加密、报文鉴别或数字签名等技术来实现数据的完整性保护。

③鉴别是一种与数据来源和身份鉴别有关的安全服务。鉴别服务包括对身份的鉴别和对数据源的鉴别。对于一次通信,必须确信通信的对端是预期的实体,这就涉及身份的鉴别。对于数据,仍然希望每一个数据单元发送到或来源于预期的实体,这就是数据源鉴别。数据源鉴别隐含地提供数据完整性服务。密码学可通过数据加密、数字签名或鉴别协议等技术来提供这种真实性服务。

④抗抵赖性是一种用于阻止通信实体抵赖先前的通信行为及相关内容的安全特性。密码学通过对称加密或非对称加密,以及数字签名等技术,并借助可信机构或证书机构的辅助来提供这种服务。密码学的主要任务是从理论上和实践上阐述和解决这四个问题。它是研究信息的机密性、完整性、真实性和抗抵赖性等信息安全问题的一门学科。

(3)密码学研究领域的两个分支:

①密码编码学(Cryptography)

密码编码学的主要任务是寻求有效密码算法和协议,以保证信息的机密性或认证性的方法。它主要研究密码算法的构造与设计,也就是密码体制的构造。它是密码理论的基础,也是保密系统设计的基础。

②密码分析学(Cryptanalytics)

密码分析学的主要任务是研究加密信息的破译或认证信息的伪造。它主要是对密码信息的解析方法进行研究。只有密码分析者才能评判密码体制的安全性。

密码编码学和密码分析学是密码学的两个方面,两者既相互对立,又互相促进和发展。密码技术的一个基本功能是实现保密通信,经典的保密通信模型如图9.2所示。

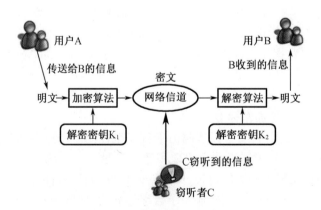

图9.2 经典保密通信模型

　　注意:仅用一个保密通信模型来完整描述密码系统,可能是并不全面和准确的,因为现在的密码系统不单单只提供信息的机密性服务。保密通信是密码技术的一个基本功能。

　　信息加密传输的过程如图9.3所示。

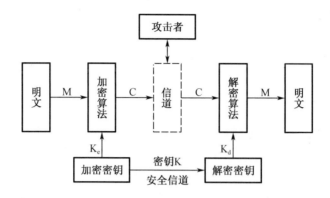

图9.3　信息加密传输的过程

　　(4)几个基本概念与符号

　　①明文(Plaintext)

　　待伪装或加密的消息(Message)。在通信系统中它可能是比特流,如文本、位图、数字化的语音流或数字化的视频图像等。一般可以简单地认为明文是有意义的字符或比特集,或通过某种公开的编码标准就能获得的消息。明文常用 m 或 p 表示。

　　②密文(Ciphertext)

　　对明文施加某种伪装或变换后的输出,也可认为是不可直接理解的字符或比特集,密文常用 c 表示。

　　③加密(Encrypt)

　　把原始的信息(明文)转换为密文的信息变换过程。

　　④解密(Decrypt)

　　把已加密的信息(密文)恢复成原始信息明文的过程,也称为脱密。

　　⑤密码算法(Cryptography Algorithm)

　　也简称密码(Cipher),通常是指加、解密过程所使用的信息变换规则,是用于信息加密和解密的数学函数。对明文进行加密时所采用的规则称作加密算法,而对密文进行解密时所采用的规则称作解密算法。加密算法和解密算法的操作通常都是在一组密钥的控制下进行的。

　　⑥密钥(Secret Key)

　　密码算法中的一个可变参数,通常是一组满足一定条件的随机序列。用于加密算法的叫作加密密钥,用于解密算法的叫作解密密钥,加密密钥和解密密钥可能相同,也可能不同。

　　密钥常用 k 表示。在密钥 k 的作用下,加密变换通常记为 $E_k($　$)$,解密变换记为 $D_k($　$)$或 $E_{k-1}($　$)$。

通常一个密码体制可以有如下几个部分：

a. 消息空间 M(又称明文空间)

所有可能明文 m 的集合；

b. 密文空间 C

所有可能密文 c 的集合；

c. 密钥空间 K

所有可能密钥 k 的集合，其中每一密钥 k 由加密密钥 k_e 和解密密钥 k_d 组成，即

$$k = (k_e, k_d)$$

d. 加密算法 E

一簇由加密密钥控制的、从 M 到 C 的加密变换；

e. 解密算法 D

一簇由解密密钥控制的、从 C 到 M 的解密变换。

五元组 $\{M,C,K,E,D\}$ 就称为一个密码系统。对于明文空间 M 中的每一个明文 m，加密算法 E 在加密密钥 k_e 的控制下将明文 m 加密成密文 c；而解密算法 D 则在密钥 k_d 的控制下将密文 c 解密成同一明文 m，即：

对 $m \in M, (k_e, k_d) \in K$，有：

从数学的角度来讲，一个密码系统(如图 9.4)就是一族映射，它在密钥的控制下将明文空间中的每一个元素映射到密文空间上的某个元素。这种映射由密码方案确定，具体使用哪一个映射由密钥决定。

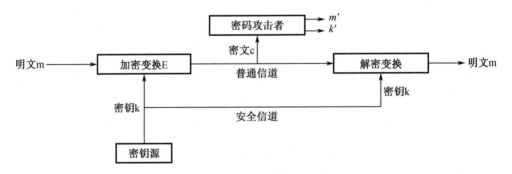

图 9.4　密码系统

在上面的通信模型中，还存在一个密码攻击者或破译者可从普通信道上拦截到的密文 c，其工作目标就是要在不知道密钥 k 的情况下，试图从密文 c 恢复出明文 m 或密钥 k。

如果密码分析者可以仅由密文推出明文或密钥，或者可以由明文和密文推出密钥，那么就称该密码系统是可破译的。相反地，称该密码系统不可破译。

(5)P、C、K 空间的关系

①明文空间大小与密文空间相同(如图 9.5 所示)，即 $|M| = |C|$。

②明文空间大于密文空间(如图 9.6 所示)，即 $|P| > |C|$。

存在问题：解密时可能产生明文的二义性，无法确定消息的真正含义。

③明文空间小于密文空间(如图 9.7 所示)，即 $|P| < |C|$(情况 1)。

明文空间小于密文空间(如图 9.8 所示)，即 $|P| < |C|$(情况 2)。

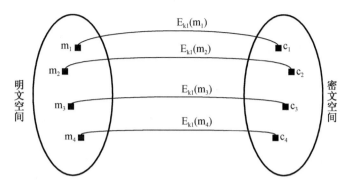

图 9.5 明文空间大小与密文空间相同

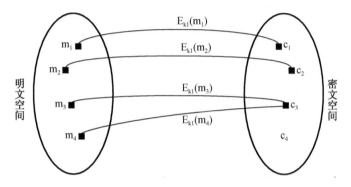

图 9.6 明文空间大于密文空间

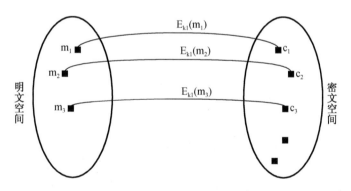

图 9.7 明文空间小于密文空间(情况 1)

存在问题:

密钥空间可能被分割。(如图中 c_4,c_5 的密钥不是 k_1)

④密钥空间 K 的大小的考虑(如图 9.9)

设 M 中所有元素和 C 中所有元素有可能相对应的总数为 N,那么密钥空间 K 的大小不要大于 N,否则会存在等价密钥问题。当然,即使 K 小于 N,也不能担保没有等价密钥。密码算法的设计应尽量减少等价密钥存在的可能性。

等价密钥:若存在密钥 k_1 和 k_2 使,$D_{k1}(E_{k1}(P)) = D_{k2}(E_{k1}(P))$,而 $k_1 \neq k_2$,则称这两个密钥为等价密钥。

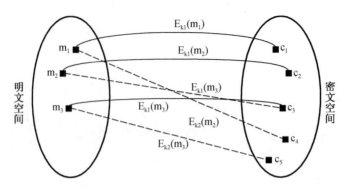

图9.8　明文空间小于密文空间(情况2)

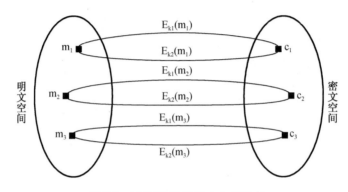

图9.9　密钥空间K的大小的考虑

(6)对密码系统的攻击

密码分析者破译或攻击密码的方法主要有穷举攻击法、统计分析法和数学分析攻击法。

①穷举攻击法

穷举攻击法又称为强力或蛮力(Brute force)攻击。这种攻击方法是对截获到的密文尝试遍历所有可能的密钥,直到获得了一种从密文到明文的可理解的转换;或使用不变的密钥对所有可能的明文加密直到得到与截获到的密文一致为止。

②统计分析法

统计分析攻击就是指密码分析者根据明文、密文和密钥的统计规律来破译密码的方法。

③数学分析法

数学分析攻击是指密码分析者针对加解密算法的数学基础和某些密码学特性,通过数学求解的方法来破译密码。数学分析攻击是对基于数学难题的各种密码算法的主要威胁。在假设密码分析者已知所用加密算法全部知识的情况下,根据密码分析者对明文、密文等数据资源的掌握程度,可以将针对加密系统的密码分析攻击类型分为以下四种:

a.唯密文攻击(Ciphtext - only attack)

在唯密文攻击中,密码分析者知道密码算法,但仅能根据截获的密文进行分析,以得出明文或密钥。由于密码分析者所能利用的数据资源仅为密文,这是对密码分析者最不利的情况。

b. 已知明文攻击（Plaintext – known attack）

已知明文攻击是指密码分析者除了有截获的密文外，还有一些已知的"明文 – 密文对"来破译密码。密码分析者的任务目标是推出用来加密的密钥或某种算法，这种算法可以对用该密钥加密的任何新的消息进行解密。

c. 选择明文攻击（Chosen – plaintext attack）

选择明文攻击是指密码分析者不仅可得到一些"明文 – 密文对"，还可以选择被加密的明文，并获得相应的密文。这时密码分析者能够选择特定的明文数据块去加密，并比较明文和对应的密文，以分析和发现更多的与密钥相关的信息。密码分析者的任务目标也是推出用来加密的密钥或某种算法，该算法可以对用该密钥加密的任何新的消息进行解密。

d. 选择密文攻击（Chosen – ciphenext attack）

选择密文攻击是指密码分析者可以选择一些密文，并得到相应的明文。密码分析者的任务目标是推出密钥。这种密码分析多用于攻击公钥密码体制。

衡量密码系统攻击的复杂性主要考虑三个方面的因素：

a. 数据复杂性（Data Complexity）

用作密码攻击所需要输入的数据量；

b. 处理复杂性（Processing Complexity）

完成攻击所需要花费的时间；

c. 存储需求（Storage Requirement）

进行攻击所需要的数据存储空间大小。

攻击的复杂性取决于以上三个因素的最小复杂度，在实际实施攻击时往往要考虑这三种复杂性的折中，如存储需求越大，攻击可能越快。

（7）密码系统的安全性

一个密码系统的安全性主要与两个方面的因素有关。

①一个是所使用密码算法本身的保密强度

密码算法的保密强度取决于密码设计水平、破译技术等。可以说一个密码系统所使用密码算法的保密强度是该系统安全性的技术保证。

②另一个方面就是密码算法之外的不安全因素

因此，密码算法的保密强度并不等价于密码系统整体的安全性。一个密码系统必须同时完善技术与管理要求，才能保证整个密码系统的安全。本书仅讨论影响一个密码系统安全性的技术因素，即密码算法本身。评估密码系统安全性主要有三种方法：

①无条件安全性

这种评价方法考虑的是假定攻击者拥有无限的计算资源，但仍然无法破译该密码系统。

②计算安全性

这种方法是指使用目前最好的方法攻破它所需要的计算远远超出攻击者的计算资源水平，则可以定义这个密码体制是安全的。

③可证明安全性

这种方法是将密码系统的安全性归结为某个经过深入研究的数学难题（如大整数素因子分解、计算离散对数等），数学难题被证明求解困难。这种评估方法存在的问题是它只说明了这个密码方法的安全性与某个困难问题相关,没有完全证明问题本身的安全性,并给出它们的等价性证明。

对于实际应用中的密码系统而言,由于至少存在一种破译方法,即强力攻击法,因此都不能满足无条件安全性,只提供计算安全性。密码系统要达到实际安全性,就要满足以下准则:

①破译该密码系统的实际计算量(包括计算时间或费用)十分巨大,以至于在实际上是无法实现的。

②破译该密码系统所需要的计算时间超过被加密信息有用的生命周期。例如,战争中发起战斗攻击的作战命令只需要在战斗打响前保密;重要新闻消息在公开报道前需要保密的时间往往也只有几个小时。

③破译该密码系统的费用超过被加密信息本身的价值。

如果一个密码系统能够满足以上准则之一,就可以认为是满足实际安全性的。

即使密码系统中的算法为密码分析者所知,也难以从截获的密文中推导出明文或密钥。也就是说,密码体制的安全性仅应依赖于对密钥的保密,而不应依赖于对算法的保密。只有在假设攻击者对密码算法有充分的研究,并且拥有足够的计算资源的情况下仍然安全的密码才是安全的密码系统。一言以蔽之:"一切秘密寓于密钥之中"。

对于商用密码系统而言,公开密码算法的优点包括:

①有利于对密码算法的安全性进行公开测试评估;

②防止密码算法设计者在算法中隐藏后门;

③易于实现密码算法的标准化;

④有利于使用密码算法产品的规模化生产,实现低成本和高性能。

但是必须要指出的是,密码设计的公开原则并不等于所有的密码在应用时都一定要公开密码算法。例如世界各国的军政核心密码就都不公开其加密算法。综上,一个提供机密性服务的密码系统是实际可用的,必须满足的基本要求:

①系统的保密性不依赖于对加密体制或算法的保密,而仅依赖于密钥的安全性。"一切秘密寓于密钥之中"是密码系统设计的重要原则之一。

②满足实际安全性,使破译者取得密文后在有效时间和成本范围内,确定密钥或相应明文在计算上是不可行的。

③加密和解密算法应适用于明文空间、密钥空间中的所有元素。

④加密和解密算法能有效地计算,密码系统易于实现和使用。

针对密码系统的攻击可分为主动攻击与被动攻击。

(8)密码体制的分类

对密码体制的分类方法有多种,常用的分类方法有以下三种。

①根据密码算法所用的密钥数量

根据加密算法与解密算法所使用的密钥是否相同,可以将密码体制分为:对称密码体制(Symmetric cipher,也称为单钥密码体制、秘密密钥密码体制、对称密钥密码体制或常规密码体制)和非对称密码体制(Asymmetric cipher,也称为双钥密码体制、公开密钥密码体制、非对称密钥密码体制)。

a. 如果一个提供保密服务的密码系统,它的加密密钥和解密密钥相同,或者虽然不相同,但由其中的任意一个可以很容易地导出另外一个,那么该系统所采用的就是对称密码体制。

b. 如果一个提供保密服务的密码系统,其加密算法和解密算法分别用两个不同的密钥实现,并且由加密密钥不能推导出解密密钥,则该系统所采用的就是非对称密码体制。

采用非对称密钥密码体制的每个用户都有一对选定的密钥。其中一个是可以公开的,称为公开密钥(Public key),简称公钥;另一个由用户自己秘密保存,称为私有密钥(Private key),简称私钥。

在安全性方面,对称密钥密码体制是基于复杂的非线性变换与迭代运算实现算法安全性的,而非对称密钥密码体制则一般是基于某个公认的数学难题而实现安全性的。

②根据对明文信息的处理方式

根据密码算法对明文信息的处理方式,可将对称密码体制分为:分组密码(Block cipher)和序列密码(Stream cipher,也称为流密码)。

a. 分组密码

将消息进行分组,一次处理一个数据块(分组)元素的输入,对每个输入块产生一个输出块。在用分组密码加密时,一个明文分组被当作一个整体来产生一个等长的密文分组输出。分组密码通常使用的分组大小是 64 bit 或 128 bit。

b. 序列密码

是连续地处理输入元素,并随着处理过程的进行,一次产生一个元素的输出,在用序列密码加密时,一次加密一个比特或一个字节。

③根据是否能进行可逆的加密变换

根据密码算法是否能进行可逆的加密变换,可以将密码体制分为:单向函数密码体制和双向变换密码体制。

a. 单向函数密码体制是一类特殊的密码体制,其性质是可以很容易地把明文转换成密文,但再把密文转换成正确的明文却是不可行的,有时甚至是不可能的。单向函数只适用于某种特殊的、不需要解密的应用场合,如用户口令的存储和信息的完整性保护与鉴别等。

b. 双向变换密码体制指能够进行可逆的加密、解密变换,绝大多数加密算法都属于这一类,它要求所使用的密码算法能够进行可逆的双向加解密变换,否则接收者就无法把密文还原成明文。

另外,关于密码体制的分类,还有一些其他的方法,例如按在加密过程中是否引入客观随机因素,可以分为确定型密码体制和概率密码体制等。

(9)对称与非对称密码体制的主要特点

对称密码体制(如图9.10)的主要优势是:加密、解密运算的处理速度块,效率高,算法安全性高。

对称密码体制存在的局限性或不足:

①对称密码算法的密钥分发过程复杂,所花代价高;

②密钥管理量的困难;

③保密通信系统的开放性差;

④存在数字签名的困难性。

非对称密码(如图9.11)体制的主要优势是:

①密钥分配简单。

②系统密钥量少,便于管理。

③系统开放性好。

④可以实现数字签名。

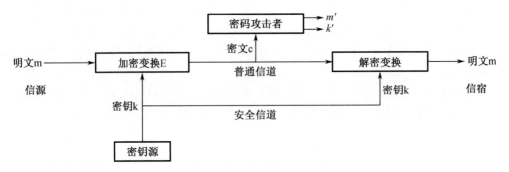

图 9.10　对称密码体制

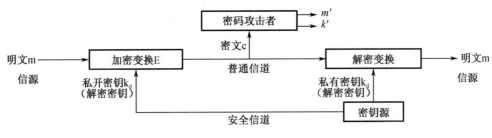

图 9.11　非对称密码

非对称密码体制存在的局限性是加密、解密运算效率较低,处理速度较慢,同等安全强度下,非对称密码体制的密钥位数较多。另外,由于加密密钥是公开发布的,客观上存在"可能报文攻击"的威胁。

9.2　网络安全的基本概念和术语

1. 网络安全术语解释

（1）信息系统（Information System）

信息系统是指由计算机硬件、软件、网络和通信设备等组成的以处理信息和数据为目的的系统。

（2）漏洞（Vulnerability）

漏洞是指信息系统中的软件、硬件或通信协议中存在缺陷或不适当的配置,从而可使攻击者在未授权的情况下访问或破坏系统,导致信息系统面临安全风险。

（3）恶意代码（Malicious Code）

恶意代码是指在未经授权的情况下,在信息系统中安装、执行以达到不正当目的的程序。恶意代码分类说明如下:

①特洛伊木马（Trojan Horse）（简称木马）

是以盗取用户个人信息,甚至是远程控制用户计算机为主要目的的恶意代码。由于它像间谍一样潜入用户的电脑,与战争中的"木马"战术十分相似,因而得名木马。按照功能,木马程序可进一步分为:盗号木马、网银木马、窃密木马、远程控制木马、流量劫持木马和其他木马六类。(盗号木马:用于窃取用户电子邮箱、网络游戏等账号的木马。网银木马:用于窃取用户网银、证券等账号的木马。窃密木马:用于窃取用户主机中敏感文件或数据的木马。远程控制木马:以不正当手段获得主机管理员权限,并能够通过网络操控用户主机的木马。流量劫持木马:用于劫持用户网络浏览的流量到攻击者指定站点的木马。)

②僵尸程序(Bot)

是用于构建僵尸网络以形成大规模攻击平台的恶意代码。僵尸网络是被黑客集中控制的计算机群,其核心特点是黑客能够通过一对多的命令与控制信道操纵感染僵尸程序的主机执行相同的恶意行为,如可同时对某目标网站进行分布式拒绝服务攻击,或发送大量的垃圾邮件等。按照使用的通信协议,僵尸程序可进一步分为:IRC 僵尸程序、Http 僵尸程序、P2P 僵尸程序和其他僵尸程序四类。

③蠕虫(Worm)

指能自我复制和广泛传播,以占用系统和网络资源为主要目的的恶意代码。按照传播途径,蠕虫可进一步分为:邮件蠕虫、即时消息蠕虫、U 盘蠕虫、漏洞利用蠕虫和其他蠕虫五类。

④病毒(Virus)

通过感染计算机文件进行传播,以破坏或篡改用户数据,影响信息系统正常运行为主要目的的恶意代码。

⑤其他上述分类未包含的其他恶意代码。

随着黑客地下产业链的发展,互联网上出现的一些恶意代码还具有上述分类中的多重功能属性和技术特点,并不断发展。对此,我们将按照恶意代码的主要用途参照上述定义进行归类。

(4)拒绝服务攻击(Denial of Service)

拒绝服务攻击是向某一目标信息系统发送密集的攻击包,或执行特定攻击操作,以期致使目标系统停止提供服务。

(5)网页篡改(Website Distortion)

网页篡改是恶意破坏或更改网页内容,使网站无法正常工作或出现黑客插入的非正常网页内容。

(6)网页仿冒(Phishing)

网页仿冒是通过构造与某一目标网站高度相似的页面(俗称钓鱼网站),并通常以垃圾邮件、即时聊天、手机短信或网页虚假广告等方式发送声称来自被仿冒机构的欺骗性消息,诱骗用户访问钓鱼网站,以获取用户个人秘密信息(如银行账号和账户密码)。

(7)网页挂马(Website Malicious Code)

网页挂马是通过在网页中嵌入恶意代码或链接,致使用户计算机在访问该页面时被植入恶意代码。

(8)垃圾邮件(Spam)

垃圾邮件是将不需要的消息(通常是未经请求的广告)发送给众多收件人。包括:

①收件人事先没有提出要求或者同意接收的广告、电子刊物、各种形式的宣传品等宣传性的电子邮件;

②收件人无法拒收的电子邮件；

③隐藏发件人身份、地址、标题等信息的电子邮件；

④含有虚假的信息源、发件人、路由等信息的电子邮件。

（9）域名劫持（DNS Hijack）

域名劫持是通过拦截域名解析请求或篡改域名服务器上的数据，使得用户在访问相关域名时返回虚假 IP 地址或使用户的请求失败。

（10）非授权访问（Unauthorized Access）

非授权访问是没有访问权限的用户以非正当手段访问数据信息。非授权访问事件一般发生于存在漏洞的信息系统中，黑客通过专门的漏洞利用程序（Exploit）来获取信息系统访问权限。

（11）路由劫持（Routing Hijack）

路由劫持是通过欺骗方式更改路由信息，以导致用户无法访问正确的目标，或导致用户的访问流量绕行黑客设定的路径，以达到不正当的目的。

9.2.2　网络安全漏洞与恶意软件

我国互联网网络安全状况总体平稳，但是仍然存在较多网络攻击和安全威胁，不仅影响广大网民利益，妨碍行业健康发展，甚至对社会经济和国家安全造成威胁和挑战。

1. 基础信息网络运行总体平稳，域名系统依然是影响安全的薄弱环节

2013 年，我国基础网络安全防护水平有较大提升，但仍然发现较多信息系统安全风险，尤其是域名系统作为互联网运行的关键基础设施，面临安全漏洞和拒绝服务攻击等多种威胁，是影响网络稳定运行的薄弱环节。基础网络承载的互联网业务类型日益增多，引发一些安全风险。

2013 年，在工业和信息化部指导下，基础电信企业高度重视网络安全防护工作，在全网开展网络单元和业务系统的定级备案调整工作，对 3 000 余个三级及以上网络单元开展符合性评测和风险评估，各企业符合性评测达标率均在 97% 以上，与 2012 年基本持平。在检测中还侧重加大对用户个人信息保护工作的检查力度，通过对安全隐患的测试和修复，有效降低了通信网络的安全风险。

基础网络信息系统仍存在较多安全风险。2013 年，国家信息安全漏洞共享平台（CNVD）向基础电信企业通报漏洞风险事件 518 起，较 2012 年增长一倍以上。按漏洞风险类型分类，其中通用软硬件、信息泄露、权限绕过，SQL 注入和弱口令类型较多，分别占 42.1%、15.3%、12.7%、12.0% 和 11.2%。这些漏洞风险事件涉及的信息系统达 449 个，其中基础电信企业省（子）公司所属信息系统占 54.6%，集团公司所属信息系统占 37.2%。对此，各企业均积极响应，及时进行修复加固处理。但是，2013 年仍发现有部分企业的接入层网络设备被攻击控制，网络单元稳定运行以及用户数据安全受到威胁，我国基础网络整体防御国家级有组织攻击风险的能力仍较为薄弱。

域名系统依然是影响互联网稳定运行的薄弱环节。域名解析服务是互联网重要的基础应用服务，其安全问题直接影响网络的稳定运行。由于域名注册服务机构的域名管理系统存在漏洞，攻击者能随意篡改域名解析记录，2013 年曾发生多起由此引发的政府部门网站和提供互联网服务的网站域名被劫持的事件，导致用户访问受到严重影响。此外，域名系统遭受拒绝服务攻击的现象日益严重。2013 年 8 月 25 日，黑客为攻击一个以 .CN 结尾

的网游私服网站,对我国.CN 顶级域名系统发起大规模的拒绝服务攻击,导致大量政府网站、新浪微博等重要网站无法访问或访问缓慢。同年 8 月,域名注册服务机构爱民网(22.cn)域名服务器在一周内连续遭受拒绝服务攻击,数万个域名受到影响。据 CNCERT/CC 监测,2013 年针对我国域名系统较大规模的拒绝服务攻击事件日均约有 58 起。直接针对域名系统发起攻击,不仅能使目标网站瘫痪,还会导致大量无辜网站受到牵连,从而造成严重后果。

对此 CNCERT/CC 联合基础电信企业,积极配合政府部门,大力推进虚假源地址流量整治工作,将我国互联网虚假源地址流量占全部流量的比例控制在 1% 以内,有效提高了攻击源追溯能力,为国家.CN 域名系统遭受攻击等重大事件查处提供了有力支撑。但与此同时,监测发现大量来自境外的虚假源地址攻击流量,给事件处置和攻击追溯带来很大困难。

2013 年 3 月,国际反垃圾邮件组织 Spamhaus 遭受攻击,攻击峰值达 300Cbit/s,堪称互联网史上最大流量的拒绝服务攻击。攻击者借助互联网庞大的开放域名解析服务器群,利用 DNS 反射技术发送大量伪造的 DNS 解析请求,使服务器向目标网站发送大量长字节应答包,从而对目标网站形成放大约 100 倍的攻击流量。互联网上大量存在的开放递归查询域名服务器,有可能成为黑客实施攻击的"军火库"。

基础信息网络承载的互联网业务频现安全问题。随着基础网络设施不断完善,其所承载的互联网业务类型日益增多,引入新的安全风险。2013 年 7 月 22 日,腾讯微信业务出现故障,全国多地有 6 000 多万用户无法正常使用,用户感知强烈。微信是目前较为流行的Orrr(Over The Top)业务模式,通过基础电信企业的网络发展自己的音视频和数据服务业务,但其安全保障水平和业务承载级别不匹配,一条线路的故障就能导致多家基础电信企业的用户受到影响。2013 年,部分互联网公司的网站域名在某些地区被劫持,甚至被强行插入广告窗口,某些宽带接入在小区路由器上对部分网站进行劫持跳转等事件,严重影响用户体验,损害互联网企业和网民利益。CNCERT/CC 接到上述事件投诉后,及时协调相关单位进行处置。互联网业务的不断创新导致安全问题不断演化,如何及时、有效应对,需要互联网服务商和基础电信企业共同努力。

2.公共互联网治理初见成效,打击黑客地下产业链任重道远

网络设备后门、个人信息泄露等事件频繁出现,表明公共互联网环境仍然存在较多安全问题。近年来我国境内感染木马僵尸网络主机数量首次—降。据 CNCERT/cc 监测,2013 年我国境内感染木马僵尸网络的主机为 1 135 万个,控制服务器为 16 万个,分别较2012 年下降22.5%和44.1%,是近 5 年首次出现下降的情况。这反映出我国持续开展的木马僵尸网络专项治理行动和日常处置工作已初见成效。2013 年,在工业和信息化部组织开展的防范治理黑客地下产业链专项行动中,CNCERT/CC 会同基础电信企业、域名注册服务机构共开展 8 次恶意程序专项打击工作,清理木马僵尸网络控制服务器 3.4 万余台,受控主机近 72 万台,重点处理控制规模较大的僵尸网络 1 455 个,切断了黑客对 375 万余台感染主机的控制,有力净化了公共互联网环境。

虽然我国境内感染的主机数量总体有所下降,但感染远程控制类木马的主机数量较2012 年小幅上涨4.4%,这类木马能对用户主机实施远程控制、窃取重要文件和敏感信息或发起网络攻击,具有极大的危害性。分析发现 D – UNK 等众多网络设备存在后门。

2013 年,CNVD 共收录各类安全漏洞 7 854 个,其中高危漏洞 2 607 个,分别较 2012 年增长 15.1% 和 6.8%。涉及通信网络设备的软硬件漏洞数量为 505 个,较 2012 年增长 1.5

倍，占 CNVD 收录漏洞总数的比例由 2012 年的 2.9% 增长至 6.4%。同时，CNVD 分析验证 D－LINK、Cisco、Linksys、Netgear、Tenda 等多家厂商的路由器产品存在后门，黑客可由此直接控制路由器，进一步发起 DNS 劫持、信息窃取、网络钓鱼等攻击，直接威胁用户网上交易和数据存储安全，使得相关产品变成随时可被引爆的安全"地雷"。以 D－LINK 部分路由器产品为例，攻击者利用后门可取得路由器的完全控制权，CNVD 分析发现受该后门影响的 D－LINK 路由器在互联网上对应的 IP 地址至少有 1.2 万个，影响大量用户。CNVD 及时向相关厂商通报威胁情况，向公众发布预警信息。但截至 2014 年 1 月底，仍有部分厂商尚未提供安全解决方案或升级补丁。路由器等网络设备作为网络公共出口，往往不引人注意，但其安全不仅影响网络正常运行，而且可能导致企业和个人信息泄露。

个人信息泄露问题挑战现有社会信任机制。云计算、移动互联网、社交网络等互联网新技术新业务正在改变个人信息的收集和使用方式，个人信息的可控性逐步削弱，姓名、住址、电话、身份证号、消费记录等重要生活信息越来越多地出现网络泄露问题。

2013 年 10 月，"查开房"网站公开曝光 2 000 万条客户酒店入住信息，据比对，该信息是往年泄露的，但其中涉及大量个人隐私信息，严重影响公众生活。该事件发生后，CNCERT/CC 立即联系协调美国计算机应急响应组织（US－CERT）和相关域名注册服务机构对之进行处置，有效阻止了信息的进一步泄露和扩散。2013 年 7 月，Struts2 被披露存在远程代码执行高危漏洞，可直接导致服务器被远程控制或数据被窃取，多家大型电商和互联网企业及大量政府、金融机构网站受到影响，上亿用户信息面临严重泄露风险。信息管理制度不完善，保险订单、航班订单、网购订单和快递物流单据等包含的用户个人信息被大量滥用，甚至公开售卖，也是个人信息泄露的重要原因之一。这些姓名、身份证号、电话等信息的真实性极高，被黑客广泛用来实施欺诈和社会工程学攻击，给现有社会信任机制带来严重挑战。

3. 移动互联网环境有所恶化，生态污染问题亟待解决

移动互联网恶意程序数量继续大幅增长，恶意程序的制作、发布、预装、传播等初步形成一条完整的利益链条，移动互联网生态系统环境呈恶化趋势，亟须加强管理。针对安卓平台的恶意程序数量呈爆发式增长。2013 年，CNCERT/CC 通过自主监测和交换捕获的移动互联网恶意程序样本达 70.3 万个，较 2012 年增长 3.3 倍，其中针对安卓平台的恶意程序占 99.5%。按照恶意程序行为属性统计，恶意扣费类数量仍居第一位（占 71.5%），较 2012 年的 39.80% 有大幅增路；其次是资费消耗类（占 15.1%）、系统破坏类（占 3.2%）和隐私窃取类（占 3.2%），与用户经济利益密切相关的恶意扣费类和资费消耗类恶意程序占总数的 85% 以上，表明黑客在制作恶意程序时带有明显的逐利倾向。按恶意程序的危害等级分类，高危占 10%，中危占 29.0%，低危占 70.0%。其中，高危恶意程序所占比例较 2012 年大幅下降，反映出黑客为降低风险，从制作恶意性明显的木马或病毒转向制作恶意广告、恶意第三方插件等灰色应用，以达到既逃避监管又获取经济利益的目的。

手机恶意程序传播渠道多样化。2013 年 CNCERT/CC 监测发现移动互联网恶意程序传播次数达到 1296 万余次，移动互联网恶意程序下载链接 1 207 万个，用于传播移动互联网恶意程序的域名 15 247 个、IP 地址 60 976 个，分别是 2012 年的 23 倍、33 倍、32 倍和 11 倍。这些域名包括移动应用商店、论坛、网盘、博客等众多类型，其中仅移动应用商店的数量就超过 300 家。移动应用商店的审核机制不完善、安全检测能力差等问题，使得恶意程序得以发布和扩散，仅"安丰市场"就有数千个流行的移动应用被植入木马程序，下载次数超

过 200 万次。2013 年发现某电商出售的行货手机,被第三方预置隐私窃取类手机病毒,能上传手机号、IMEI 号、联网 IP 地址、位置信息、程序列表等,累计感染人数超过 200 万人。移动应用商店、手机经销商等移动互联网生态系统的上游环节被污染,导致下游用户感染恶意程序的速度加剧。

CNCERT 按照工业和信息化部发布的《移动互联网恶意程序监测与处置机制》,组织开展了 8 次移动互联网恶意程序治理行动,累计协调应用商店下架恶意应用软件 37 507 个。2013 年,中国反网络病毒联盟(ANVA)建立了"移动互联网应用自律白名单"机制,组织安全企业和应用商店成立白名单工作组和应用商店自律组,形成有序的白名单审核流程和执行机制,并公布了首批"移动互联网应用自律白名单",以帮助应用商店、移动应用开发人员和广大用户推广或使用安全可信的"白应用"。

4.经济信息安全威胁增加,信息消费面临跨平台风险

互联网与金融行业深度融合,以余额宝、现金宝、理财通等为代表的互联网金融产品市场火爆,在线经济活动日趋活跃。但与此同时,钓鱼攻击呈现跨平台发展趋势,在线交易系统防护稍有不慎即可能引发连锁效应,影响金融安全和信息消费,跨平台钓鱼攻击出现并呈增长趋势。

2013 年,在传统互联网的钓鱼网站之外,黑客还结合移动互联网,利用仿冒移动应用、移动互联网恶意程序、伪基站等多种手段,实施跨平台的钓鱼欺诈攻击,危害用户经济利益。2013 年,黑客利用安卓系统的"签名验证绕过"高危漏洞,制作散播大量仿冒国内主流银行等金融机构的移动应用,诱导用户安装,盗取用户银行账户信息;一些钓鱼网站在盗取用户银行账号和密码等信息时,还大量传播仿冒相应手机银行安全插件的恶意程序,劫持用户收到的短信验证码,从而使黑客进一步完成网银支付、转账等交易操作,牟取经济利益。此外,2013 年利用伪基站进行欺诈的活动呈爆发趋势,一类是仿冒金融机构官方服务号码向周围用户发送钓鱼短信,致使一些大型银行被迫调整部分手机银行业务;另一类是冒充基础电信企业客服电话或手机充值号码联系用户,实施充值诈骗。此类事件不仅严重破坏企业形象,也对相关行业的健康发展造成不良影响。

钓鱼网站数量继续迅速增长,2013 年监测发现针对我国银行等境内 9 月站的钓鱼页面 30 199 个,涉及 IP 地址 4 240 个,分别较 2012 年增长 35.4% 和 64.6%。CNCERT/CC 全年接收到网络钓鱼类事件举报 10 578 起,处置事件 10 211 起,分别较 2012 年增长 11.8% 和 55.3%,为广大网民挽回数亿元损失。

在线交易系统安全问题易引发连锁效应。互联网金融市场火爆,互联网和移动通信技术降低了使用门槛,在带来便利的同时也产生了新的安全风险。2013 年 12 月,支付宝钱包客户端 IOS 版被披露存在手势密码漏洞,连续输错 5 次手势密码后可导致密码失效,使得攻击者可以任意进入手机支付宝账户,免密码进行小额支付。此后淘宝网被披露存在认证漏洞,可登录任意淘宝账户,给用户资金安全造成威胁。此类互联网公司通过所运营的在线交易信息系统,掌握大量用户资金、真实身份、经济状况、消费习惯等信息,系统出现安全问题后,风险随之传导至关联的银行、证券、电商等其他行业,产生连锁反应。2013 年,CNCERT/CC 监测发现银行、证券等行业联网信息系统的安全漏洞、网站后门、网页篡改等各类安全事件超过 500 起,存在交易信息被篡改、投资信息被泄露等诸多高危风险。此外,银行信息系统本身的故障可能对经济活动造成影响。2013 年,国内两家主流银行的信息系统先后出现全国性、面积故障,导致柜面、ATM、网银、电话语音系统等瘫痪,相关业务受到

严重影响。

5. 政府网站面临威胁依然严重,地方政府网站成为"重灾区"

政府网站因其公信力高、影响力大,容易成为黑客攻击目标。我国政府网站被篡改和植入后门的情况严重,相对部委网站而言,地方政府网站是遭受攻击的"重灾区",影响政府形象及电子政务工作。地方政府网站是黑客攻击的"重灾区"。据 CNCERT/CC 监测,2013年,我国境内被篡改网站数量为 24 034 个,较 2012 年增长 46.7%,其中政府网站被篡改数量为 2 430 个,较 2012 年增长 34.9%;我国境内被植入后门的网站数量为 76 160 个,较2012 年增长 45.6%,其中政府网站 2 425 个,较 2012 年下降 19.6%。在被篡改和植入后门的政府网站中,超过 90% 是省市级以下的地方政府网站,超过 75% 的篡改方式是在网站首页植入广告黑链。

由于地方政府网站存在技术和管理水平有限、网络安全防护能力薄弱、人员和资金投入不足等问题,其网站服务器成为黑客控制的资源节点。2013 年,CNCERT/CC 共通报和处置 1 600 余起涉及政府部门的网站漏洞事件。一些部门收到 CNCERT/CC 预警通报后置之不理,导致安全威胁长期存在;另一些部门则只针对安全事件简单清除,未对网站进行详细检测和加固处理,导致反复多次遭受攻击。相对于地方政府网站,国务院部委门户网站安全状况较好,未监测发现网页篡改和网站后门事件,不过部分子站和业务系统仍然存在较多安全漏洞和风险点,可能成为黑客进一步实施攻击的跳板。

境外黑客组织频繁攻击我国政府网站。2013 年,境外"匿名者""阿尔及利亚黑客"等多个黑客组织曾对我国政府网站发起攻击。其中,"反共黑客"组织较为活跃,持续发起针对我国境内党政机关、高校、企事业单位及知名社会组织网站的攻击,2013 年该组织对我国境内 120 余个政府网站实施篡改。据监测,该组织利用网站漏洞预先植入后门,对网站实施控制后遂发起攻击,目前至少入侵 600 余个境内网站,并平均每三天在其社交网站发布一起篡改事件。另有"匿名者""阿尔及利亚黑客"等组织先后篡改我国 187 个政府网站。此外,还出现黑客为报复国家出台的政策,对我国政府网站实施攻击的新苗头。2013 年 12 月 19日下午,继央行明确宣布不认可比特币,要求国内第三方支付机构停止为比特币交易平台提供充值和支付服务之后,央行官方网站和新浪官方微博遭到黑客网络攻击,出现间歇性访问困难和大量异常评论。

6. 国家级有组织攻击频发,我国面临大量境外地址攻击威胁

国家级有组织网络攻击行为给国家关键基础设施和重要信息系统带来严重威胁和挑战。据 CNCERT/CC 监测,我国面临大量来自境外地址的网站后门、网络钓鱼、木马和僵尸网络等攻击,具有国家背景的有组织攻击频发。

2013 年 6 月以来,斯诺登曝光"棱镜计划"等多项美国家安全局网络监控项目,披露美国情报机构对多个国家和民众长期实施监听和网络渗透攻击,引起国际社会强烈反响。根据曝光信息,美国投入巨额资金,分别通过互联网、通信网、企业服务器等多种渠道以及采用网络入侵手段,实施信息监听和收集,监听内容包括互联网元数据、互联网通信内容、社交网络资料、电话和短信息等多种数据类型,监控对象包括多国政要、外交系统、媒体网络、大型企业网络和国际组织等。我国属于其重点监听和攻击目标,国家安全和互联网用户隐私安全面临严重威胁。

2013 年,越来越多的有组织高级持续性威胁(APT)攻击事件浮出水面,APT 攻击成为国家间网络对抗的新型有力武器。2013 年 3 月 20 日,美、韩军事演习期间,韩国多家广播

电视台和银行等金融机构遭受历史上最大规模的恶意代码攻击,导致系统瘫痪,一度引发韩国社会混乱。CNCERT/CC 获知消息后,第一时间与韩国计算机紧急响应组织(KrCERT)联系,并协助调查,及时消除攻击来自中国的误会。迈克菲公司、卡巴斯基实验室等先后曝光持续多年、具有极强隐蔽性的"特洛伊行动""红色十月""Icefog"等一系列 APT 攻击,曾大量窃取政府部门、科研机构和重点行业单位的重要敏感信息。我国同样面临严重的 APT 攻击威胁,一些国家利用信息化技术优势,大力推动研发计算机病毒武器,破解互联网加密算法,或直接在标准算法中放置后门,持续对我国实施 API 攻击。我国政府机构、基础电信企业、科研院所、大型商业机构的网络信息系统遭受攻击和渗透入侵。2013 年,CNCERT/CC 监测发现我国境内 1.5 万台主机被 APT 木马控制,对我国关键基础设施和重要信息系统安全造成严重威胁。

我国仍面临大量来自境外地址的攻击威胁。2013 年,境外有 3.1 万台主机通过植入后门对境内 6.1 万个网站实施远程控制,虽然境外控制主机数量较 2012 年下降 4.3%,但所控制的境内网站数量却大幅增长 62.1%。从所控制的境内网站数量看,位于美国的主机居首位,共有 6 215 台主机控制着境内 15 349 个网站,平均每个主机控制 2.5 个境内网站,较 2012 年(约 1.4 个)增长 78.6%。其次是中国香港,控制境内 13 116 个网站,较 2012 年大幅增长 179.5%。排名第三的是韩国,控制境内 7 052 个网站,较 2012 年下降 11.1%。

在网络钓鱼攻击方面,针对我国的钓鱼站点有 90.2% 位于境外,共有 3 823 个境外 IP 地址承载 29 966 个针对我国境内网站的仿冒页面,分别较 2012 年增长 54.3% 和 27.8%。从承载的钓鱼页面数量看,美国仍居首位,共有 2 043 台主机承载 12 573 个钓鱼页面,中国香港和韩国列第二、三位,分别承载 4 500 个和 1 093 个钓鱼页面。

在木马僵尸网络方面,我国境内 1 090 万余台主机被境外 2.9 万余个控制服务器控制,其中位于美国的 8 807 个控制服务器控制了我国境内 448.5 万余台主机,控制主机数量占被境外控制主机总数的 41.1%。从控制服务器占全部境外控制服务器的比例来看,美国占比由 2012 年的 17.6% 增长至 30.2%,仍居首位;韩国和中国香港分列第二、三位,占比分别为 7.8% 和 7.7%。就所控制的境内主机数量而言,美国居首位,葡萄牙和韩国分列第二、三位,分别控制我国境内 398.8 万和 83.9 万台主机。CNCERT/CC 不断加强与国际 CERT 组织间的网络安全合作,完善跨境网络安全事件处置协作机制。截至 2013 年年底,已与 59 个国家和地区、127 个组织建立联系机制,全年共协调境外安全组织处理涉及境内的安全事件5 498 起,较 2012 年增长 35.3%。

9.2.3　无线网络安全、网络安全新技术

1. 无线网络技术

近几年来,无线网络被越来越多的人使用并成为人们生活中不可或缺的一部分,无线网络已经逐渐普及开来,但在无线网络发展的同时,其网络安全是不容忽视的问题。无线网络与有线网络相比较起来,无线网络的安全问题也是相对单一的,但无线网络在网络连接和设备方面远比有线网络要复杂得多,当今,无线网络的安全问题已经成为信息领域的一大新课题。

每一种新技术能被人们认可并且使用,都存在客观的缘由,人类总是在为自己生活的便利、简单、舒适进行各项科技的研究,而这些被研究的技术也在不断地被推动向前,而在网络技术发展开来之时,又一科技被人们追捧,那就是无线网络。网络刚发展开来时,人们

都在研究网络能做什么,而这些问题早已解决,随之而来的就是网络的使用方法,而这个问题的答案就是无线网络的诞生,它也正把无线网络推向世界的每个角落,目的是让人们在任何时间任何地点畅游网络,而在这同时,研发者就要考虑无线信号的安全性了,它与传统的线缆不同之处在于其为隐形"线缆",如果出现安全问题,工作人员不能及时进行触碰式的补救。因此,作为用户,能否用到安全可靠的无线网络仍是有待解决的问题之一。

（1）无线网络的主要技术及其安全问题

①WI–FI

从 WI–FI 的整体设计构思上来讲,其在安全性能方面主要就是 WEP 进行加密,然而在 WI–FI 的多次使用之后可以见得,这种安全加密的保护手段是不够强健的。再者而言,WEP 加密本身就存在一些安全方面的问题。WEP 是用 24 位的字段来作为其初始化向量来定义的,而该向量在使用的过程中会出现重用的现象。设计构思与使用问题。在鱼龙混杂的各式各样的无线产品里,他们大都有一个共性就是把利益放在首要位置,而产品的安全性能却被忽略,个别的厂商在产品出厂时并没有对无线网络进行安全配置,而在用户使用时,大多数的用户都不了解无线网络的安全配置,也就顺其自然地忽略了这一点。

WF–FI 如何使用会更加安全?

a. 注意 SSID

首先,SSID 作为一个无线网络的标识,通常情况下 WF–FI 设备不应缺少 SSID,其次,如果无线网络不想被发现,可以封闭 WI–FI,不在无线区域进行无线网络的广播,这样能大大降低安全风险。

b. 对 WEP 进行安全加固

在无线网络的使用过程中,对 WEP 进行安全方面的加固工作是很有必要的,这样能尽可能并不断地应用验证。但有理由相信,在不久的将来,依靠视频大数据、云计算等技术支撑的智能视频监控技术一定会具有与人类一样的大智慧。随着智能视频监控技术进入高校,校园安全保卫工作也将发生转变,用技术来辅助管理甚至取代部分管理职能也会成为可能。技术发展的趋势是快速且不可逆转的,高校校园安保工作的管理人员首先应提高对技术的认识,了解技术的发展及趋势,应充分认识到技术的作用;其次应转变管理的思路,新形势下应有新的管理思路,特别是"万众创新"的时代应有管理创新的意识,应擅用新技术来提高管理效率。

c. 密钥的定期更换

密钥对于无线网络的安全性有一定的保护作用,因此,对于密钥的更换一定要勤,一般来讲,至少应每个季度更换一次密钥,这样会提高无线网络的安全性。

d. 定时的更新升级

对于无线网络要定期进行更新升级,应保证自己使用的无线网络处于最新的版本。利用好自身的安全系统,在使用无线网络的设备上,如有已安装的防护墙系统或是其他安全系统,应对这些系统进行充分的利用,从而提高无线网络的安全性能。

e. 将无线网络纳入整体的安全策略当中

对无线网络来说,访问模式相对随意。因此对其的监管力度也应该相应地增加。

②蓝牙

蓝牙是另一个极具影响力的无线网络技术,在手机和 PDA 上被广泛地使用,这种小范围的无线技术正在飞速的发展,被称为"无线个人区域网"。

　　蓝牙的主要安全问题：蓝牙技术正以极快的发展速度融入人们的日常生活当中，使用也变得越来越普遍，但与此同时，蓝牙的安全问题也是值得深思的，在蓝牙出厂时，虽有着较好的安全性能，但由于实际使用和预想安全性能发生了较小的冲突，蓝牙在安全性能上还处于不断探索的阶段中。在当前的市场中，蓝牙在安全性能上基本存在的问题就是信息盗取、设备控制及拒绝服务攻击等问题，这些问题中，大部分都是出厂设置上的存在缺陷。

　　蓝牙受攻击的基本方式：在目前已发现的一些可以突破蓝牙安全机制的技术中，主要的就是 PIN 码破解技术，蓝牙在使用时。主要就是通过与设备的 PIN 码进行配对使用，而目前有许多攻击者已经能够破解出蓝牙设备的 PIN 码，这也是蓝牙安全防护技术最棘手的问题之一。

　　如何防护蓝牙攻击：

　　a. 不使用就处于关闭状态。在蓝牙的使用中要注意在不使用的情况下，一定让蓝牙处于关闭状态。

　　b. 使用高级安全级别。蓝牙的设备在一般来讲有三种安全级别，使用者在使用时应尽量地使用蓝牙的高级安全级别对数据进行加密。

　　c. 留意配对过程。由于破解蓝牙 PIN 码的过程有赖于强制进行重新配对，所以对可疑的配对请求要特别留意。另外，在可能的情况下尽量采取记忆配对信息的方式进行连接，而不要采用在每次连接时都进行配对的方式。

　　③UWB

　　UWB 在通常情况下又称为"超宽带"，它来自一项军用雷达技术，在 2002 年的时候被用于民用产品，其最大的特点就是耗电量小、传送速率高。与此同时，UWB 被家庭越发广泛地使用，正向着垄断家庭网络的方向发展。在所有无线网络技术方面，UWB 是相对较为安全的无线技术，这与其原是军方技术设备有很大的关系，UWB 有着很强的防窃听技术，除此之外其内还有先进而标准的技术加密，并且还具有很强的抗干扰系统。

　　（2）无线网络的安全管理措施

　　①使用无线加密协议

　　无线加密协议是网络上作为正规的加密方法之一，它的作用是对每个访问无线网络的人进行身份的识别，同时还对传送的内容进行加密保护，在许多出厂商中，往往为了简便，就把产品都设置成禁止 WEP 模式，这样做的最大弊端之一就是攻击者能从无线网络上获取所传数据，因此，使用无线加密协议在很大程度上保护了使用者自身的信息，遭黑客侵犯的概率也会大大降低。

　　②关闭网络线路

　　无线网络和传统的有线网络最大的区别就在于，无线网络可以在天线允许的范围之内随处找接入口，而有线网络则需要固定的从一点接入口进行连接。因此在安全性能上来讲，无线网络的安全性在保护时要多费工夫，因此在无线网不用的情况之下，接入点对外应是关闭状态的。

　　③设计天线的放置位置

　　要是无线的接入点保持封闭状态的话，首先要做的一点就是确定正确的天线放置位置。从而能够发挥出其应有的效果，在天线的所有放置中，最为合适的位置就是目标覆盖区域的中心，并使泄露的墙外的信号尽可能地减少。

2. 网络安全新技术

随着信息技术的快速发展,为各领域带来一定的便捷性,移动互联网时代信息安全新技术也成为社会上所关注的问题,由于移动互联网具有不稳定性,使得信息安全存在一定的安全隐患,因此,对信息安全新技术进行展望具有重要的作用。

(1)量子密码技术

量子密码技术是量子物理学和密码学相结合的一门新兴学科,是社会发展的产物,与传统密码系统不同,量子密码技术依赖物理学作为安全模式,量子密码技术是基于单个光子的应用和它们固有的量子属性开发的不可破解的密码系统,在不干扰系统的情况下无法测定该系统的量子状态,进而具有较高的安全性。后量子密码不需要依赖其他的量子理论现象,就能进行相关的计算,并且计算安全性能够防止目前其他形式的攻击,当面对任何问题时,量子密码技术能够对其进行有效的防御,从而确保企业信息不受到损害,进而确保企业的经济效益。此外,随着信息技术的快速发展,量子密码技术能够与企业网络系统进行有效兼容,从而减少密码系统向后量子密码迁移所遇到的问题。尽管目前后量子密码技术还不够成熟,但其良好的功能决定了它在未来的发展和设计中成为应用的重点方向。

(2)同态密码技术

随着信息技术的不断发展,信息安全成为人们所关注的主要问题,同态密码技术是确保移动互联网信息安全的一种尝试。在云计算安全保护领域中,主要通过数据加密的方法来确保用户信息不受到外界因素的泄露。在众多的密码技术中,同态密码技术以其优势受到了人们的广泛关注,因此,在数据库、电子投票等方面得到了广泛的应用。但随着信息技术的快速发展,同态密码技术是否具有一定的隐患和漏洞还需要通过一定的时间来检验。因此,在以后发展过程中,同态密码技术在移动互联网安全领域仍然具有重要的作用,能够为确保信息安全做出重要的贡献。

(3)可信计算

可信计算是在计算和通信系统中广泛使用,可信计算组认为任何一个实体的存在都要有一定的目标,在确保目标可行的基础上,如果相关人员不能根据要求进行有效实现,也就是这种目标不能按照规则进行计算。如果相关人员在工作中完成了预期目标,由此可知此实体是可信的,可信计算的特点主要是能够增强系统的安全性,进而为计算机营造一个良好的环境,在这个过程中每个终端都具有合法的网络身份,然后共同搭建一个诚信体系,可信系统能够对一些病毒、木马使其在终端的过滤系统中完全过滤掉。可信计算技术的应用是可信计算发展的根本目的,可信计算通过相关硬件确保企业的安全性,使其不受到外界因素的侵害,使企业的信息不受到泄露,确保企业的经济效益。可信计算平台的应用能够为企业带来安全措施,为用户提供有效解决方案,增强用户对可信计算的认同感,从而使可信计算得到有效应用。对于一些安全要求较高的场合,可信计算平台能够为用户提供全方位的服务,确保用户的信息不受到侵害,可信计算技术的应用是社会发展的必然结果。因此,相关企业要认识到可信计算的重要性,加强对可信计算技术的应用,从而促进企业长期发展。

(4)计算机取证技术

计算机取证技术主要是指可以通过对网络信息进行有效提取,找到与企业相关信息,能够为法庭证据的信息提取技术,计算机内部的数据获取技术是计算机取证技术中的重要的一部分内容。另一部分是数据的分析技术,主要是工作人员通过对已有的数据进行分析,从中找出对企业有利的一些信息,促进企业的发展。由于计算机取证技术在国内发展的时间较短,相关部门还没有认识到计算机取证技术的重要性,缺少相关法律规定,影响了计算机取证技术的发展,要想解决这一问题,国家要完善相关法律法规,重视计算机取证技术的应用,从而打击网络犯罪,促进我国社会和谐发展。

(5)云计算安全技术

由于云计算具有资源共享的特点,能够有效降低成本,因此,这种计算方法在各个领域中都得到了广泛应用。企业通过云计算能够满足用户的实际需求,为用户提供个性化服务,不但增强了用户对企业的认同感,还能确保资源得到有效运用。但随着应用领域的不断丰富,这给企业的信息安全带来一定程度上的影响,信息安全问题已经成为云计算发展的主要问题,企业领导对信息安全越来越重视,并且定期举办关于云计算安全的讨论会。根据调查结果表示,很多企业对云计算的安全性存在一定的担忧,一旦云计算出现安全问题,会给企业带来巨大的经济损失,并且由于具有资源共享的特点,云计算信息安全不能得到有效保证,因此,只有确保信息的安全性才能使云计算长期发展。

习题 9

1.在网络安全中,什么是被动攻击? 什么是主动攻击?

答:被动攻击本质上是在传输中的窃听或监视,其目的是从传输中获得信息。被动攻击分为两种,分别是析出消息内容和通信量分析。

被动攻击非常难以检测,因为它们并不会导致数据有任何改变。然而,防止这些攻击是可能的。因此,对付被动攻击的重点是防止而不是检测。

攻击的第二种主要类型是主动攻击,这些攻击涉及某些数据流的篡改或虚假信息流的产生。这些攻击还能进一步划分为四类:伪装、重放、篡改消息和拒绝服务。

2.简述访问控制策略的内容。

答:访问控制是网络安全防范和保护的主要策略,它的主要任务是保证网络资源不被非法使用和非常访问。它也是维护网络系统安全、保护网络资源的重要手段。各种安全策略必须相互配合才能真正起到保护作用,但访问控制可以说是保证网络安全最重要的核心策略之一。下面分别叙述各种访问控制策略。

(1)入网访问控制;

(2)网络的权限控制;

(3)目录级安全控制;

(4)属性安全控制;

(5)网络服务器安全控制;

(6)网络监测和锁定控制;

(7)网络端口和节点的安全控制;

(8)防火墙控制①包过滤防火墙②代理防火墙③双穴主机防火墙。

3.简述 Windows 操作平台的安全策略。

答:

(1)系统安装的安全策略;

(2)系统安全策略的配置;

（3）IIS 安全策略的应用；

（4）审核日志策略的配置；

（5）网页发布和下载的安全策略。

4.简述浏览器的安全对策。

答：

（1）浏览器本身的漏洞对策；

（2）浏览器的自动调用对策；

（3）Web 欺骗对策；

（4）恶意代码对策。

5.简述 E – mail 安全威胁的内容。

答：简单地说，E – mail 在安全方面的问题主要有以下直接或间接的几方面：

（1）密码被窃取。木马、暴力猜解、软件漏洞、嗅探等诸多方式均有可能让邮箱的密码在不知不觉中就拱手送人。

（2）邮件内容被截获。

（3）附件中带有大量病毒。它常常利用人们接收邮件心切，容易受到邮件主题吸引等心理，潜入和破坏电脑和网络。目前邮件病毒的危害已远远超过了传统病毒。

（4）邮箱炸弹的攻击。

（5）本身设计上的缺陷。

6.什么是实体（物理）安全？它包括哪些内容？

答：实体安全（Physical Security）又叫物理安全，是保护计算机设备、设施（含网络）免遭地震、水灾、火灾、有害气体和其他环境事故（如电磁污染等）破坏的措施和过程。实体安全主要考虑的问题是环境、场地和设备的安全，及实体访问控制和应急处置计划等。实体安全技术主要是指对计算机及网络系统的环境、场地、设备和人员等采取的安全技术措施。

总结起来，实体安全的内容包括以下 4 点：

（1）设备安全；

（2）环境安全；

（3）存储媒体安全；

（4）硬件防护。

7.什么是接地系统？地线种类分为哪几类？

答：接地是指系统中各处电位均以大地为参考点，地为零电位。接地可以为计算机系统的数字电路提供一个稳定的低电位（0V），以保证设备和人身的安全，同时也是避免电磁信息泄漏必不可少的措施。接地种类有静电地、直流地、屏蔽地、雷击地、保护地。

8.简述电磁防护的主要措施的

答：目前主要防护措施有两类：一类是对传导发射的防护，主要采取对电源线和信号线加装性能良好的滤波器，减小传输阻抗和导线间的交叉耦合；另一类是对辐射的防护，这类防护措施又可分为以下两种：一种是采用各种电磁屏蔽措施，如对设备的金属屏蔽和各种接插件的屏蔽，同时对机房的下水管、暖气管和金属门窗进行屏蔽和隔离；第二种是干扰的防护措施，即在计算机系统工作的同时，利用干扰装置产生一种与计算机系统辐射相关的伪噪声向空间辐射来掩盖计算机系统的工作频率和信息特征。

9.怎样确保保存在硬盘中的数据安全?

答:从功能上讲,硬盘的数据安全设计分为机械防护、状态监控、数据转移和数据校验4 种。

(1)机械防护;

(2)状态监控;

(3)数据转移;

(4)数据校验。

10.什么是网络监听?

答:网络监听,是监听协助网络管理员监测网络传输数据,排除网络故障等。目前,进行网络监听的工具有多种,既可以是硬件,也可以是软件,主要用来监视网络的状态、数据流动情况及网络上传输的信息。对于系统管理员来说,网络监听工具确实为他们监视网络的状态、数据流动情况和网络上传输的信息提供了可能。而对于黑客来说,网络监听工具却成了他们作案的工具:当信息以明文的形式在网络上传输时,黑客便可以以网络监听的方式进行攻击,只要将网络接口设置在监听模式,便可以源源不断地将网上的信息截获。

11.什么是入侵检测?

答:与防火墙技术的被动防御不同,入侵检测是指应用相关技术主动发现入侵者的入侵行为和入侵企图,向用户发出警报,是防火墙技术的重要补充。应用较广的开源软件有snort 入侵检测系统。

12.简述身份认证与口令安全。

答:通过用户名和口令进行身份认证是最简单,也是最常见的认证方式,但是认证的安全强度不高。所有的多用户系统、网络服务器、Web 的电子商务等系统都要求提供用户名或标识符(ID),还要求提供口令。系统将用户输入的口令与以前保存在系统中的该用户的口令进行比较,若完全一致则认为认证通过,否则不能通过认证。

根据处理方式的不同,有 3 种方式:口令的明文传送、利用单向散列函数处理口令、利用单向散列函数和随机数处理口令,这 3 种方式的安全强度依次增高,处理复杂度也依次增大。

第 10 章　计算机伦理与职业道德

10.1　计算机伦理学

计算机技术是 21 世纪最重要的技术之一,当前的信息技术革命迟早会和工业革命一样,甚至会更深刻地影响整个人类社会。然而随着整个社会更加依赖计算机和网络,与之相关的伦理问题和职业道德问题越来越多。比如计算机犯罪、软件盗版、黑客、计算机病毒、侵犯隐私、过于依赖机器和工作场所的压力等。这些社会问题中的每一个都会造成计算机专业人员和用户的道德困境。道德规范和职业道德守则能够在一定程度上帮助我们解决这些道德难题,但是计算机教育者们负有特殊的责任,即给未来的计算机使用者树立起符合社会伦理的行为规范。本章将简要介绍计算机伦理学相关知识。

10.1.1　计算机伦理学的相关概念

信息与通信技术(information and communication technology)极大地冲击着现代社会,数字革命引发了一系列前所未有的新问题,这些问题超越了伦理学和法律的发展速度。计算机伦理学(Computer Ethics)正是起源于对该技术的伦理问题的实际关注与研究。计算机伦理学中一些典型问题的产生,是因为当前状况下政策引导的缺失,或者是现有政策并不适合,即存在对计算机技术应如何使用这一问题的"政策真空";同时伴随着"政策真空",往往还有一个概念真空,即需要提供一个连贯的概念框架并在此框架中探求政策。为了填补这一"政策与概念真空",计算机伦理学提出对个案进行扩展强化分析,但其结果却导致了一般理论的不统一、不充分甚至是缺失。

计算机伦理学的最初目标是在合理的伦理准则的基础上做出决策。从 20 世纪 70 年代开始,计算机伦理学关注的焦点由对问题的分析转向了策略化解决方案,如职业行为规范、技术标准和新的立法。此后,随着计算机伦理学的日益成熟,它进一步将策略化解决方案同全球性的战略分析相结合。关于计算机伦理学基础的争论是这一综合性发展的基本组成部分,它是对计算机伦理学的本质和必然性的理论反思,同时是对计算机伦理学与其他伦理学理论间关系的探讨。

就计算机伦理学基础而言,存在五种不同的观点。它们是:无解的困惑(no resolution wilder),专业的解读(professional decipherment),激进的分析(radical analysis),保守的观点(conservative approach)及创新的探讨(innovative probe)。这五种观点的形成顺序是符合历史线索和逻辑脉络的。无解的观点提供了最低纲领主义的出发点,这在方法论上是有益的,它促进了其他四种观点的出现;专业的解读提出了对计算机伦理学颇有价值的观点;激进的分析强调计算机伦理学的独特性;保守的观点则将计算机伦理学与其他伦理学理论相联系;而创新的探讨则在以上观点的基础上,提出把信息伦理学(information ethics)作为计算机伦理学的理论基础。

1. 无解的困惑:计算机伦理学理论基础的缺失

帕克(Donn Parker)在 1981 年曾经用投票方法来确定与计算机的使用相关的伦理问题。他认为根本不存在计算机伦理学概念,更不能在计算机科学课程中讲授这一概念。根据这种观点,计算机伦理学呈现出无法解决的困境:计算机伦理学本身是无意义的活动,因为它没有概念基础。戈特邦(Gotterbarn)对这一观点做出了强有力批判。他指出:从经验上说,计算机伦理学的进展证明"无解"是没有必要的论调,因为与计算机相关的部分伦理问题已经成功解决,相关法律已获批准和颁布,职业准则和规范已经发挥一定作用等。贝纳姆(T. W. Bynum)将这种观点描述为"通俗伦理学"(pop ethics),这种伦理学试图通过混杂收集一些案例来解决伦理问题。有人认为通俗伦理学主要目的在于"提升问题的非理性而不是伦理性";是为了使人们更敏锐地觉察到计算机技术有其社会的和伦理的后果这一事实。这也正是"无解"的观点在计算机伦理学发展初期起到一定作用的原因。当计算机技术还是个生僻且深奥的学科时,通俗伦理学或许有一席之地。尽管无解的观点备受批判,但我们不可忽视其中的有益成分。首先,它将计算机使用的伦理问题敏感化,这对计算机伦理学而言是重要的起始程序。其次,对于计算机伦理学而言,关注社会各个方面是十分必要的,从这个意义上说,通俗伦理学对各类案例的混杂收集也是有一定帮助的。

2. 专业的解读:计算机伦理学是一种职业道德

对"政策真空"的第一个积极反应就是呼吁计算机专业人员的社会责任。根据这种观点,计算机伦理学应该向学生提出他们的专业责任,清晰阐明关于其专业的、非技术的道德问题的准则,向学生灌输一套特殊的价值观。从这种观点出发,计算机伦理学与其他行业的职业道德没有深层次的理论区别,而只有适用背景的不同。这种观点的正确性在于:首先,它强调计算机伦理教育的至关重要性,从而揭了"无解"是站不住脚的;其次,它主张一种现实主义的教学态度,这能够使学生和专业人士敏感地意识到自身的责任;第三,这种观点带来的一个直接结果是在行业和专业组织内部采用了信息与通信技术的使用准则。尽管如此,专业解读的目标却是教学方法论。按照这种观点,似乎有时计算机伦理学在严格意义上可以简化为职业道德,从而与哲学脱关系。于是,这一观点的进一步深入发展导致了激进的反哲学立场。这种把计算机伦理学完全等同于职业道德的观点过于限制性了,原因在于:首先,与计算机相关的伦理问题已经渗透到整个现代生活中,无从证明所有计算机伦理学中的问题都能简化为职业道德问题;其次,计算机伦理学的确可以为巩固职业道德提供理论基础,而计算机伦理学本身则必须与职业道德相区别,将计算机伦理学理解为不需要更深概念基础的职业道德,这是幼稚的,甚至是过于教条和保守的。显而易见,专业解读的观点在纲领上避开了一些问题:计算机伦理学是什么样的伦理学? 如何辨识它的特定方法论? 计算机伦理学的基本理论何在? 专业解读的观点将这些问题留给了理论计算机伦理学。从历史上看,理论计算机伦理学可以通过"独特性争论"对其更好地加以说明。这一争论的目标在于确定计算机伦理学所面临的道德问题是否是独特的,进而是否应将其发展为一个独立的、有特定适用范围的、有自治理论基础的研究领域。对"独特性"问题有两种不同的阐释,一个更为激进,另一个更为保守,从而形成了两条发展线索。

3. 激进的分析:计算机伦理学是独特学科

根据激进分析观点,政策与概念真空的出现表明计算机伦理学所处理的问题是绝对独特的,需要一种全新方法;计算机伦理学必须是有别于道德教育领域甚至有别于其他应用伦理学领域的独特领域;计算机技术作为一门特殊的学科,能够产生特殊的伦理问题,对这些问题应当给予特殊地位。这种激进的观点强调的是:在方法论上有必要为计算机伦理学这一领域提供充分的、自治的基本原理,应将其视为一门独特的学科。但是,这种激进分析至少存在几个问题。首先,这种观点似乎不能证明所有计算机伦理问题都具有绝对的独特性。其次,这种激进观点的推理的基本路线是无法接受的。一方面,特殊道德问题仍需要逐步与原有的伦理学理论相融合;另一方面,特殊学科并非因为包含一些特殊话题就必然特殊,因为它们还要与其他学科有共同的话题。过分强调计算机伦理学的独特性,会使它与更为普遍的一般伦理学理论内容相脱离。

4. 保守的观点:计算机伦理学是应用伦理学

保守的观点包括两方面的基本观点:其一,一般伦理学理论经过改造、丰富和扩充就足以应对政策和概念真空,这些理论有成功解决计算机伦理学问题所需的概念资源;其二,信息与通信技术的使用所带来的特定伦理问题只代表传统道德问题的新类型,这些问题不是、也不可能是新的伦理学理论的来源。从以上两点可以看出,保守的观点认为计算机伦理学是注重实际的、以一定领域为依托的应用伦理学。摩尔(Moor)在一次研讨会上曾经建议将围绕计算机和信息技术的伦理问题视为传统道德问题的新类型。他把计算机伦理问题归入传统伦理学范畴,认为计算机技术的出现意味着这些问题出现了新的转折、新的特征、新的发展前途,但是,这些问题不能脱离原有伦理学的框架而存在。这种保守观点强调了计算机伦理问题的重大意义,认为计算机伦理学不仅是信息与通信技术专业人士的伦理学,而且是信息社会公民的伦理学;它把计算机伦理学建立在一般伦理学理论的基础上,由此避免了对一些以经验为依据的道德规范的依赖;同时,它还避免了激进分析观点的站不住脚的推理。然而,保守观点仍存在以下三个难题。

第一,由于关于计算机的伦理问题是前所未有的,一般伦理学是否真的有处理计算机伦理问题的必要资源。

第二,保守观点没有也不能表明哪种伦理学理论是适用于计算机伦理学的。这种情况下有两条道路:要么用某些一般伦理学理论来处理计算机伦理学的问题,从而使它在哲学上没有多少可研究之处;要么采取混合折中主义立场。

第三,这种观点不能提供任何明晰的方法论,对于理解计算机伦理学中的全新复杂问题而言,依赖于常识、案例分析和类比推理经常是不充分的。

5. 创新的探讨:信息伦理学是计算机伦理学的基础

对于理论计算机伦理学,还有第三种观点,它既非保守也非激进,而是创新性的探讨。根据这种观点,一般伦理学对理论计算机伦理学的限定是不合理的。信息与通信技术以意义深远的方式转换了道德问题产生的背景环境,它不仅为原有问题增加了可关注的新领域,也引导我们在方法论上重新思考伦理观的基础。与上述所有观点不同,创新探讨观认为:理论计算机伦理学在道德问题上的确有与众不同的实质内容可谈,从而提出将信息伦理学作为计算机伦理学的理论基础。信息伦理学是种非标准的、以受动者为导向并且是非中心的伦理学;它以数据实体、信息域、熵的概念为基础。信息伦理学有其独特的关注对象和概念基础。美德论、契约论和义务论都是以"原动者"(agent)为导向的、个体内部的理论或者以行为为导向的个体间的理论,它们趋向于以人类为中心,对"受动者"(patient)只给予了相对关注。如果将它们统称为"标准"伦理学理论的话,那么,从这个意义上说,生物伦理学和环境伦理学是典型的非标准伦理学,它们试图开发以"受动者"为导向的伦理学,这里的"受动者"不仅仅是人,也可以是任何生命形式。创新探讨观认为:计算机伦理学不是典型的、以原动者或行为为导向的伦理学,它根本上是关于存在(being)的伦理学,因此应是非标准的伦理学。信息伦理学与其他非标准伦理学的根本区别在于:以生物为中心的伦理学,通常将其对生物实体和生态系统地位的分析建立在生命的内在价值和痛苦的负面效应上。信息伦理学则表明有比生命更为基本的东西,即存在(可理解为信息);有比痛苦更为基本的东西,即熵。根据信息伦理学,评估任何合理的存在(即信息),应当根据它对信息域发展的贡献。任何过程、行为、事件如果消极地影响了整个信息域,都视为熵水平的增加,从而产生的是负面效应。创新探讨观将信息伦理学作为计算机伦理学的基础,我们不难看出其优势所在。

第一,信息伦理学为伦理学谱系补充了重要的遗漏角色。从人类中心论观点到生物中心论观点的转换,丰富了我们对道德的理解;接着是从生物中心论观点到非中心论观点的第二次转换,这正是期待由信息伦理学和计算机伦理学来完成的。因此,需要在伦理学理论中为它们留有基础地位。

第二,它提供了一种重要的新观点:对于一个过程或行为在道德上的好或坏,可以不必考虑它的结果、动机、普遍性或道德本性,而只是考虑它对信息域产生了积极的或消极的影响。

10.1.2　计算机伦理学的发展脉络

从一般意义上来讲,计算机伦理学是为了应对计算机技术应用过程中带来的道德困境而产生的一门伦理学学科,它主要研究计算机信息与网络技术伦理道德问题,涉及计算机高新技术的开发和应用,信息的生产、储存、交换和传播中的广泛伦理道德问题。计算机伦理学有广义和狭义两方面的解释。从狭义上来看,计算机伦理学可以被理解为职业哲学家将功利主义、康德主义和道德伦理学等传统伦理学理论应用于解决计算机技术使用过程中引发的伦理问题;从广义上来看,计算机伦理学包括了职业实践的标准(standard of professional practice)、行为模式、计算机法律、公共政策和合作伦理学,甚至还包括了社会学和计算机心理学方面的论题。

计算机伦理学作为专门的研究领域始于 Norbert Wiener 教授。在二战期间,他协助研发击落快速战机的科研项目。该项目所使用的技术促使他和他的同事们开辟了新的研究领域——"控制论"(cybernetics),也即信息反馈系统(information feedback system)。这一概念与当时发展迅猛的数字计算机结合,产生了广泛的影响。值得我们注意的事,Wiener 教授在当时就已经观察到社会和伦理正在发生革命。1948 年,在《控裁论——或是对于动物和机器的控制和交流》("cybernetics:or control" and communication in the animal and the machine)一文中他就信息和通信技术提出了许多重要的观点。两年后他出版了具有划时代意义的《人类的人类使用》(The Human Use of Human Being)一书,在这本书中,他对人类生活的目的进行了解释,提出了公正的四个原则,给出了研究应用伦理学的方法。并对计算机伦理学中的重要论题进行了探讨。虽然他没有使用"计算机伦理学"这一术语,但他的论述为今天的计算机伦理学研究和分析奠定了坚实的基础。

Wiener 教授对计算机伦理学进行的基础性研究工作超越了他生活的时代,因此在 20世纪 40、50 年代并未引起人们的关注。他预示到计算机技术与社会的整合最终将带来社会的剧烈变化,并且这一变化将彻底改变人类生活——工人必须在工作中调整自我,政府必须颁布新的法律,工商业必须制定新的政策,专业组织必须为其成员开辟新的行为模式,社会学家和心理学家必须研究新的社会和心理学现象,哲学家必须重新思考和定义旧的社会和伦理学概念。

20 世纪 60 年代中期,加利福尼亚的 Menlo Park 开始致力于研究某些人通过计算机专业化手段从事非伦理的和非法的活动。他认为人们一旦开始使用计算机就将伦理抛之脑后。1968 年,他发表了《信息程序中的伦理学规则》一文,并首次对计算机机器协会的专业行为进行了规范。在以后的二十年里,Park 继续致力于计算机伦理学的研究,发表了大量的文章和观点,对今天的研究产生了重要的影响。尽管 Park 的理论没有系统的体系,但他无疑是继 Wiener 之后在计算机伦理学研究中产生了重要影响的一位人物。

20 世纪 60 年代末,计算机科学家 Joseph Weizenbaum 开创了 ELZA 计算机程序——用计算机模拟心理医生进行诊断。在他的著作《计算机力量和人类推理》(*Computer Power and Human Reason*)中他详细论述了将人类视为纯粹的机器的观点。Weizenbaum 的著作和言论激发了人们对计算机伦理学进行研究的热情。

20 世纪 70 年代,Walter Maner 首次用"计算机伦理学"这一术语来指称由计算机技术产生的伦理学问题及人们进行的相关研究。从 70 年代晚期一直到 80 年代中期,Maner 进行了很多实验,他十分关注大学的计算机伦理学教育,发表了大量的文章来讨论隐私、计算机犯罪、计算机决策、技术独立及伦理学的专业模式等问题。Maner 的研究工作促进了计算机伦理学课程在美国的普及,并吸引了众多学者步入该领域进行研究。

20 世纪 80 年代,信息技术带来的社会和伦理问题成为欧洲和美国的公共问题。人们开始对计算机犯罪、计算机崩溃引起的灾难、通过计算机数据库侵犯隐私及软件版权的归属问题等进行了广泛的讨论。80 年代中期,James Moor 在《元哲学》(*Metaphilosophy*)中发表了颇有影响的论文《什么是计算机伦理学?》;Deborah Johnson 出版的《计算机伦理学》一书是第一本关于计算机伦理学的教材。Sheny Turkle 的《第二自我》(*Second Self*)主要探究了计算带给人类心理的影响;1987 年,Judith Perrolle 在他的《计算机和社会变化:信息,产权和权力》(*Computers and Social Change*:*Information*,*Property and Power*)一书中使用社会学方法对计算和人类价值进行了考察。

1991 年,Terrell Ward Bynum 和 Maner 召开了第一届关于计算机伦理学的国际多学科大会,这次会议被视为是该领域的里程碑。这次会议首次将哲学家、社会学家、心理学家、计算机专家、律师、商业领导、新闻记者和政府官员聚在一起讨论计算机的伦理学问题。从此,计算机伦理学逐步走入新的大学课程、研究中心、学术会议、期刊论文和学校教材,最值得关注的一点是:众多学科的学者、思想家及专业组织开始关注计算机伦理学的研究,这也使得计算机伦理学的研究具有了跨学科的性质。英国、荷兰、波兰、意大利还建立了专门的计算机伦理学研究中心,并且召开了多次的重要会议讨论这一论题。计算机伦理学的先锋 Simon Rogerson 建立了计算和社会责任中心(Center for Computing and Social Responsibility),他认为需要在 20 世纪 90 年代中期进行计算机伦理学的第二代研究,亦即阐述计算机伦理学的概念基础、发展符合计算机伦理要求的行为框架,从而可以使人们预见信息技术应用带来的效果。从上可知,计算机伦理学的发展经历了一个逐步完善、动态变化的过程,在这一过程中,计算机伦理学充实了自身,也逐步渗透到了其他学科之中,这使得其研究更具有理论和现实意义。

10.1.3　计算机伦理学的主要内容

伦理学是哲学的一个分支,它被定义为规范人们生活的一整套规则和原理,包括风俗、习惯、道德规范等,简单地说就是指人们认为什么可做什么不可做、什么是对的什么是错的。可以这样理解,法律是具有国家或地区强制力的行为规范,道德是控制我们行为的规则、标准、文化,而伦理学是道德的哲学,是对道德规范的讨论、建立及评价。伦理学的理论是研究道德背后的规则和原理。它可以为我们提供道德判断的理性基础,使我们能对不同的道德立场做分类和比较,使人们能在有现成理由的情况下坚持某种立场。

应用伦理学是伦理学的一个子领域,它研究的是在现实生活领域,或者在某一学科发展中出现的伦理问题。计算机伦理学是应用伦理学的一个分支,它是在开发和使用计算机相关技术和产品、IT 系统时的行为规范和道德指引。计算机伦理学的主要内容包括以下 7 个部分。

1. 隐私保护

隐私保护是计算机伦理学最早的课题。传统的个人隐私包括:姓名、出生日期、身份证号码、婚姻、家庭、教育、病历、职业、财务情况等数据,现代个人数据还包括电子邮件地址、个人域名、IP 地址、手机号码,以及在各个网站登录所需的用户名和密码等信息。随着计算机信息管理系统的普及,越来越多的计算机从业者能够接触到各种各样的保密数据。这些数据不仅局限为个人信息,更多的是企业或单位用户的业务数据,它们同样是需要保护的对象。

2. 计算机犯罪

信息技术的发展带来了以前没有的犯罪形式,如电子资金转账诈骗、自动取款机诈骗、非法访问、设备通信线路盗用等。我国《刑法》对计算机犯罪的界定包括:违反国家规定,侵入国家事务、国防建设、尖端科学技术领域的计算机信息系统的;违反国家规定,对计算机信息系统功能进行删除、修改、增加、干扰,造成计算机信息系统不能正常运行;违反国家规定,对计算机信息系统中存储、处理或者传输的数据和应用程序进行删除、修改、增加的操作;故意制作、传播计算机病毒等破坏性程序,影响计算机系统正常运行的。

3. 知识产权

知识产权是指创造性智力成果的完成人或商业标志的所有人依法所享有的权利的统称。所谓剽窃,简单地说就是以自己的名义展示别人的工作成果。随着个人电脑和互联网的普及,剽窃变得轻而易举。然而不论在任何时代任何社会环境,剽窃都是不道德的。计算机行业是一个以团队合作为基础的行业,从业者之间可以合作,他人的成果可以参考、公开利用,但是不能剽窃。

4. 软件盗版

软件盗版问题也是一个全球化问题,几乎所有的计算机用户都在已知或不知的情况下使用着盗版软件。我国已于1991 年宣布加入保护版权的伯尔尼国际公约,并于1992 年修改了版权法,将软件盗版界定为非法行为。然而在互联网资源极大丰富的今天,软件反盗版更多依靠的是计算机从业者和使用者的自律。

5. 病毒扩散

病毒、蠕虫、木马,这些字眼已经成为计算机类新闻中的常客。如本文一开始提到的"熊猫烧香"其实是一种蠕虫的变种,而且是经过多次变种而来的,能够终止大量的反病毒软件和防火墙软件进程。由于"熊猫烧香"可以盗取用户名与密码,因此带有明显的牟利目的,其制作者已被定为破坏计算机信息系统罪并被判处有期徒刑。计算机病毒和信息扩散对社会的潜在危害远远不止网络瘫痪、系统崩溃这么简单,如果一些关键性的系统如医院、消防、飞机导航等受到影响发生故障,其后果是直接威胁人们生命安全的。

6.黑客

黑客和某些病毒制造者的想法是类似的,他们或自娱自乐、或显示威力、或炫耀技术,以突破别人认为不可逾越的障碍为乐。黑客们通常认为只要没有破坏意图,不进行导致危害的操作就不算违法。但是对于复杂系统而言,连系统设计者自己都不能够轻易下结论说什么样的修改行为不会对系统功能产生影响,更何况没有参与过系统设计和开发工作的其他人员?无意的损坏同样会导致无法挽回的损失。

7.行业行为规范

随着整个社会对计算机技术的依赖性不断增加,由计算机系统故障和软件质量问题所带来的损失和浪费是惊人的。如何提高和保证计算机系统及计算机软件的可靠性一直是科研工作者的研究课题,我们可以将其称为一种客观的手段或保障措施。而如何减少计算机从业者主观(如疏忽大意)所导致的问题,则只能由从业者自我监督和约束。

美国计算机协会(ACM)制定的伦理规则和职业行为规范中的一般道德规则包括:为社会和人类做贡献;避免伤害他人;诚实可靠;公正且不采取歧视行为;尊重财产权(包括版权和专利权),尊重知识产权;尊重他人的隐私,保守机密。针对计算机专业人员,具体的行为规范还包括以下部分:

(1)不论专业工作的过程还是其产品,都努力实现最高品质、效能和规格。

(2)主动获得并保持专业能力。

(3)熟悉并遵守与业务有关的现有法规。

(4)接受并提供适当的专业化评判。

(5)对计算机系统及其效果做出全面彻底的评估,包括可能存在的风险。

(6)重视合同、协议及被分配的任务。

(7)促进公众对计算机技术及其影响的了解。

(8)只在经过授权后使用计算机及通信资源。

10.2 计算机职业道德

目前我国高校的计算机专业教育侧重于学生的专业技能与专业素质,侧重对基础知识、编程实验与动手能力的教育培养,也已经开始加强在灵活性和适应能力及团体配合方面的训练,而对计算机从业人员所应具备的职业修养与职业道德方面涉及不多。为什么要特别强调计算机专业的职业道德修养呢?

1.特殊的技能和专业

与其他行业相比,计算机行业是一个新的开放的领域。我们可以从两个方面来理解,一是这个行业还没有足够的时间来形成其道德规范和职业操守,另一方面是其行业活动超出专业范围。计算机从业人员的职业被定位为工程师,通常是在不同的团队中承担不同的任务,个人工作成果与整个项目或系统的外在表象可能没有直接关系。计算机从业者有时会具有高于他人的权力,这种权力很容易被那些无所顾忌或易受诱惑的人所利用。

2. 社会越来越依赖计算机

作为20世纪最伟大的发明之一,计算机技术已经深入地影响了整个人类社会。然而随着社会对计算机和网络的依赖加深,我们对计算机故障的应对能力显得越来越弱。

3. 从业人员可能带来的风险越来越大

由于大部分计算机产品的最终用户涉及整个社会的各行各业,因此其带来的风险往往无法简单估计。以诺顿"误杀"事件为例,由于诺顿在企业级市场占有相当大的份额,特别在金融、电信等行业拥有优势,因此"误杀"事件导致许多企业网络完全瘫痪,并且丢失了大量数据。系统瘫痪可以恢复,但是数据丢失对企业用户的冲击是致命的。

4. 已经发现越来越多的计算机职业犯罪

所谓计算机犯罪,是指通过计算机非法操作所实施的危害计算机信息系统(包括内存数据及程序)安全及其他严重危害社会的并应当处以刑罚的行为。计算机犯罪始于20世纪60年代,到了80年代,特别是进入90年代以来在国内外呈愈演愈烈之势。当前计算机犯罪已成为国际问题,它充斥于整个社会,只要有计算机的地方就可能有计算机犯罪。由于计算机犯罪具有很强的隐蔽性,很多犯罪活动甚至很难被发现,就更提不上侦破了。

10.2.1　职业道德相关概念

职业道德是从业人员在一定的职业活动中应遵循的、具有自身职业特征的道德要求和行为规范。职业道德主要内容:

(1)爱岗敬业

(2)诚实守信

(3)办事公道

(4)服务群众

(5)奉献社会

项目管理工程师要用"职业道德规范"来约束自己。

项目管理工程师的岗位职责:

(1)不断提供个人的项目管理能力;

(2)在合法的前提下执行所在单位的各种管理制度及技术标准;

(3)在项目生命周期内进行有控制,确保质量、进度、财务的合理。

项目管理工程师对项目团队的责任是建设一支高效的项目团队。

2. 职业道德基本知识

(1)道德的概念

马克思主义伦理学认为,道德是人类社会特有的,由社会经济关系决定的,依靠内心信念和社会舆论、风俗习惯等方式调整人与人之间、个人与社会之间及人与自然之间的特殊行为规范的总和。

(2)职业道德的概念

职业道德是指从事一定职业的人们在职业活动中应该遵循的,依靠社会舆论、传统习惯和内心信念来维持的行为规范的总和。

(3)职业道德的特征

职业道德是一种职业行为准则,其特征是鲜明的职业性、适用范围上的局限性、表现形式的多样性、相对稳定性和连续性、一定的强制性、利益相关性。

（4）职业道德的要素

最基本的职业道德要素包括职业理想、职业态度、职业义务、职业良心、职业荣誉、职业作风。

（5）职业道德的功能

①社会功能

职业道德对社会生活的作用主要有以下几点：一是有利于调整职业利益关系，维护社会生产和生活秩序；二是有利于提高人们的社会道德水平，促进良好的社会风尚的形成；三是有利于完善人格，促进人的全面发展。

②具体功能

职业道德的具体功能是指职业道德在职业活动中所具有的具体效用。它对职业活动具有导向、规范、整合和激励等具体作用，引导职业活动沿着健康、有序、和谐的方向发展。

（6）我国传统职业道德的精华

我国传统职业道德精华主要有以下几点：精忠为国的社会责任感，恪尽职守的敬业精神，自强不息、勇于革新的拼搏精神，以礼待人的和谐精神，诚实守信的基本要求，见利思义、以义取利的价值取向。

（7）西方发达国家职业道德的精华表现

西方发达国家职业道德内容中有许多合理成分是值得在批判的基础上加以借鉴、利用的，主要可以归纳为以下几点：社会责任至上、敬业、诚信、创新。当代西方发达国家还在职业道德建设上积累了许多经验做法，主要表现在：加强职业道德的立法工作，注重信用档案体系的建立，严格的岗前和岗位培训。

（8）职业道德的基本规范

社会主义职业道德继承了我国传统职业道德的精华，吸收了西方发达国家职业道德中的合理成分，其核心是"为人民服务"。

（9）信息技术产业职业道德的规范

信息技术产业应注意的职业道德规范有以下几个方面：

①有关知识产权

包括使用正版软件，非法复制软件等。

②有关计算机安全

包括保护自己和他人的计算机资源，正确防毒、杀毒等。

③有关网络行为规范

包括遵守相关法律法规，不侵犯他人隐私等。

④有关商业秘密

包括不非法获取、使用商业秘密，不擅自解密、使用他人的加密软件等。保护商业秘密，具体要做到："十要"和"十不要"。

⑤有关个人信息保护

在信息技术条件下，保护个人信息要做到以下几点：

a. 要防范用作传播、交流或存储资料的光盘、软盘、硬盘等计算机媒体泄密。

b. 要防范联网（局域网、因特网）泄密。

c. 要防范、杜绝计算机工作人员在管理、操作、修理过程中造成的泄密。

d.不仅要学会保护自己的个人信息,而且作为信息技术领域的工作人员,由于职业需要,可能会接触到大量个人信息,对于这些信息更应严格保守秘密。

(10)网络行为规范的具体要求

①我国公安部公布的《计算机信息网络国际联网安全保护管理办法》中规定任何单位和个人不得利用国际互联网制作、复制、查阅和传播违反宪法和法律、行政法规的信息。

②在使用网络时,不侵犯知识产权,主要内容包括:

a.不侵犯版权。

b.不做不正当竞争。

c.不侵犯商标权。

d.不恶意注册域名。

③其他有关行为规范包括:

a.不能利用电子邮件做广播型的宣传。

b.不应该使用他人的计算机资源,除非得到了准许或者做出了补偿。

c.不应该利用计算机去伤害他人。

d.不能私自阅读他人的通信文件(如电子邮件),不得私自复制不属于自己的软件资源。

e.不窥探他人计算机中内容,不得随意破译他人计算机口令。

10.2.1　计算机职业道德及相关的法律法规

由于网络的快速发展,同时产生一些负面影响,触犯了相关的法律,违背了道德规范。法律是道德的底线,计算机职业从业人员职业道德的最基本要求就是国家关于计算机管理方面的法律法规。计算机及通信技术的迅速发展,网络已快速辐射到社会各个领域。互联网的广泛应用空前地改变了人类的生存、生活与生产方式,为人与人之间的交流开拓了一个广阔而贴近的空间,给人们的生活提供了极大的便利。但与此同时,民事主体的权益也伴生性地受到来自网上的形形色色的侵害。近年来,网络侵权导致的各类案件数不胜数。网络侵权,顾名思义,是指在网络环境下所发生的侵权行为。网络侵权行为与传统侵权行为在本质上是相同的,即行为人由于过错侵害他人的财产和人身权利,依法应当承担民事责任的行为,以及法律特别规定应当承担民事责任的其他损害行为。

全国人大、国务院和国务院的各部委等具有立法权的政府机关制定了一批管理计算机行业的法律法规,比较常见的如《计算机软件保护条例》《互联网信息服务管理办法》《互联网电子公告服务管理办法》等,这些法律法规是应当被每一位计算机职业从业人员所牢记的,严格遵守这些法律法规正是计算机专业人员职业道德的最基本要求。

任何一个行业的职业道德,都有其最基础、最具行业特点的核心原则,计算机行业也不例外。世界知名的计算机道德规范组织 IEEE - CS/ACM 软件工程师道德规范和职业实践(SEEPP)联合工作组曾就此专门制定过一个规范,根据此项规范计算机职业从业人员职业道德的核心原则包括两项,一是计算机专业人员应当以公众利益为最高目标。二是客户和雇主在保持与公众利益一致的原则下,计算机专业人员应注意满足客户和雇主的最高利益。

针对计算机职业中出现的一些问题,现提出一些针对措施,现在社会中拥有计算机的大部分人群是学生和上班族,上班族都是从学生时代走过来的,所以要先从学生群体开始教育,让他们树立正确的计算机职业道德观,有良好的道德修养,加强高校计算机职业道德修养教育的必要性。

法是一种特殊的社会规范,具有规范性和概括性的特点,其规定是严格、具体、明确的。

法是由国家制定或认可的,具有国家意志的属性。法律对所有社会成员都具有普遍约束力,并且是依靠国家强制力来保证实施的。

1. 信息化标准类法律法规

(1)信息化法律法规的作用

信息化法律法规具有促进社会信息化水平提高和信息社会健康发展的社会价值,其具体作用体现在以下几方面:

①规范信息活动,推进信息化进程与社会信息化发展。

②保护知识产权,保证信息的合理使用,推动知识创新。

③解决信息矛盾,协调信息交流。

④保障信息安全,防范信息犯罪。

⑤维护国家信息主权,促进民族文化发展。

(2)我的信息法制建设

我国现代信息社会的信息法制建设兴起于20世纪,从20世纪80年代初开始逐渐建立了有关信息技术、信息网络、信息社会的知识产权保护等方面的法律,这些法律中有许多是针对传统的信息技术和信息工具所制定的法律。这些法律对信息的采集、公开、传播等做出了明确的规定。随后又相继制定了一些针对新的信息技术和信息活动、信息化的法规。

(3)信息化标准类法律法规

我国的信息化法律法规体系主要是围绕信息化标准、信息安全与保密、知识产权保护、信息犯罪、互联网络管理5个方面展开的。

2. 互联网管理法律法规

我国于1996年开始颁布有关互联网管理的法律法规。为了保护合法域名,防止恶意抢注,我国于1997年6月发布了《中国互联网络域名注册暂行管理办法》和《中国互联网络域名注册实施细则》,规定我国的域名体系也遵照国际惯例,包括类别域名和行政域名两种。

类别域名有7个:com,net,gov,mil,org,edu,int。1997年又新增7个最高级标准域名:firm,store,web,arts,REC,info,nom。

3. 中华人民共和国著作权法

知识产权是人们对其通过脑力劳动创造出来的智力成果所享有的权利。包括著作权与工业产权两部分。著作权亦称版权,是指著作权人对其作品享有的专有权利。著作权的主体是指依法对人学、艺术和科学作品享有著作权的人。《中华人民共和国著作权法》于1990年9月7日在第七届全国人民代表大会常务委员会第十五次会议上通过,自1991年6月1日起正式施行,2001年10月27日修改后继续施行。著作权的内容包括著作人身权和著作财产权。

4. 计算机软件保护条例

(1)计算机软件保护条例的概念

《计算机软件保护条例》是为保护计算机软件著作权人的权益,调整计算机软件在开发、传播和使用过程中发生的利益关系,鼓励计算机软件的开发与流通,促进计算机应用事业的发展,依照《著作权法》的规定制定的。

（2）软件著作权的取得和保护期间

软件著作权自软件开发完成之日起产生。自然人的软件著作权保护期为自然人终生及其死亡后 50 年,法人或者其他组织的软件著作权,保护期为 50 年。

5. 中华人民共和国专利法

专利制度起源于英国。《专利法》于 1984 年 3 月 12 日在第六届全国人民代表大会常务委员会第四次会议上通过,自 1985 年 4 月 1 日起正式施行,并于 1992 年和 2000 年进行了两次修改。

专利法的具体应用:

（1）专利权的主体和客体

专利权的主体包括非职务发明创造的专利申请人和职务发明创造的专利申请人;专利权的客体是发明创造,发明创造包括发明、实用新型和外观设计。

（2）《专利法》不予保护的项目包括:科学发现、智力活动的规则和方法、疾病的诊断和治疗法、动物和植物品种。用原子核变换方法获得的物质。

（3）专利的申请原则

单一性原则、先申请原则、书面原则、优先权原则。

（4）专利的期限

专利权的期限亦称专利权的保护期限。发明专利权的期限为 20 年,实用新型专利权和外观设计专利权的期限为 10 年,均自申请日起计算。

（5）专利权人的权利和义务

①权利

实施其专利的权利、许可他人实施其专利的权利、转让其专利的权利、在产品或包装上注明专利标记和专利号的权利、禁止他人实施其专利技术的权利。

②义务

缴纳年费的义务、接受推广应用的义务。

6. 中华人民共和国商标法

《商标法》于 1982 年 8 月 23 日在第五届全国人民代表大会常务委员会第 24 次会议通过,自 1983 年 3 月 1 日起施行,并于 1993 年、2001 年进行了两次修改。

商标权的概念如下:

（1）商标权是所有人依法对其使用的商标所享有的权利。商标权的内容包括使用权、禁止权、转让权、许可使用权。

（2）商标注册的原则

自愿注册原则、先申请原则和优先权原则。

（3）商标权的保护期限

注册商标的有效期限为 10 年,自核准注册之日起计算。

（4）商标权的续展

商标权的续展是指延长注册商标专用权的有效期。注册商标有效期满,需要继续使用的,应当在期满前六个月内申请续展注册;在此期间未能提出申请的,可以给予六个月的宽展期。宽展期满仍未提出申请的,注销其注册商标。注册商标的有效期可以无限次的续展。每次续展注册的有效期为 10 年,上次续展注册期满后次日起计算。

习题 10

1. 简述职业道德理论体系。

答：职业道德理论体系主要研究职业道德原则、规范、特征、功能及其产生、形成和发展规律。

2. 简述计算机职业道德十戒的内容。

答：(1)不伤害他人；

(2)不干扰他人的计算机；

(3)不窥探他人文件；

(4)不用计算机偷窃；

(5)不用计算机作伪证；

(6)不非法拷贝；

(7)未经许可不用他人资源；

(8)不私占他人智力产品；

(9)工作考虑社会影响；

(10)以适当的方式使用计算机。

3. 简述网络文化的特征。

答：

(1)网络文化是跨越时空界限的文化。网络文化是一种高度共存，"个性十足"的文化。网络文化是一种全时性的富媒体文化。

(2)网络文化是大众与精英共同参与的"舆论场"文化。

4. 简述隐私权立法的道德原则。

答：

(1)隐私尊重原则。强调尊重个人隐私，法律必须保护公民的隐私权，否则某些人格侵犯的现象就会在所难免。

(2)隐私公正原则。法律对于隐私权的保护或法律规定的隐私权，应当是面向每一个平等主体的。每个公民，无论其社会地位、种族、职业、性别、信仰、财产等方面的情况如何，都应享有平等的隐私权，在隐私方面都应受到法律的保护。

(3)隐私有度原则。隐私不是一个不允许有例外的绝对义务。在某些特殊情况下，如果存在高于隐私权的其他权利、高于隐私价值的其他价值，那么隐私方面的权利要求就应当退居其次，它为隐私利益设立一定的限度。如：当隐私利益可能危害或有损社会利益时为保全社会利益而规定的道德选择。

5. 简述学术不端行为的内容。

(1)故意做出错误的陈述，捏造数据或结果，破坏原始数据的完整性，篡改实验记录和图片，在项目申请、成果申报、求职和提职申请中做虚假的陈述，提供虚假获奖证书、论文发表证明、文献引用证明等。

(2)侵犯或损害他人著作权，故意省略参考他人出版物，抄袭他人作品，篡改他人作品的内容；未经授权，利用被自己审阅的手稿或资助申请中的信息，将他人未公开的作品或研究计划发表或透露给他人或为己所用；把成就归功于对研究没有贡献的人，将对研究工作做出实质性贡献的人排除在作者名单之外，僭越或无理要求著者或合著者身份。

（3）成果发表时一稿多投。

（4）采用不正当手段干扰和妨碍他人研究活动，包括故意毁坏或扣压他人研究活动中必需的仪器设备、文献资料，以及其他与科研有关的财物；故意拖延对他人项目或成果的审查、评价时间，或提出无法证明的论断；对竞争项目或结果的审查设置障碍。

（5）参与或与他人合谋隐匿学术劣迹，包括参与他人的学术造假，与他人合谋隐藏其不端行为，监察失职，以及对投诉人打击报复。

（6）参加与自己专业无关的评审及审稿工作；在各类项目评审、机构评估、出版物或研究报告审阅、奖项评定时，出于直接、间接或潜在的利益冲突而做出违背客观、准确、公正的评价；绕过评审组织机构与评议对象直接接触，收取评审对象的馈赠。

（7）以学术团体、专家的名义参与商业广告宣传。

参 考 文 献

[1] 徐洁磐.计算机系统导论[M].北京:机械工业出版社,2012.

[2] SEDGEWICK R,WAYNE K. Algorithms[M]. 4th ed. Indianapolis:Addison - Wesley Professional,2016.

[3] 程杰.大话数据结构[M].北京:清华大学出版社,2011.

[4] 常晋义,王小英,周蓓.计算机系统导论[M].北京:清华大学出版社,2011.

[5] MALIK D S,NAIR P S.数据结构[M].北京:清华大学出版社,2004.

[6] 殷越铭,樊小萌,邢贝贝.人工智能概述及展望[J].科技与创新,2017(20):52 - 53.

[7] 任伟.密码学与现代密码学研究[J].信息网络安全,2011(8):1 - 3.

[8] 聂卫东.移动互联网时代的信息安全新技术展望[J].南方农机,2017,48(22):112.

[9] 王正平.西方计算机伦理学研究概述[J].自然辩证法研究,2000,16(10):39 - 43.

[10] 欧阳元新,李超,蒲菊华,等.计算机伦理学与计算机职业道德修养[J].计算机教育,2008(10):57 - 58.

计算机系统导论自学考试大纲

（全国高等教育自学考试指导委员会制定）

一、课程性质与设置目的

(一)课程性质、地位与任务

计算机系统导论是计算机科学与技术及相关专业的一门专业基础课程。随着计算机技术的迅猛发展,它的诞生为人类社会带来深远影响。时至今日,计算机已被广泛应用于科学技术、国防建设、工业生产及人们的点点滴滴。越来越丰富的软硬件资源使用户也要求能更方便、更灵活地使用计算机,并对计算机系统的原理、工作模式产生好奇。因此本书全面地揭示了计算机学科领域的特色并介绍了该学科分支的专业知识,展示在该领域能够做什么,让学生对计算机学科框架有一个基本了解。

本课程围绕计算机科学与技术学科的定义、特点、基本问题、学科方法论、发展变化、学界人才培养与科学素养等内容进行系统而深入浅出的论述,全面地阐述了计算机学科的基本概念和技术。教材内容从计算机系统概论出发,包括计算机运算基础及技术、计算机系统组成、计算机软件操作、计算机网络及应用、算法与数据结构、计算理论与人工智能、软件工程基础、信息安全与网络安全、计算机伦理与职业道德等。

(二)课程基本要求

掌握计算机系统应用的原理与理论,也能掌握应用开发基础流程及使用工具。学习计算机的最终目的是为了应用,通过对系统导论的学习,围绕应用展开,包括应用的理论支撑、应用的系统支撑及应用开发的工程性内容与应用操作。通过本课程的学习,要求应考者:

①掌握计算机系统的基本概念、基本功能与工作原理。
②掌握计算机系统的组成,硬件系统和软件系统共同组成计算机系统。

(三)本课程与有关课程的联系

计算原本属于数学的概念已经泛化到人类的整个知识领域,并上升为普适的科学概念和哲学概念。抽象地说,计算就是将一个符号串变换成另一个符号串。所以,在学习计算机系统导论之前应该先学习计算机组成原理、数据结构、高级语言程序设计、操作系统、离散数学等课程。在这些选修课的基础上再学习本课程,符合循序渐进的规律,不仅容易理解课程内容,而且能正确地把计算机系统导论的各部分有机联系起来。

二、课程内容与考核目标

第1章 计算机系统基本概述

(一)课程内容
1.计算机概述
2.计算机基本构成
3.计算机学科发展
(二)学习目的与要求
了解计算机的起源、发展和现状,对计算机基本概念有所了解;明确计算机的基本构成;了解计算机的知识体系,核心概念和典型应用方法。

重点:计算机的基本构成;学科核心概念;计算机典型方法。

(三)考核知识点与考核要求

1.计算机概述要求达到"识记"层次

1.1.计算机的起源

1.2.计算机的基本概念

2.计算机基本构成达到"识记"层次

2.1.计算机硬件系统

2.2.计算机软件系统

3.计算机学科发展达到"识记"层次

3.1.计算机学科的知识结构、学科形态

3.2.计算机学科核心概念和典型方法

3.3.计算机的发展趋势

第2章 计算机运算基础技术

(一)课程内容

1.二进制数字的基本概念

2.二进制数字及其操作

(二)学习目的与要求

了解二进制的基本概念与二进制运算。

(三)考核知识点与考核要求

1.二进制数字的基本概念要求达到"领会"层次

2.二进制数字及其操作达到"简单应用"层次

第3章 计算机系统组成

(一)课程内容

1.计算机硬件

2.计算机系统单元

3.输入、输出系统

(二)学习目的与要求

了解计算机的硬件结构,了解计算机指令与数据的运行原理;了解计算机系统单元,明确 CPU 和存储器的概念和作用;对计算机输入输出系统有所了解,掌握计算机输入输出设备。

重点:计算机的硬件结构;计算机指令与数据;CPU 和存储器的结构与原理;外部设备输入输出原理和方法。

(三)考核知识点与考核要求

1.计算机硬件要求达到"领会"层次

1.1.计算机硬件结构

1.2.计算机指令系统

2.计算机系统单元达到"领会"层次

2.1.CPU

2.2.存储器

3.输入、输出系统达到"领会"层次

3.1.输入设备

3.2.输出设备

第4章　计算机软件操作

(一)课程内容

1.操作系统

2.程序设计语言

3.数据库原理

(二)学习目的与要求

了解操作系统结构、功能与设计;明确操作系统进程管理、调度与死锁原理;掌握存储管理I/O设备管理方法。了解程序设计语言概念并掌握程序设计语言的基本构成和处理系统,明确程序设计过程。掌握数据库系统关系数据库、数据库完整性;熟知数据恢复技术、数据库支撑与应用软件。

重点:操作系统功能与设计,死锁与设备管理;程序设计语言的基本构成和处理系统;关系数据库、数据库完整性。

(三)考核知识点与考核要求

1.操作系统要求达到"领会"层次

1.1.操作系统结构

1.2.操作系统功能

1.3.操作系统进程管理

1.4.处理机调度与死锁

1.5.存储管理

1.6.I/O设备管理

2.程序设计语言达到"简单应用"层次

2.1.程序设计语言概述

2.2.程序设计语言的基本构成和处理系统

2.3.程序设计过程

3.数据库原理达到"领会"层次

3.1.数据库系统概述

3.2.关系数据库、数据库完整性

3.3.数据恢复技术

3.4.应用软件

第5章　计算机网络及应用

(一)课程内容

1.计算机网络

2.计算机网络应用

(二)学习目的与要求

了解计算机网络各层协议,掌握网络互联;了解计算机网络应用。

重点:计算机网络协议。

(三)考核知识点与考核要求

1.计算机网络要求达到"领会"层次

1.1.计算机网络概述

1.2.物理层与数据链路层

1.3.网络互连

1.4.传输层与应用层协议

2.计算机网络应用达到"领会"层次

2.1.互联网通信

2.2.互联网应用新技术

2.3.互联网＋

第6章　算法与数据结构

(一)课程内容

1.算法的基本概念

2.算法的特征及分类

3.算法描述与设计

4.算法分析

5.数据结构

6.数据结构的基本概念和术语

7.线性表、栈和队列

8.数组、广义表和树结构

9.图结构、查找和内部排序

(二)学习目的与要求

知识方面:从数据结构及其实现这两个层次及其相互关系的角度,系统地学习和掌握常用基本数据构及其实现,了解并掌握分析、比较和选择不同数据结构及不同存储结构、不同运算实现的原则和方法,为后继课程的学习打好基础。

技能方面:系统学习和掌握在不同存储结构上实现不同算法及其设计思想,从中学会并掌握结构选择和算法设计的思维方式及技巧,提高分析问题和解决问题的能力。

(三)考核知识点与考核要求

1.算法的概念,要求达到领会层次

1.1 算法在数学领域和计算机领域的区别

1.2 算法的基本概念

2.算法的特征及分类,要求达到领会层次

2.1 准确掌握算法的五个特征:可行性、确定性、有穷性、输入、输出

2.2 了解算法的分类

3.算法描述与设计,要求达到领会层次

3.1 利用自然语言、伪代码、程序流程图描述算法

3.2 能够利用不同方法进行算法设计

4.算法分析,要求达到领会层次

4.1 理解时间复杂度与空间复杂度含义

4.2 独立测量估算运行算法

5.数据结构的基本概念和术语,要求达到简单应用层次

5.1 什么是数据结构? 算法实现的基础

5.2 掌握并理解数据结构相关术语

5.3 确定数据结构研究方向及存储方式

6.线性表、栈和队列要求达到简单应用层次

6.1 准确掌握线性表的定义及逻辑特征

6.2 熟练掌握线性表上的运算在两种存储结构上的实现

6.3 准确掌握栈和队列的特性,懂得什么问题应采用哪种结构

6.4 熟练掌握在两种存储结构上实现栈和队列的基本运算

6.5 会灵活应用栈和队列解决程序设计中的问题

7.数组、广义表和树结构,要求达到领会层次

7.1 掌握数组定义与运算

7.2 广义表的定义

7.3 广义表的存储结构

7.4 广义表递归算法

7.5 熟练掌握遍历二叉树和线索二叉树的递归算法

8.图结构、查找和内部排序,要求达到领会层次

8.1 掌握图的定义及相关的概念,掌握图的存储结构并弄清实际问题与采用的存储结构算法之间的联系

8.2 掌握遍历图的算法

8.3 了解图的应用的各种算法的思想,并会应用这种思想求解图的问题

8.4 掌握顺序表上的三种查找方法(顺序、二分、索引),并能灵活应用

8.5 掌握二叉排序树的构造及查找方法

8.6 深刻理解各种排序方法的特点,适用范围,并能灵活应用

第 7 章　计算理论、人工智能

(一)课程内容

1.计算机的数学基础

2.图灵机、歌德尔定理

3.停机问题、问题复杂度

4.人工智能概述

5.知识表示、专家系统

6.感知

7.搜索

8.神经网络

（二）学习目的与要求

要求学生了解人工智能的发展状况与研究内容,掌握基本概念、基本原理方法和重要算法,掌握人工智能的一些主要思想和方法,熟悉典型的人工智能系统——产生式系统和简单的模糊推理方法,学会用启发式搜索求解问题,学会基本的神经网络方法,学会简单的机器学习方法,初步具备用经典的人工智能方法解决一些简单实际问题的能力。

（三）考核知识点与考核要求

1.计算理论,要求达到识记层次

1.1 掌握数学基础知识

1.2 理解图灵机及哥德尔定理概念

1.3 初步认识停机问题,学会分析问题复杂度

2.人工智能概述,要求达到领会层次

2.1 了解人工智能的定义、起源与发展

2.2 了解人工智能的研究与应用领域

2.3 理解人工智能求解方法的特点

3.知识表示、专家系统,要求达到识记层次

3.1 了解知识表示方法:认识状态空间法、理解问题归约法、认识谓词逻辑法、认识语义网络法、认识框架表示、认识剧本表示、理解过程表示

3.2 了解不同模型的专家系统

3.3 理解专家系统

3.4 了解专家系统开发工具

4.感知智能,要求达到简单应用层次

4.1 明确人工智能三个层次:运算智能、感知智能、认知智能

4.2 了解机器在感知智能方面的应用

5.搜索,要求达到领会层次

5.1 理解什么是搜索问题

5.2 区分几个典型的搜索问题

5.3 掌握搜索问题的组成与求解

5.4 了解无信息的搜索策略

5.5 掌握盲目搜索和启发式搜索的基本原理和算法

6.神经网络,要求达到领会层次

6.1 从数学及物理方面理解神经网络层概念

6.2 层行为如何完成识别任务

6.3 神经网络在人工智能中的应用

第8章　软件工程基础

（一）课程内容

1.软件的本质及软件工程

2.软件过程、软件工程实践

3.软件工程概述、需求的导出

4.软件工程中的设计及设计过程

5. 软件测试与风险管理

(二)学习目的与要求

知识方面：软件工程是应用于计算机软件的定义、开发和维护的一整套方法、工具、文档、实践标准和工序。学习软件工程的目标与原则：在给定成本、进度的前提下，开发出具有有效性、可靠性、可理解性、可维护性、可适用性、可移植性、可追踪性和可互操作性且满足用户需求的产品。

技能方面：系统学习和掌握软件工程基本思想，从中学会并掌握软件工程设计的思维方式及技巧，软件工程是用工程、科学和数学的原则与方法研制、维护计算机软件的有关技术及管理方法。学会画数据流图，实体－关系图，状态转换图。

(三)考核知识点与考核要求

1. 软件的本质及软件工程，要求达到综合应用层次

1.1 软件的本质

1.2 软件工程的基本概念

2. 软件过程、软件工程实践，要求达到领会层次

2.1 软件生命周期的基本阶段

2.2 描述生命周期的常见软件模型

3. 需求工程概述、需求的导出，要求达到领会层次

3.1 需求分析阶段的三种模型的功能

3.2 简述瀑布模型的应用范围

4. 软件工程中的设计及设计过程，要求达到综合应用层次

4.1 软件详细设计中常采用哪几种工具

4.2 结构化程序设计方法的三种基本结构

5. 软件测试与风险管理，要求达到领会层次

5.1 什么是软件危机

5.2 可行性研究与计划阶段的基本任务

5.3 什么是模块化

第9章 信息安全与网络安全

(一)课程内容

1. 信息安全基础

2. 密码学

3. 信息系统安全

4. 信息内容安全

5. 网络安全的基本概念和术语

6. 网络安全漏洞与恶意软件

7. 无线网络安全、网络安全新技术

(二)学习目的与要求

使学生了解网络与信息安全的重要性，了解网络与信息系统所面临的安全威胁，提高安全意识，掌握网络安全的基本概念、原理和知识。了解网络的攻防技巧与技术原理，学会使用常用的攻防工具。通过本课程的学习使学生能具备在网络环境下实现信息安全的基

本技能,为学生毕业后从事相应专业岗位工作和计算机网络安全维护打下必要的基础。

(三)考核知识点与考核要求

1.信息安全基础相关知识,要求达到简单应用层次

1.1 理解信息安全、计算机安全及网络安全相关概念

1.2 了解 OSI 安全体系结构

1.3 物理安全威胁、操作系统安全缺陷

2.密码学,要求达到领会层次

2.1 了解密码学原理

2.2 密码学与密码体制,对称加密和非对称加密

2.3 传统密码技术主要包括:代换技术,置换技术,Caesar,单表代换密码,多表代换加密,一次一密

2.4 掌握 DES 加密算法

2.5 理解三重 DES

3.信息系统安全,要求达到领会层次

3.1 计算机系统安全包括哪些方面

3.2 信息系统的安全防范措施

4.网络安全的基本概念和术语,要求达到领会层次

4.1 了解网络与信息安全的目的、基本概念

4.2 了解网络安全威胁的内容

4.3 掌握网络安全的层次结构

4.4 了解网络与信息安全的意义

5.网络安全漏洞与恶意软件,要求达到领会层次

5.1 掌握因特网安全与网络安全

5.2 了解黑客攻击技术

5.3 掌握网络安全漏洞的分类与诱因

6.无线网络安全,要求达到简单应用层次

6.1 了解无线技术的历史与现状

6.2 配置安全功能

6.3 掌握一些无线网络问题的解决方案

7.网络安全新技术,要求达到领会层次

7.1 公钥密码学

7.2 量子密码、生物特征识别、图像叠加、数字水印

第 10 章　计算机伦理与职业道德

(一)课程内容

1.计算机伦理学的相关概念

2.计算机伦理学的发展脉络

3.计算机伦理学的主要内容

4.职业道德相关概念

5.计算机职业道德及相关的法律法规

(二)学习目的与要求

知识方面:在计算机技术的发展为人类的思想、经济、文化带来推进的同时,也带来了许多前所未有的问题和挑战,网络犯罪、网络抄袭、利用计算机侵犯他人隐私等事件日益增加。计算机职业道德显得越来越重要,发展计算机道德建设,建立良好的计算机、网络使用风气更有助于计算机产业的发展。计算机职业作为一种不同于其他职业的特殊职业,具有与众不同的职业道德,也是每一个计算机职业人员都要共同遵守的。

技能方面:计算机职业是一个特殊的职业,由于其在工作对象、工作内容方面具有的特殊性,这一职对于从业人员的工作条件有一定的要求,这一点与其他行业略有不同。计算机职业工作条件中的软件条件就是人员条件,人员条件中又分为素质条件和道德条件两个方面。

(三)考核知识点与考核要求

1.计算机伦理学的相关概念,要求达到领会层次

1.1 计算机伦理学的本质

1.2 计算机伦理学的基本概念

2.计算机伦理学的主要内容,要求达到领会层次

2.1 什么是计算机伦理学

2.2 建设计算机伦理的重要性

3.职业道德相关概念,要求达到领会层次

3.1 计算机职业道德基础规范

3.2 计算机职业从业人员职业道德的核心原则

4.计算机职业道德及相关的法律法规,要求达到领会层次

4.1 计算机职业从业人员职业道德的其他要求

4.2 计算机职业从业人员应当遵守的职业道德规范

三、有关说明与实施要求

(一)关于"课程内容与考核目标"中有关提法的说明

在大纲"考核知识点与考核要求"中,提出了"识记""领会""简单应用""综合应用"四个能力层次。它们之间是递进等级关系,后者必须建立在前者的基础上。它们的含义是:

1.识记:要求考生能够识别和记忆课程中规定的知识点的主要内容(如定义、公式、性质、原则、重要结论、方法、步骤及特征、特点等),并能做出正确的表述、选择和判断。

2.领会:要求考生能够对课程中知识点的概念、定理、公式等有一定的理解,熟悉其内容要点,清楚相关知识点之间的区别与联系,能做出正确的解释、说明和论述:

3.简单应用:要求考生能运用课程中各部分的少量知识点分析和解决简单的计算、证明或应用问题。

4.综合应用:要求考生在对课程中的概念、定理、公式熟悉和理解的基础上会运用多个知识点综合分析和解决较复杂的应用问题。

(二)关于自学教材

尚未出版

（三）课程学分

本课程是计算机及其应用专业（专科）的专业课程，共 4 学分。自学时间估计需 210 小时（包括阅读教材、做习题），时间分配建议如下：

章	课程内容	自学时间/h
1	计算机系统基本概述	8
2	计算机运算基础技术	16
3	计算机系统组成	32
4	计算机软件操作	32
5	计算机网络及应用	16
6	算法与数据结构	32
7	计算理论、人工智能	16
8	软件工程基础	24
9	信息安全与网络安全	24
10	计算机伦理与职业道德	10

对于自学者来说，阅读一遍书是不够的，有时阅读两遍三遍也没完全弄明白。这不足为奇，更不要丧失信心。想想在校学生的学习过程，他们在课前预习，课堂听老师讲解，课后复习，再做习题等。所以，要真正学好一门课反复阅读是正常现象。

做习题是理解、消化和巩固所学知识的重要环节，也是培养分析问题和解决问题能力的重要环节。在做习题前应先认真仔细阅读教材，切忌根据习题选择教材内容，否则会本末倒置，欲速则不达。

（六）关于命题和考试的若干规定

1. 本大纲各章提到的"考核知识点与考核要求"中各条知识细目都是考核的内容。考试命题覆盖到章，并适当突出重点章节，加大重点内容的覆盖密度。

2. 试卷中对不同能力层次要求的评分所占的比例大致是："识记"为 20%，"领会"为 30%，"简单应用"为 30%，"综合应用"为 20%。

3. 试题难易程度可分为四档：易、较易、较难、难。这四档在每份试卷中所占的比例大致依次为 2:3:3:2，且各能力层次中都存在着不同难度的试题（即能力层次与难易程度不是等同关系）。

4. 试题主要题型有单项选择题、多项选择题、填空题、计算题、简答题、应用题等。

5. 考试方式为闭卷、笔试。考试时间为 150 分钟。评分采用百分制，60 分为及格。考试时只允许带笔、橡皮、尺。答卷时必须用钢笔或圆珠笔书写，颜色为蓝色或黑色墨水，不允许用其他颜色。

题 型 举 例

一、单项选择题

1. CPU 不包括(   )。

A. 通用寄存器   B. 指令寄存器   C. 地址译码器   D. 操作码译码器

2. 下列数中最小的为(   )。

A.(101001)2   B.(2000)3   C.(52)7   D.(2E)16

二、多项选择题(选出两个以上的正确答案)

1. 关于软件系统,下列哪种说法是正确的(   )。

A. 系统软件的功能之一是支持软件的开发和运行

B. 操作系统由一系列功能模块组成

C. 如不安装操作系统,仅安装应用软件,则计算机只能做一些简单的工作

D. 应用软件处于软件系统的最外层,直接面向用户,为用户服务

2. SQL Server 的安全身份验证模式决定了什么样的账户可以连接到服务器中,SQL Server 2008 提供的身份验证模式有(   )。

A. Windows 身份验证模式

B. SQL Server 和 Windows 身份验证模式

C. 仅 SQL 身份验证模式

D. 加密身份验证模式

三、填空题

1. 统一资源定位器的英文缩写是_____。

2. 关键字_____表示一个类的定义。

四、计算题

1. 有一对兔子,从出生后第 3 个月起每个月都生一对兔子,小兔子长到第四个月后每个月又生一对兔子,假如兔子都不死,问每个月的兔子总数为多少?

2. 判断 101～200 之间有多少个素数,并输出所有素数。

五、简答题

1. 什么是操作系统? 操作系统的基本功能有哪些?

2. 试比较顺序存储结构和链式存储结构的优缺点。在什么情况下用顺序表比链表好?

六、应用题

1.(1)什么是完全二叉树?

(2)画出 6 个顶点的完全二叉树。

（3）设二叉树以二叉链表形式存放，用类 C 语言设计算法判断一棵二叉树是否为完全二叉树。

2.已知关于 x 的一元二次方程 $ax^2 + bx + c = 0 (a \neq 0)$，设计一个算法，判断方程是否有实数根。写出算法步骤，并画出程序框图。